Planung von Technologiesubstitutionen in Bestandsystemen unter Berücksichtigung mangelnden Erfahrungswissens

Planning of Technology Substitutions in Existing Systems under Consideration of Limited Experiential Knowledge

Von der Fakultät für Maschinenwesen
der Rheinisch-Westfälischen Technischen Hochschule Aachen
zur Erlangung des akademischen Grades eines
Doktors der Ingenieurwissenschaften
genehmigte Dissertation

vorgelegt von

Florian Brans

Berichter/in:

Univ.-Prof. Dr.-Ing. Achim Kampker, MBA
apl. Prof. Dr.-Ing. Dipl.-Wirt.-Ing. Heiner Hans Heimes

Tag der mündlichen Prüfung: 06. September 2024

ERGEBNISSE AUS DER ELEKTROMOBILPRODUKTION

Florian Brans

Planung von Technologiesubstitutionen in Bestandsystemen unter Berücksichtigung mangelnden Erfahrungswissens

Herausgeber:
Univ.-Prof. Dr.-Ing. Achim Kampker, MBA

Band 30

Bibliografische Information der Deutschen Nationalbibliothek
Die Deutsche Nationalbibliothek verzeichnet diese Publikation in der Deutschen Nationalbibliografie; detaillierte bibliografische Daten sind im Internet über https://portal.dnb.de abrufbar.

Florian Brans:

Planung von Technologiesubstitutionen in Bestandsystemen unter Berücksichtigung mangelnden Erfahrungswissens

1. Auflage, 2024

Gedruckt auf holz- und säurefreiem Papier, 100% chlorfrei gebleicht.

Wissenschaftsverlag des Instituts für Industriekommunikation und Fachmedien
an der RWTH Aachen
Steinbachstr. 25, 52074 Aachen
Internet: www.apprimus-verlag.de, E-Mail: info@apprimus-verlag.de

Druck: CPI Druckdienstleistungen GmbH
Ferdinand-Jühlke-Straße 7 | 99095 Erfurt

ISBN 978-3-98555-240-5

D 82 (Diss. RWTH Aachen University, 2024)

Vorwort

Die vorliegende Dissertation entstand während meiner Tätigkeit als wissenschaftlicher Mitarbeiter am PEM der RWTH Aachen University. Zunächst gilt mein Dank der Prüfungskommission bestehend aus Frau Professorin Verena Nitsch, Herrn Professor Robert Schmitt, Herrn Professor Heiner Heimes und Herrn Professor Achim Kampker. Letzterem gilt mein besonderer Dank für die gute und lehrreiche Zusammenarbeit sowie das mir entgegengebrachte Vertrauen.

Außerdem möchte ich mich bei meinen ehemaligen Kolleginnen und Kollegen am Lehrstuhl, insbesondere aus der Gruppe Electric Drive Production, für die erfolgreiche Zusammenarbeit und das gemeinsam Erlebte bedanken. Hervorheben möchte ich an dieser Stelle Benjamin Dorn – vielen Dank für die kritische Durchsicht meiner Dissertation aber noch viel mehr für die insgesamt sechs Jahre anhaltende, unvergessliche Zusammenarbeit in unterschiedlichsten Rollen am Lehrstuhl.

Ein besonderer Dank gilt Dr. Sebastian Gillen für seine unprätentiöse, pragmatische Art, mit der er mit mir den Fortschritt dieser Arbeit fortlaufend diskutiert hat, und die mir gegebene Möglichkeit von seinen eigenen Erfahrungen für diese Arbeit zu profitieren.

Weiterhin möchte ich mich bei einer Reihe von Wegbegleitern bis hierher bedanken: Bei Reiner Blüchel für sein mir, zu einem ausgesprochen frühen Zeitpunkt meiner beruflichen Laufbahn, geschenktes Vertrauen. Bei Dr. Dietmar Wingerath für seine wertvollen Hinweise in Bezug auf meinen beruflichen Werdegang. Und bei Yvonne Kasperek für die Möglichkeit einen wesentlichen Teil dieser Arbeit in Ruhe und Abgeschiedenheit verfasst haben zu können.

Mein ganz besonderer Dank gilt meinen Eltern Marion und Martin, Stephanie, Stephan und Anna. Vielen Dank für eure fortwährende und aufrichtige Unterstützung, euer Vertrauen, eure Hinweise und Tipps, euer Verständnis, euer gutes Zureden und Aufrichten in schwierigen Phasen und eure Anerkennung und geteilte Freude in guten Phasen. Ich bin sehr dankbar aus einem solchen Elternhaus zu kommen.

Liebe Steffi, dir gilt mein größter Dank. Danke für dein Verständnis, deinen Verzicht, deinen Zuspruch und deine fröhliche Art. In so einem Projekt kann man es einem nicht leichter machen als du es getan hast. Ich freue mich auf die vielen weiteren – gemeinsamen – Projekte mit dir. Dir widme ich diese Arbeit.

Florian Brans

Herzogenrath im September 2024

Zusammenfassung

Die Elektromobilproduktion erfordert den Umgang mit neuen, sich bis dato nicht im Portfolio etablierter Automobilhersteller und -zulieferer befindlichen, Produkt- und Produktionstechnologien. In vielen Fällen kann weder auf eine unternehmenseigene jahrzehntelange Erfahrung zurückgeblickt werden, noch haben sich Technologien in vielen Bereichen etabliert. Steigende Nachfrage erfordert gleichzeitig den steten Aufbau von Produktionskapazitäten. Im Bereich elektrischer Antriebe werden Produktionssysteme in enger Zusammenarbeit mit Maschinen- und Anlagenherstellern konzipiert und entwickelt, wobei die Lösung produktionstechnischer Probleme und Herausforderungen meist im Verantwortungsbereich der Maschinen- und Anlagenhersteller liegt. Kurzzyklische Technologiesprünge und die bei neuen Technologien verstärkt auftretenden Probleme im Produktionsbetrieb erfordern in vielen Fällen ungeplante Produktionssystemänderungen. Diese lassen sich aufgrund geringen Erfahrungswissen auf Seiten der Produzenten und der Kunden-Lieferanten-Beziehung zwischen Produzenten und Maschinen- und Anlagenherstellern beim Initialaufbau von Produktionssystemen nur schwer planen. Diesem Umstand soll die vorliegende Arbeit Rechnung tragen.

Der Forschungsbeitrag dieser Arbeit besteht in einer Methodik zur Planung von Technologiesubstitutionen in bestehenden Produktionssystemen unter Berücksichtigung mangelnden Erfahrungswissens auf Seiten verantwortlicher Planender. Es gilt eine Methodik bereitzustellen, die es Planenden auf Seiten der Produzenten ermöglicht, die mit einer Produktionssystemänderung einhergehenden technischen Risiken zu identifizieren, wirtschaftlich zu bewerten und risikoreduzierende Maßnahmen zu entwickeln. Ein besonderes Augenmerk liegt hierbei, in Abgrenzung zu bereits bestehenden Ansätzen, auf der Berücksichtigung einer multilateralen Projektkonstitution, den zu beachtenden Wechselwirkungen zwischen Produktionssystemänderungen und deren Auswirkungen auf das Produkt, und eben dem Umstand geringen Erfahrungswissens.

Die vorliegende Arbeit ist durch aktuell bestehende Herausforderungen in der industriellen Praxis motiviert und wird im Rahmen eines Fallbeispiels aus der Industrie angewendet. Es wird darauf geachtet, dass aus Gründen der Handhabbarkeit ausschließlich branchenübliche und am Markt frei verfügbare Software verwendet wird

Summary

Electric vehicle production requires the use of new product and production technologies that have not previously been part of the portfolio of established automotive manufacturers and suppliers. In many cases, companies cannot rely on decades of experience, nor have technologies been established in many areas. At the same time, increasing demand requires the constant expansion of production capacities. In the field of electric drives, production systems are designed and developed in close cooperation with machine and system manufacturers, whereby the solution to production-related problems and challenges is usually the responsibility of the machine and system manufacturers. Short-cycle technological leaps and the problems that increasingly occur with new technologies in production operations often require unplanned changes to production systems. These are difficult to plan due to the lack of experience on the part of producers and the customer-supplier relationship between producers and machine and plant manufacturers when initially setting up production systems. This thesis aims to take these aspects into account.

The research contribution of this work consists of a methodology for planning technology substitutions in existing production systems, while considering the lack of experience on the part of responsible planners. The aim is to provide a methodology that enables planners on the producer side to identify the technical risks associated with a production system change, to evaluate them from an economical point of view and to develop risk-reducing measures. In contrast to existing approaches, particular attention is paid to the consideration of a multilateral project constitution, the interactions to be considered between production system changes and their effects on the product, and the lack of experience.

The present work is motivated by current challenges in industrial practice and is applied in the context of a case study from industry. For reasons of manageability, care is taken to ensure that only industry-standard software that is available on the market is being used.

Inhaltsverzeichnis

Abbildungsverzeichnis

Formelzeichen und Abkürzungen

A	Auftreten
AP	Aufgabenpriorität
B	Bedeutung
BC	Best Case
CAD	Computer Aided Design
DFMEA	Design-Fehlermöglichkeits- und Einflussanalyse
DIN	Deutsches Institut für Normung
E	Entdeckung
EM	Entdeckungsmaßnahme
EMV	Elektromagnetische Verträglichkeit
ERP	Enterprise Resource Planning
EU	Europäische Union
FF	Fehlerfolge
FMEA	Fehlermöglichkeits- und Einflussanalyse
FU	Fehlerursache
FuE	Forschung und Entwicklung
GERT	Graphical Evaluation and Review Technique
H	Hybrid
HPiL	Hybrid Prototype in the Loop
HV	Hochvolt
HZS	Halbzeugschnittstelle
JIF	Journal Impact Factor
KPI	Key Performance Indicator
MES	Manufacturing Execution System
MLC	Most-Likely Case
OEM	Original Equipment Manufacturer
P	Physisch
PEM	Production Engineering of E-Mobility Components
PERT	Program Evaluation Review Technique
PFMEA	Prozess-Fehlermöglichkeits- und Einflussanalyse

PPAP	Production Part Approval Process
PPF	Produktionsprozess- und Produktfreigabeverfahren
R	Realisierung
RWTH	Rheinisch-Westfälische Technische Hochschule
SCADA	Supervisory Control and Data Acquisition
s. n.	sine nomine
SEL	Systemelement
SEPM	Systems Engineering Process Model
Set.	Validierungssetup
SPS	Speicherprogrammierbare Steuerung
SS	Systemschnittstelle
TM	Teilmodell
TR	Teilrealisierung
V	Virtuell
VDE	Verband der Elektrotechnik Elektronik Informationstechnik
VDE	Verein Deutscher Ingenieure
Vgl.	Vergleiche
VM	Vermeidungsmaßnahme
WC	Worst Case

1 Einleitung

Die Elektromobilität emanzipiert sich immer mehr von einer lange als disruptiv bezeichneten Nischentechnologie zur Technologie für die breite Masse. Hieraus ergeben sich für die Automobilindustrie neue technologische wie auch produktionssystematische Herausforderungen, denen es zu begegnen gilt. Diese Arbeit soll einen Beitrag zur Lösung bestehender Herausforderungen im Umfeld der Elektromobilkomponentenproduktion liefern. Es erfolgt zunächst die Skizzierung der Ausgangssituation und Problemstellung (vgl. Kapitel 1.1). Anschließend werden in Kapitel 1.2 die Zielsetzung der Arbeit formuliert und hierauf basierend zu beantwortende Forschungsfragen abgeleitet. Es folgen eine wissenschaftstheoretische Einordnung und die Beschreibung der Vorgehensweise (vgl. Kapitel 1.3) sowie die Darlegung des Aufbaus der Arbeit (vgl. Kapitel 1.4).

1.1 Ausgangssituation und Problemstellung

„Wer heute einen Kolben fertigt, wird nicht morgen einfach eine Leistungselektronik herstellen können.“[1]

Diese Aussage ist ebenso evident wie empirisch richtig und gilt für OEM genauso wie für Automobilzulieferer und deren Zulieferer. Was für die Leistungselektronik gilt, gilt genauso für den elektrischen Antrieb und seine Hauptkomponenten Stator und Rotor.[2] Der Produktionsprozess von Verbrennungsmotoren unterscheidet sich grundlegend von dem elektrischer Antriebe – sowohl in Bezug auf relevante Fertigungstechnologien als auch auf die Notwendigkeit der Verarbeitung grundunterschiedlicher Werkstoffe.[3] Abbildung 1-1 veranschaulicht diese Feststellung durch die vergleichende Einordnung relevanter Fertigungsverfahren für Komponenten von Verbrennungsmotoren und für Statoren elektrischer Antriebe[4]. Dieser Umstand erfordert bei Marktteilnehmern andere und vor allem neue Expertise.[5]

Sowohl im Hinblick auf die Produkt- als auch auf die Produktionstechnologie besteht die Notwendigkeit, neues Wissen im Bereich elektrischer Antriebe aufzubauen, was für Produzenten ebenso gilt wie für Maschinen- und Anlagenhersteller. Eine im Rahmen dieser Arbeit durchgeführte Patentanalyse[6] zu Statoren mit Hairpin-Technologie zeigt, dass knapp 92% aller betrachteten Patente mit Fokus auf das Produkt durch Produzenten eingereicht wurden, wohingegen 66% aller Patente mit dem Fokus auf Produktionsprozesse auf Maschinen- und Anlagenhersteller zurückzuführen sind. Maschinen- und Anlagenhersteller haben sich in den letzten Jahren vermehrt als

[1] Lienkamp (Status Elektromobilität) 2023, S. 50.
[2] Siehe Kapitel 2.4
[3] vgl. Kampker et al. (Elektromotorenproduktion) 2022, S. 7.
[4] Zur Prozesskette zur Herstellung eines Stators mit Hairpin-Technologie siehe Kapitel 2.4
[5] vgl. Mayr et al. (Integrated Product and Process Development) 2017, S. 1 und Abele et al. (PKW-Antriebsstrang) 2009, S. 15f.
[6] Betrachtet wurden 725 Patente im Zeitraum von 1984 bis 2022

Wissensträger im Bereich der Produktion elektrischer Antriebe etabliert.[7] Beim Aufbau von Produktionssystemen agieren Maschinen- und Anlagenhersteller vermehrt als Generalunternehmer und sind somit frei in der Gestaltung der Lösungsfindung. Dies trägt wiederum zu weiterem Wissensaufbau bei, resultiert in einer Stärkung der eigenen Positionierung am Markt und birgt für Produzenten die Gefahr, sich in technologische Abhängigkeit gegenüber Maschinen- und Anlagenherstellern zu begeben.[8]

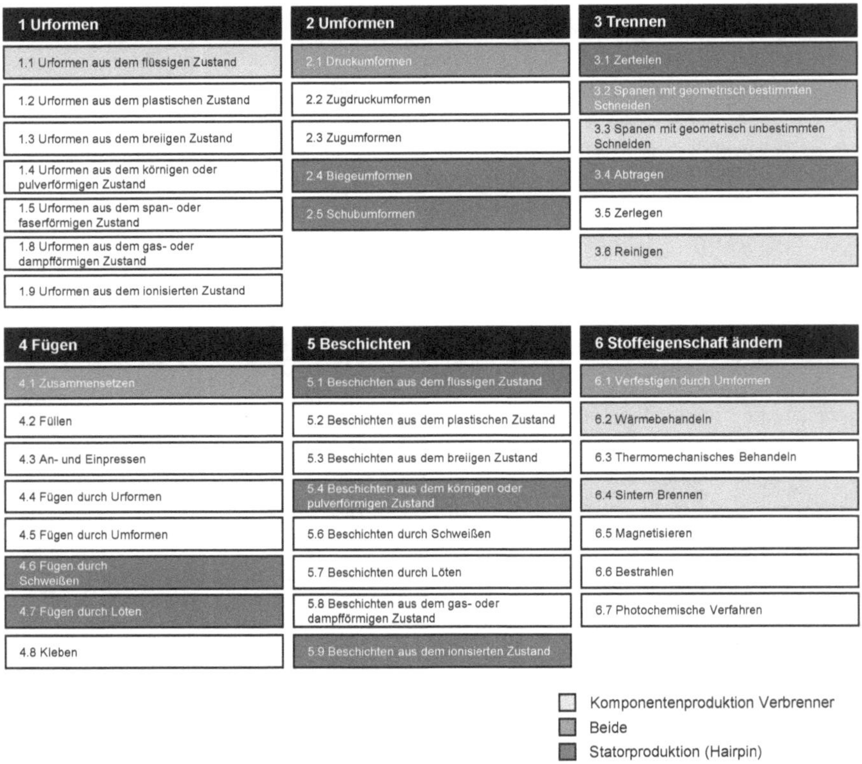

Abbildung 1-1 Produktionsprozesse für Antriebskomponenten in DIN 8580[9]

Eine derartige Abhängigkeit wird dramatisch verschärft, sobald bestehende Produktionssysteme verändert werden müssen. Produzenten auf Auftraggeberseite verfügen über geringes produktionstechnologisches Erfahrungswissen und sind auf die

[7] Siehe Kapitel 2.4 und Kapitel 2.5

[8] Siehe Kapitel 2.1

[9] vgl. Deutsches Institut für Normung (DIN 8580:2003-09) 2003, S. 8 ff. Es wurden die Prozesse zur Herstellung von Motorblock, Kurbelwelle, Pleuel, Kolben und Nockenwelle in Anlehnung an Deutskens (Konfiguration der Wertschöpfung) 2014, S. 26 und der Prozess zur Herstellung eines Stators mit Hairpin-Wicklung in Anlehnung an Kampker et al. (Produktionsprozess eines Hairpin-Stators) 2022, S. 4 ff. herangezogen

Expertise von Maschinen- und Anlagenherstellern auf Auftragnehmerseite angewiesen. Die Gründe für Veränderungen an Produktionssystemen können vielschichtig sein. So sind Produktlebenszyklen oft kürzer gestaltet als die der zugehörigen Produktionsanlagen.[10] Produktänderungen, aber auch Abweichungen in der Prozess- oder Maschinenfähigkeit, können zur Notwendigkeit kurzfristiger Änderungen bestehender Produktionstechnologie führen. CONRAT NIEMERG unterscheidet zwei Arten von Änderungsauslösern: Veränderungen des Soll-Zustands können beispielsweise durch die Verfügbarkeit neuer technischer Lösungen auftreten. Aus Veränderungen des Ist-Zustands kann eine Soll-Ist-Abweichung entstehen, die mit einer Nichterfüllung von Qualitätsanforderungen einhergeht.[11] BUCHHOLZ benennt unter anderem Kostenvorteile, erhöhte Leistungsfähigkeit und höhere Flexibilität anderer Technologien als mögliche Gründe, bestehende Technologien zu ersetzen.[12] In der vorliegenden Arbeit liegt der Schwerpunkt auf der Planung von Produktionssystemänderungen in Form einer Technologiesubstitution bedingt durch das Aufkommen neuer technologischer Lösungen mit höherer Leistungsfähigkeit. Die grundsätzliche Herausforderung einer Produktionssystemänderung wird im Betrachtungsbereich der Arbeit durch den Umstand unzureichenden Erfahrungswissens auf Seiten der verantwortlichen Planenden erschwert.

1.2 Zielsetzung der Arbeit und Forschungsfrage

Nach der Darlegung der Ausgangssituation und Problemstellung erfolgt die Beschreibung des Ziels dieser Arbeit. Die Zielsetzung besteht in der Bereitstellung einer Methodik, mithilfe derer die Planung von Technologiesubstitutionen innerhalb bestehender Produktionssysteme erleichtert werden soll. Die Besonderheit hierbei liegt in der Grundannahme, dass der Anwender der Methodik als verantwortlicher Planender über wenig Erfahrungswissen im Zusammenhang mit dem bestehenden Produktionssystem und dessen Technologie verfügt. Die erfolgreiche Planung erfordert eine enge Zusammenarbeit mit Technologielieferanten (Maschinen- und Anlagenherstellern), die in der beschriebenen Ausgangssituation als hauptsächliche Wissensträger fungieren. Es gilt – aus Sicht des Planenden – das technisch-wirtschaftliche Risiko, das mit einer aus der Technologiesubstitution resultierenden Produktionsunterbrechung einhergeht, nach Möglichkeit zu minimieren. Die Zielsetzung der Arbeit wird wie folgt zusammengefasst:

Das übergeordnete Ziel der Arbeit besteht in der Entwicklung einer Methodik zur Planung von Technologiesubstitutionen in bestehenden Produktionssystemen unter Berücksichtigung mangelnden Erfahrungswissens des Planenden.

---

[10] vgl. Schuh et al. (Gestaltung von Betriebsmitteln) 2004, S. 212.
[11] vgl. Conrat Niemerg (Änderungskosten) 1997, S. 51 f; Maue (Gestaltung des Produktionsanlaufs) 2016, S. 141.
[12] vgl. Buchholz (Bewertung des Substitutionsrisikos) 2014, S. 10.

Gemäß KUBICEK sind zur Eingrenzung des Betrachtungsbereichs und der Ausrichtung des Forschungsvorgehens Forschungsfragen zu definieren.[13]

Die **übergeordnete Forschungsfrage dieser Arbeit** lautet:

Wie muss die Planungsphase für die Substitution einer Technologie innerhalb eines bestehenden Produktionssystems unter Berücksichtigung mangelnden Erfahrungswissens des Planenden gestaltet sein, um das mit einer Produktionsunterbrechung einhergehende technisch-wirtschaftliche Risiko möglichst gering zu halten?

Zur Beantwortung der übergeordneten Forschungsfrage bietet sich darüber hinaus die Formulierung von Nebenforschungsfragen an. Die **Nebenforschungsfragen** zur Beantwortung der übergeordneten Forschungsfrage lauten:

- Wie lassen sich planerische Risiken unter der Maßgabe mangelnden Erfahrungswissens frühzeitig identifizieren und bewerten, um rechtzeitig entsprechende Gegenmaßnahmen zu formulieren?
- Wie lässt sich die technische Reife der zu integrierenden Technologie unter Berücksichtigung planerischer Umfeldfaktoren bei geringer Prozesserfahrung bewerten?
- Wie lassen sich Planungsaufwände quantifizieren und bewerten, sodass sichergestellt werden kann, dass stets ein angemessenes Verhältnis zwischen (Planungs-)kosten und Integrationsrisiko gewahrt wird?
- Welche Auswirkungen hat die multilaterale Projektkonstitution aus Auftraggeber und Technologielieferant(en) auf die finale Umsetzungsplanung?

1.3 Wissenschaftstheoretische Einordnung und Vorgehen

Vor der Auswahl einer geeigneten Forschungsmethodik zur Beantwortung der Forschungsfragen aus Kapitel 1.2 erfolgt zunächst die wissenschaftstheoretische Einordnung der Arbeit. Nach ULRICH und HILL lassen sich Wissenschaften in Formal- und Realwissenschaften unterteilen. Während sich Formalwissenschaften um die „Konstruktion von Sprachen, d.h. von Zeichensystemen mit Regeln zur Verwendung dieser Zeichen“[14] bemühen, fokussieren die Realwissenschaften die „Beschreibung, Erklärung und Gestaltung empirisch [...] wahrnehmbarer Wirklichkeitsausschnitte“.[15] Die Realwissenschaften wiederum unterteilen sich in „reine“ Wissenschaften bzw. Grundlagenwissenschaften (z.B. Naturwissenschaften) und „angewandte“ Wissenschaften bzw. Handlungswissenschaften (z.B. Sozialwissenschaften). Während der Fokus der Grundlagenwissenschaften auf der Erklärung empirischer Wirklichkeitsausschnitte liegt (Bildung von Erklärungsmodellen), liegt er bei Handlungswissenschaften in der Analyse menschlicher Handlungsalternativen (Bildung von Entscheidungsmodellen).

[13] vgl. Kubicek (Heuristische Bezugsrahmen) 1976, S. 25.
[14] Ulrich et al. (Wissenschaftstheoretische Grundlagen) 1976, S. 305.
[15] Ulrich et al. (Wissenschaftstheoretische Grundlagen) 1976, S. 305.

Nach Auffassung von ULRICH und HILL sind Ingenieurwissenschaften und Betriebswirtschaftslehre – also die Wissenschaftsdisziplinen, die im Rahmen der Arbeit adressiert werden – den Handlungswissenschaften zuzuordnen.

Als eine zielführende Forschungsmethodik für angewandte Handlungswissenschaften hat sich das Forschungsvorgehen in sieben Phasen nach ULRICH ET AL. etabliert.[16] Es basiert auf der Überlegung, dass der Forschungsprozess in der Praxis beginnt, auf die Untersuchung von Anwendungszusammenhängen gerichtet ist und wiederum in der Praxis endet. Zu Beginn steht die Erfassung und Typisierung praxisrelevanter Probleme, gefolgt von der Erfassung und Interpretation problemrelevanter Theorien unterschiedlicher Grundlagenwissenschaften. Daraufhin erfolgen die Erfassung und Spezifizierung problemrelevanter Verfahren der Formalwissenschaften. Die Erfassung und Untersuchung relevanter Anwendungszusammenhänge sowie die Ableitung von Beurteilungskriterien, Gestaltungsregeln und Modellen stehen im Zentrum dieses Forschungsprozesses. Zum Schluss stehen die Phasen der Prüfung von Regeln und Modellen im Anwendungszusammenhang sowie die Beratung der Praxis.[17]

Die dieser Arbeit zugrundeliegende Problemstellung sowie die daraus resultierende Forschungsfrage werden aus Beobachtungen innerhalb der industriellen Praxis abgeleitet. Aufgrund des engen Praxisbezugs zu Beginn und während des Vorgehens sowie der Prüfung der Anwendbarkeit im Praxiszusammenhang am Ende des Vorgehens bildet die „Strategie zur angewandten Forschung“ nach Auffassung des Autors einen geeigneten forschungsmethodischen Rahmen für die vorliegende Arbeit.

1.4 Aufbau der Arbeit

Es folgt die Beschreibung des Aufbaus der vorliegenden Arbeit mit Bezug zu den Phasen der angewandten Forschung nach ULRICH (vgl. Abbildung 1-2).[18]

In Kapitel 1 erfolgte die Darlegung der Ausgangssituation und Problemstellung sowie die Formulierung der Zielsetzung der Arbeit und die hieraus resultierende Forschungsfragen. Zudem wurde die Arbeit wissenschaftstheoretisch eingeordnet und eine zur Beantwortung der Forschungsfrage geeignete Forschungsmethodik identifiziert.

Kapitel 2 beinhaltet den Betrachtungsbereich der Arbeit und legt Grundlagen zum Verständnis der Arbeit. Hierunter fallen die Grundlagen der Produktionssystemplanung (vgl. Kapitel 2.1), die Änderung von Produktionssystemen (vgl. Kapitel 2.2) sowie die Beschreibung von Branchenstandards in Bezug auf Produkt- und Prozessfreigaben in der Automobilindustrie (vgl. Kapitel 2.3). Außerdem wird die Disziplin der Produktion elektrischer Antriebe vor dem Hintergrund der aktuellen Marktsituation analysiert (vgl.

[16] Siehe u.a. Giehler (Planungsproduktivität) 2010; Döring (Konfliktmanagement) 2010; Narr (Kooperatives Lieferantenmanagement) 2012; Heimes (Auswahl von Fertigungsressourcen) 2014; Nee (Wertschöpfungsnetzwerke) 2014; Krunke (Reifegradmanagement) 2017.
[17] vgl. Ulrich (Management) 1984, S. 192 f.
[18] vgl. Ulrich (Management) 1984, S. 193.

Kapitel 2.4). Es folgen die Ergebnisdiskussion einer im Rahmen der Arbeit durchgeführten Industriestudie (vgl. Kapitel 2.5) und die Ableitung des Handlungsbedarfs aus der Praxis (vgl. Kapitel 2.6).

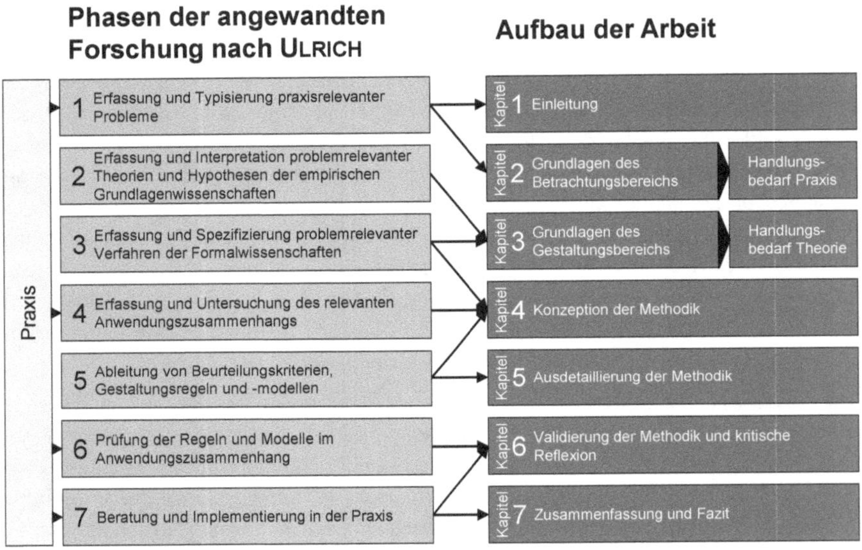

Abbildung 1-2 Aufbau der Arbeit[19]

In Kapitel 0 erfolgt zunächst die Ableitung inhaltlicher und formaler Anforderungen an die zu entwickelnde Methodik (vgl. Kapitel 3.1) basierend auf den Ergebnissen aus Kapitel 2. Anschließend wird ein geeignetes Vorgehen zur Prüfung bestehender Ansätze aus der Theorie beschrieben (vgl. Kapitel 3.2). Es folgen die kritische Würdigung bestehender Ansätze aus der Theorie (vgl. Kapitel 3.3) und die Ableitung des Handlungsbedarfs aus Sicht der wissenschaftlichen Theorie (vgl. Kapitel 3.4).

Zu Beginn von Kapitel 4 werden Grundlagen zur Methodikgestaltung dargelegt. Es folgen die Einordnung der Methodik (vgl. Kapitel 4.2) sowie die Vorstellung des Grobkonzepts der Methodik in Form der Aufbau- (vgl. Kapitel 4.3) und Ablaufstruktur (vgl. Kapitel 4.4).

In Kapitel 5 werden die Module der Methodik detailliert.

Kapitel 6 dient der Anwendung der entwickelten Methodik im Praxiszusammenhang am Beispiel der Statorproduktion für elektrische Antriebe.

In Kapitel 7 erfolgt die Zusammenfassung der Arbeit sowie die Identifikation weiterer Forschungsbedarfe.

---

[19] Eigene Darstellung in Anlehnung an Ulrich (Management) 1984, S.193.

2 Betrachtungsbereich

Im folgenden Kapitel werden die für die Arbeit notwendigen Grundlagen des Betrachtungsbereichs dargelegt. Hierzu werden zunächst Grundlagen der Produktionssystemplanung mit Bezug zur Forschungsfragestellung beschrieben und analysiert (vgl. Kapitel 2.1). Es folgen eine kurze Abhandlung zu Änderungen von Produktionssystemen (vgl. Kapitel 2.2) sowie die Beschreibung von Prozessen zur Produkt- und Prozessfreigabe in der Automobilindustrie (vgl. Kapitel 2.3). Die Hauptforschungsfrage dieser Arbeit bedingt den Umgang mit unzureichendem Erfahrungswissen des Planenden. Diese Problematik wird am Beispiel der Statorproduktion für elektrische Antriebe tiefergehend untersucht (vgl. Kapitel 2.4). Eine detaillierte Analyse praxisrelevanter Fragestellungen mit Blick auf den Kontext der Arbeit erfolgt anhand einer Industriestudie (vgl. Kapitel 2.5). Am Ende des vorliegenden Kapitels erfolgen ein Zwischenfazit und die Ableitung des Handlungsbedarfs aus der industriellen Praxis (vgl. Kapitel 2.6).

2.1 Grundlagen der Produktionssystemplanung

Dem Begriff „Produktionssystem" werden in der Literatur unterschiedliche Bedeutungen zugeschrieben. Während BLEHER ein Produktionssystem als eine „aufeinander abgestimmte Menge an Produktionsprinzipien und [die] daraus abgeleiteten Methoden"[20] zur Produktionsorganisation und -steuerung beschreibt, definiert ZÄPFEL ein Produktionssystem als Ort, an dem „physische Prozesse der Kombination und Konversion der Produktionsfaktoren"[21] ablaufen. Die Gesamtheit aus Produktionsmanagement und Produktionssystem wird in diesem Zusammenhang als Leistungserstellungssystem in Form eines Regelkreises bezeichnet.[22] DYCKHOFF definiert ein Produktionssystem als ein System mit einer Innenstruktur, die wiederum durch Sub- und Teilsysteme beschrieben werden kann, sowie seinem Umsystem. Demnach lässt sich jeder produktive, also leistungserbringende, Teil eines Betriebes wiederum als ein eigenes Produktions(sub)system ansehen und charakterisieren.[23] Diesem Verständnis folgend umfasst ein Produktionssystem im Kontext der vorliegenden Arbeit alle physischen Prozesse innerhalb einer Produktion. HEHL fasst die unterschiedlichen Ebenen von Produktionssystemen von der Ebene des Produktionsnetzwerks bis auf Prozessebene zusammen (vgl. Abbildung 2-1).

Auf oberster Hierarchie-Ebene stehen Produktionsnetzwerke, bestehend aus mehreren Fabriken und Standorten. Produktionsnetzwerke schließen alle internen Prozesse zur Leistungserstellung und, im Sinne des Stuttgarter Unternehmensmodells, ebenso Zulieferer und gesamte Warenströme mit ein.[24]

---

[20] Bleher (Produktionssysteme) 2014, S. 12.
[21] Zäpfel (Taktisches Produktions-Management) 2000, S. 1.
[22] vgl. Zäpfel (Taktisches Produktions-Management) 2000, S. 2.
[23] vgl. Dyckhoff (Produktionstheorie) 2006, S. 4.
[24] vgl. Westkämper (Organisation der Produktion) 2006, S. 55.

Unterhalb der Produktionsnetzwerke sind Produktionsstandorte bzw. Fabriken angesiedelt, die wiederum in Segmente unterteilt sein können. Der Betrachtungsbereich dieser Arbeit in Bezug auf die Hierarchie-Ebenen des Produktionssystems liegt auf Produktionslinien, Zellen und Stationen sowie der Prozessebene, auf der Fertigungs- und Montageoperationen durchgeführt werden.

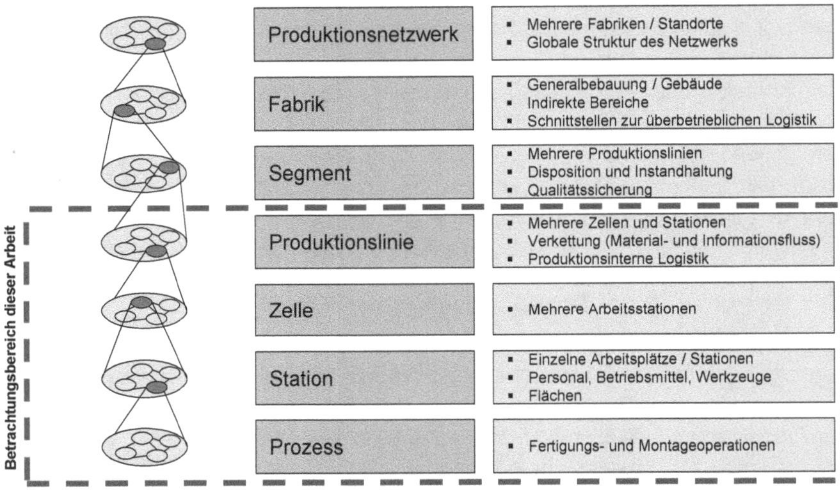

Abbildung 2-1 Hierarchie-Ebenen eines Produktionssystems[25]

WIENDAHL ET AL. unterteilen den Lebenszyklus eines Produktionssystems in drei Phasen,[26] die mit ihren jeweiligen Tätigkeiten und in Abhängigkeit der Zuständigkeit zwischen Maschinen- und Anlagenhersteller und Betreiber (Produzent) in Abbildung 2-2 dargestellt sind. Die Tätigkeiten beziehen sich gleichermaßen auf Produktionslinien, Zellen oder Stationen. Es kann sich hierbei um eine einzelne Maschine oder Anlage handeln oder um ein verkettetes System mehrerer Maschinen und Anlagen. In der Planungs- und Realisierungsphase erfolgen die Konstruktion der Anlage, die Fertigung der einzelnen Bestandteile und die Vormontage. Anschließend die Anlage zum Zielort des Auftraggebers transportiert. Vor Ort wird die Anlage – ebenfalls in Verantwortung des Maschinen- und Anlagenherstellers – montiert und in Betrieb genommen. Die Inbetriebnahme ist nach DIN 19246 als das „funktionsgerechte Einschalten eines Systems in Verbindung mit dem Prozess“[27] definiert. Die Inbetriebnahme erfolgt zeitlich auf dem Übergang zwischen Planungs- und Realisierungsphase und der Betriebsphase. Es folgt der Hochlauf, der bis zur Abnahme der Anlage im Verantwortungsbereich des Maschinen- und Anlagenherstellers und anschließend im

[25] vgl. Hehl (Lösungsraum-Management) 2021, S. 14 in Anlehnung an Löffler (Strategische Strukturplanung) 2011, S. 15 und Nöcker (Zustandsbasierte Fabrikplanung) 2012, S. 30.
[26] vgl. Wiendahl et al. (Anlaufrobuste Produktionssysteme) 2002, S. 651.
[27] Deutsches Institut für Normung (DIN 19246:1991-06) 1991, S. 2.

Verantwortungsbereich des Betreibers erfolgt. Die Abnahme ist gemäß DIN 19246 definiert als „Bestätigung durch den Auftraggeber, dass eine Lieferung oder Leistung vertragsmäßig ist.“[28] Somit ist der Maschinen- und Anlagenhersteller mit dem Zeitpunkt der Abnahme aus seinen Pflichten in Bezug auf die Prozessverantwortung entlassen. Die industrielle Praxis – insbesondere im Bereich der Produktion elektrischer Antriebe – zeigt, dass der Zeitpunkt der Abnahme teilweise mehrere Monate nach Inbetriebnahme erfolgen kann.

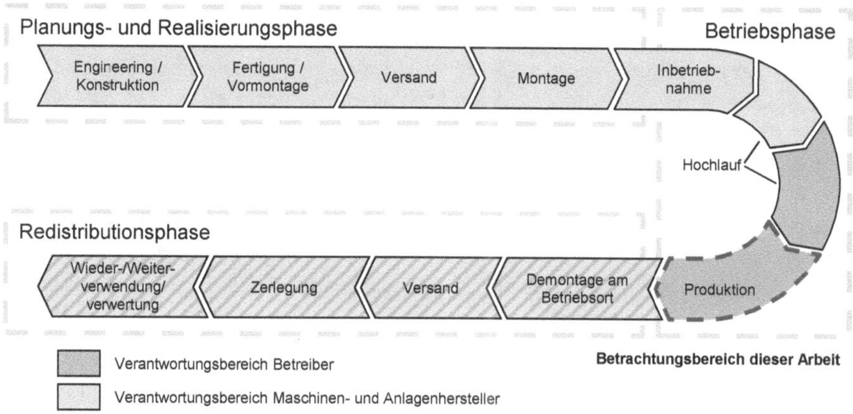

Abbildung 2-2 Phasen im Lebenszyklus von Produktionssystemen[29]

Nach der Inbetriebnahme erfolgt der Hochlauf, in dem das Produktionssystem die Plan-Produktionsmenge (auch Kammlinie) erreicht.[30] Inbetriebnahme und Hochlauf fassen WIENDAHL ET AL. als Anlaufphase zusammen[31] und folgen damit einer anlagenbezogenen Beschreibung des Anlaufs.[32] SCHUH ET AL. unterteilen den (Serien)anlauf in die Phasen der Vorserie, Nullserie und des Hochlaufs[33]. DOMBROWSKI ET AL. bezeichnen den Serienanlauf bestehend aus Vorserie, der Nullserie und Hochlauf als Phase innerhalb des Produktentstehungsprozesses und folgen somit einer produktbezogenen Beschreibung des Anlaufs.[34] Dieses Verständnis wird im Rahmen der Ausführungen in Kapitel 2.3 aufgegriffen, wohingegen in diesem Abschnitt der Fokus auf dem Produktionssystem liegt und somit der anlagenbezogenen Beschreibung gefolgt wird.[35] Nach der Anlaufphase folgt die

[28] Deutsches Institut für Normung (DIN 19246:1991-06) 1991, S. 2.
[29] In Anlehnung an Wiendahl et al. (Anlaufrobuste Produktionssysteme) 2002, S. 651.
[30] Dombrowski et al. (Lean Ramp-up) 2009, S. 877.
[31] vgl. Wiendahl et al. (Anlaufrobuste Produktionssysteme) 2002, S. 651.
[32] Siehe unter anderem Zeugträger (Anlaufmanagement für Großanlagen) 1998, S. 8 ff. und Lanza (Simulationsbasierte Anlaufunterstützung) 2005.
[33] vgl. Schuh et al. (Anlaufmanagement in der Automobilindustrie) 2008, S. 2.
[34] Siehe außerdem Baumgarten et al. (Logistikbasiertes Management) 2001.
[35] Eine detaillierte Beschreibung anlagen- und produktbezogener Unterscheidungen von Anläufen liefern u.a. Winkler (Vernetzte Wirkbeziehungen) 2007, S. 9 ff., Gartzen (Diskrete Migration) 2012, S. 16

Produktion, der wiederum der Übergang in die Phase der Redistribution folgt. Diese liegt nach WIENDAHL ET AL. im Verantwortungsbereich des Maschinen- und Anlagenherstellers, wobei dieser Umstand je nach vertraglicher Vereinbarung zu unterscheiden ist und deshalb in Abbildung 2-2 schraffiert dargestellt ist. Im Rahmen dieser Arbeit wird die Planung von Technologiesubstitutionen in bestehenden Produktionssystemen adressiert. Entsprechend liegt der Betrachtungsbereich der Arbeit in Bezug auf den Lebenszyklus von Produktionssystemen gemäß der Darstellung nach WIENDAHL ET AL. in der Produktionsphase. Unterschiedliche Zuständigkeiten zwischen Maschinen- und Anlagenhersteller und Betreiber sowie die Abgrenzung jeweiliger Rechte und Pflichten stellen einen wesentlichen Einflussfaktor auf die dieser Arbeit zugrundeliegenden Problemstellung dar und werden deshalb an dieser Stelle weiter vertieft. Die nachfolgende Darstellung von Auftraggeber-Auftragnehmer-Beziehungen ist insbesondere im Baugewerbe weit verbreitet.[36] AEDTNER unterscheidet nicht zwischen dem Bau von Industrieanlagen oder Gebäuden, sondern stellt fest, dass „die thematisierten Probleme bei allen Großprojekten auftreten können, an denen eine Vielzahl von Teilnehmern beteiligt ist und die einen hohen Komplexitätsgrad haben."[37] Diesem Verständnis wird für die weitere Ausführung innerhalb dieser Arbeit gefolgt.

In den meisten Fällen gehören Maschinen- und Anlagenhersteller und Betreiber nicht demselben Unternehmen an, sondern stehen in einem Auftraggeber-Auftragnehmer-Verhältnis. Es erfolgt die Vergabe des Auftrags durch den Betreiber an einen oder mehrere Maschinen- und Anlagenhersteller. Bei der Art der Vergabe wird zwischen sogenannter Einzel- und Generalvergabe unterschieden. Eine vereinfachte Darstellung der Einzelvergabe im Vergleich zur Generalvergabe erfolgt in Abbildung 2-3.

---

ff., Basse (Systemtheoretische Modellierung) 2015, S. 18 ff. und Stauder (Gestaltung von Fertigungssystemen) 2017, S. 9 ff.

[36] vgl. Aggteleky (Fabrikplanung) 1990, S. 516 ff.

[37] vgl. Aedtner (Koordinierung durch Generalunternehmer) 2020, S. 30.

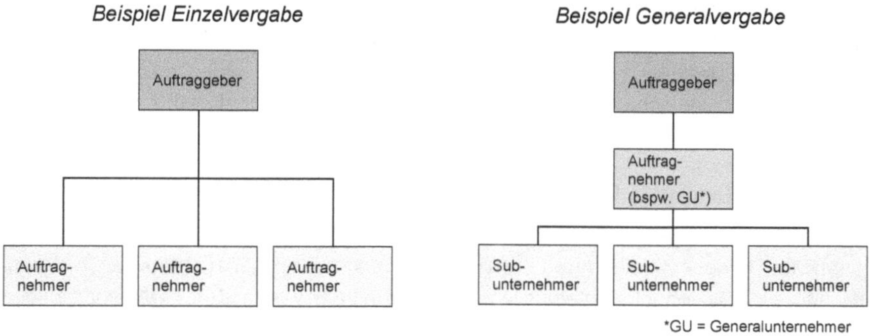

Abbildung 2-3 Einzel- und Generalvergabe in Anlehnung an AEDTNER[38]

Bei der Einzelvergabe erfolgt die Vergabe verschiedener Teilaufträge an unterschiedliche Auftragnehmer. Entsprechend bleibt die Verantwortung zur Koordinierung der Einzelauftragnehmer untereinander beim Auftraggeber. Bei der Generalvergabe hingegen erfolgt die Vergabe eines Gesamtauftrags an einen Auftragnehmer, der wiederum Unteraufträge an Subunternehmer vergibt. Somit werden Schnittstellen zwischen Auftraggeber und Auftragnehmer reduziert. Auftragnehmer innerhalb einer Generalvergabe können als Generalunternehmer, Generalübernehmer oder Totalunternehmer agieren. Während der Generalübernehmer für gewöhnlich selbst keine baulichen Leistungen übernimmt, sondern alle Leistungen durch Nachunternehmer durchführen lässt, übernehmen Generalunternehmer einen Teil der Leistungen selbst.[39] Nach Definition grenzt sich der Totalunternehmer gegenüber dem Generalunternehmer ab, indem er zusätzliche Planungsleistungen erbringt.[40] Im Kontext der Fabrikplanung eröffnet AGGTELEKY im Falle der Zusammenarbeit mit Generalunternehmern die Möglichkeit „Bauausschreibungen ganz oder teilweise lösungsneutral vorzunehmen, sodass die Anbieter unterschiedliche bautechnische Lösungen vorschlagen können."[41] Diese Beschreibung des Generalunternehmers impliziert ebenso eine gewisse planerische Tätigkeit und folgt der allgemeinen Verwendung des Begriffs in der industriellen Praxis.[42] Generalunternehmer werden im Folgenden als Maschinen- und Anlagenhersteller verstanden, die eine Rechtsbeziehung mit dem Auftragnehmer eingehen mit der Verpflichtung, eine gesamte Produktionslinie oder ein Linien-Segment zu planen, zu entwickeln, aufzubauen und in Betrieb zunehmen. Hierbei besteht die Möglichkeit der Einbindung von Subunternehmern, wobei ein vertragliches Verhältnis ausschließlich zwischen Auftraggeber und Generalunternehmer besteht. Insbesondere im Bereich

[38] vgl. Aedtner (Koordinierung durch Generalunternehmer) 2020, S. 31.
[39] vgl. Berwanger (Generalübernehmer) 2018.
[40] vgl. Aedtner (Koordinierung durch Generalunternehmer) 2020, S. 32.
[41] Aggteleky (Fabrikplanung) 1990, S. 517.
[42] Neben dem Begriff des „Generalunternehmers" wird in der industriellen Praxis häufig der Begriff des „Turn-Key-Suppliers" verwendet.

neuer Technologiefelder ist die geschlossene Auftragsvergabe zum Aufbau von Produktionssystemen an Generalunternehmen ein adäquater Weg, das technische Risiko aus Sicht des Betreibers zu verlagern. Zu berücksichtigen ist jedoch, dass hieraus eine gewisse technologische Abhängigkeit des Betreibers gegenüber dem Anlagenhersteller entstehen kann.[43]

2.2 Änderung von Produktionssystemen

Unter technischen Änderungen in der Produktion werden nach RÖßING Rekonfigurationen von Betriebsmitteln, deren Ersatz, Entfernung oder Ergänzung sowie die Veränderung des Beziehungsgeflechts von Betriebsmitteln verstanden.[44] Veränderungen von Produktionssystemen können unterschiedliche Ursachen haben. So können beispielsweise Produktänderungen über den gesamten Produktlebenszyklus vorkommen, was wiederum in einer Veränderung der laufenden Produktion resultieren würde.[45] Ein weiterer Aspekt kann, in Abhängigkeit des Betrachtungsfalls, sein, dass der Abschreibungszeitraum von Produktionsanlagen den Produktlebenszyklus und damit den Produktionszeitraum überdauert.[46] In solchen Fällen werden zumeist bestehende Produktionssysteme auf andere Produkte angepasst. Ein weiterer Umstand, der zur Änderung eines Produktionssystems führen kann, ist die Ablösung einer bestehenden Technologie durch eine leistungsfähigere Technologie. Während ein Technologiewechsel bezogen auf das Gesamtsystem zumeist zu einer Neugestaltung des gesamten Produktionssystems führt, resultiert ein Technologiewechsel innerhalb eines Produktionssystems, also innerhalb eines bestimmten Abschnitts, in einer Veränderung eines Bestandssystems. BUCHHOLZ visualisiert die Ablösung einer bestehenden Technologie (T_1) durch eine neue Technologie (T_2) basierend auf den Arbeiten von FOSTER (vgl. Abbildung 2-4).

[43] vgl. Kampker et al. (Elektromobilität) 2024, S. 35–36.
[44] vgl. Rößing (Technische Änderungen) 2007, S. 8.
[45] vgl. Aurich et al. (Änderungsmanagement) 2004, S. 381.
[46] vgl. Schuh et al. (Gestaltung von Betriebsmitteln) 2004, S. 212.

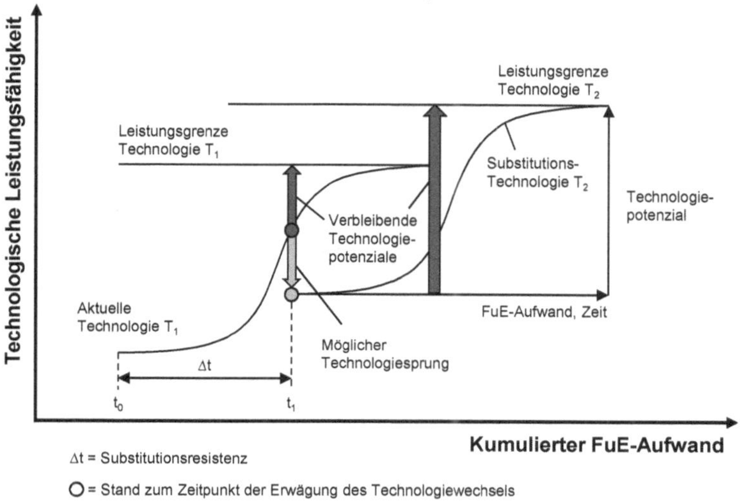

Abbildung 2-4 Substitution anhand des S-Kurven-Modells nach McKINSEY[47]

Bei der Substitution einer Technologie durch eine neue am Beispiel des S-Kurven-Modells wird die technologische Leistungsfähigkeit über den kumulierten FuE-Aufwand beschrieben. Dem S-Kurven-Modell liegt die Beobachtung zugrunde, dass Technologien in ihrem frühen Stadium eine verhältnismäßig geringe technologische Leistungsfähigkeit aufweisen. Diese steigt im Verlauf der Zeit und mit kumulierten FuE-Aufwänden stark an und flacht anschließend wieder ab, indem die Technologie sich ihrer Leistungsgrenze nähert. Kommen neue Technologien (in Abbildung 2-4 als Substitutionstechnologie T_2 beschrieben) mit einer initial höheren Leistungsfähigkeit als die ursprüngliche Technologie (in Abbildung 2-4 aktuelle Technologie T_1) auf, erfolgt ein Vergleich der beiden Technologien hinsichtlich ihres Nutzenvorteils in Abhängigkeit des kumulierten FuE-Aufwands. Zu beachten ist, dass der präzise Verlauf einer jeden S-Kurve lediglich ex post bekannt ist.[48]

Die Änderung von Produktionssystemen geht mit der Anpassung von Produktionsstrukturen und -prozessen einher. Hierzu definiert MÜLLER in Anlehnung an EVERSHEIM und TERHAAG[49] zehn generische Strukturmaßnahmen, die in Abbildung 2-5 dargestellt sind.

[47] Abbildung in Anlehnung an Buchholz (Bewertung des Substitutionsrisikos) 2014, S. 11, basierend auf Foster (Innovation) 1986, S. 111.
[48] vgl. Buchholz (Bewertung des Substitutionsrisikos) 2014, S. 12.
[49] vgl.Eversheim et al. (Prozessanalyse- und optimierung) 1999, S. 118

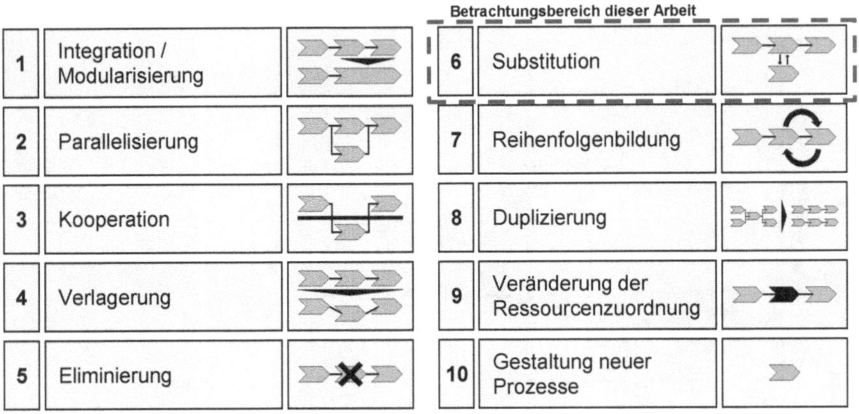

Abbildung 2-5 Zehn Strukturmaßnahmen nach MÜLLER[50]

Bei der Integration werden mehrere Prozesse zu einem neuen zusammengefasst. Bei der Modularisierung werden einzelne Prozesse in mehrere unterschiedliche unterteilt. Bei der Parallelisierung werden Einzelprozesse parallelisiert, die ursprünglich sequenziell zueinander angeordnet waren. Eine externe Verlagerung eines Prozesses erfolgt bei der Kooperation, wohingegen unter der Strukturmaßnahme der Verlagerung verstanden wird, einen Prozess oder Teile eines Prozesses in einen anderen Prozessstrang (intern) zu verlegen. Bei der Eliminierung entfallen Prozesse ersatzlos und bei der Substitution werden Prozesse durch einen anderen Prozess ersetzt. Unter der Strukturmaßnahme der Reihenfolgenbildung versteht man die Veränderung der Sequenzen von Prozessen untereinander. Bei der Duplizierung werden gleichartige Prozesse mehrerer Prozessstränge zusammengefasst oder ein Prozess in gleichartige Prozesse in verschiedenen Strängen aufgeteilt. Bei der Veränderung der Ressourcenzuordnung werden einem Prozess neue Ressourcen zugeordnet, Ressourcen ersetzt oder abgezogen. Unter der Strukturmaßnahme der Gestaltung neuer Prozesse wird im Wesentlichen die Einführung neuer Prozesse verstanden.[51] Im Betrachtungsbereich der vorliegenden Arbeit liegt entsprechend der Zielsetzung (vgl. Kapitel 1.2) die Strukturmaßnahme der Substitution. Anzumerken ist an dieser Stelle jedoch, dass eine Substitution im Kontext dieser Arbeit ebenfalls bedeuten kann, dass mehrere Teilprozesse durch einen Prozess oder ein Prozess durch mehrere Teilprozesse ersetzt werden können bzw. ersetzt werden kann.

---

[50] vgl. Müller (Bewertung von Produktionsalternativen) 2008, S. 16 in Anlehnung an Eversheim et al. (Prozessanalyse- und optimierung) 1999, S. 118. Ähnliche Abbildung u.a. in Zäh et al. (Erhöhung der Wandlungsfähigkeit) 2004, S. 176; Nau (Anlauforientierte Technologieplanung) 2012, S. 10; Pohl (Adaption von Produktionsstrukturen) 2014, S. 86.

[51] vgl. Müller (Bewertung von Produktionsalternativen) 2008, S. 16.

DENKENA und TÖNSHOFF führen in ihrer Arbeit zu Prozessauslegung und -integration in die Prozesskette die ASI-Methode[52] zur Unterstützung bei der ganzheitlichen Prozesskettenauslegung ein (vgl. Abbildung 2-6). Bei der Prozessadaption werden sequenziell geordnete Prozesse aufeinander abgestimmt. Auch hier wird die Prozesssubstitution als das Ersetzen eines bestehenden Prozesses durch einen anderen verstanden. Die Prozessintegration dient der Verkürzung der Arbeitsvorgangsfolge und erfolgt, indem Prozesse, die ursprünglich separat durchgeführt wurden, innerhalb eines vor- oder nachgelagerten Prozesses durchgeführt werden. Analog der Abgrenzung des Betrachtungsbereichs innerhalb der Strukturmaßnahmen nach EVERSHEIM und TERHAAG (vgl. Abbildung 2-5), liegt dieser in Bezug auf die ASI-Methode ebenfalls in der Prozesssubstitution. Eine Integration mehrerer Prozesse im Zusammenhang einer oder mehrerer Prozesssubstitutionen ist auch hierbei nicht ausgeschlossen.

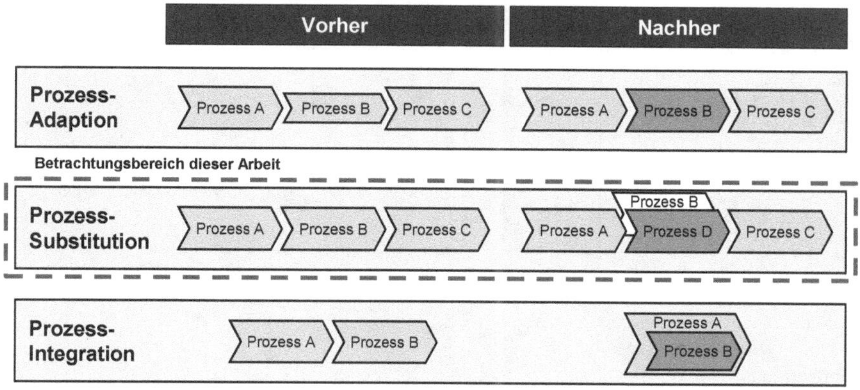

Abbildung 2-6 ASI-Methode nach DENKENA und TÖNSHOFF[53]

Die Durchführung von Substitutionen erfordert in den meisten Fällen einen zeitweisen Stillstand des Produktionssystems. Mit Abschluss der Substitutionsumsetzung erfolgt der erneute Produktionsanlauf. Die Begriffe Produktionsanlauf und Serienanlauf werden in der Literatur häufig synonym verwendet.[54] DOMBROWSKI und HANKE definieren, in Abhängigkeit des Produkt- bzw. Prozessänderungsgrades und der Komplexität des Serienanlaufs, drei Anlaufklassen im Lean Ramp-up (vgl. Abbildung 2-7 links). Demnach erfolgt ein Neuanlauf, wenn ein neu konstruiertes Produkt bzw. ein neu gestalteter Prozess zum ersten Mal in die Produktion eingeführt wird. Hierbei werden sowohl der Produkt- bzw. Prozessänderungsgrad als auch die Komplexität des Serienanlaufs als mittel bis hoch eingestuft. Erfolgen wesentliche Änderungen am Produkt oder am Prozess, resultiert hieraus ein sogenannter Änderungsanlauf, bei dem sowohl Produkt-

[52] ASI steht für Adaption, Substitution und Integration

[53] vgl. Denkena et al. (Prozessauslegung und -integration) 2011, S. 342.

[54] vgl. Lanza (Simulationsbasierte Anlaufunterstützung) 2005, S. 8; Nagel (Risikoorientiertes Anlaufmanagement) 2011, S. 4; Stauder (Gestaltung von Fertigungssystemen) 2017, S. 7.

bzw. Prozessänderungsgrad als auch die Komplexität des Serienanlaufs variieren können. Bei einem Wiederholungsanlauf werden bekannte oder nahezu unveränderte Produkte mit standardisierten Prozessen nach einer längeren Pause erneut eingeführt. Ein Wiederholungsanlauf ist im Vergleich zu Änderungs- und Neuanläufen durch den geringsten Produkt- bzw. Prozessänderungsgrad und die niedrigste Komplexität im Serienanlauf charakterisiert.[55] Im Betrachtungsbereich der vorliegenden Arbeit liegen Substitutionen innerhalb des Produktionssystems, die in einem Änderungsanlauf resultieren.

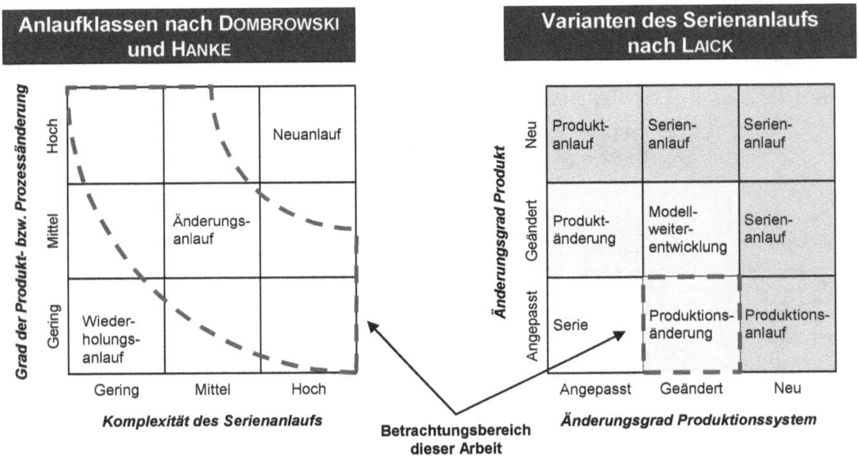

Abbildung 2-7 Anlaufklassen und Varianten des Serienanlaufs[56]

LAICK beschreibt, in Abhängigkeit des Änderungsgrades von Produkt und Prozess, unterschiedliche Varianten des Serienanlaufs (vgl. Abbildung 2-7 rechts). Der Änderungsgrad ist hierbei als das Verhältnis von neuen Teilen zu Teilen des Vorgängers definiert. Die Anpassung von Produkt und Produktionssystem ist nach LAICK Bestandteil des kontinuierlichen Verbesserungsprozesses (KVP) und jeweils als geringste Ausprägung des Änderungsgrades beschrieben.[57] Unter der Prämisse der geringsten Ausprägung einer Produktänderung und einer Veränderung des Produktionssystems liegt die Produktionsänderung im Betrachtungsbereich der vorliegenden Arbeit.

---

[55] vgl. Dombrowski et al. (Lean Ramp-up) 2009, S. 879.
[56] vgl. Dombrowski et al. (Lean Ramp-up) 2009, S. 879 und Laick (Hochlaufmanagement) 2003, S. 14.
[57] vgl. Laick (Hochlaufmanagement) 2003, S. 14.

2.3 Produkt- und Prozessfreigabe in der Automobilindustrie

Die Betrachtung von Produktionsänderungen im Umfeld der Automobilindustrie erfordert ebenso die Berücksichtigung von Auswirkungen auf Verfahren zur Freigabe von Produkt und Prozess. Produkt- und Prozessfreigaben erfolgen sowohl im Falle einer Eigenfertigung als auch eines Fremdbezugs der jeweiligen Produkte. Produktionsprozess- und Produktfreigabeverfahren (PPF) und Production Part Approval Process (PPAP)[58] sind vereinheitlichte Standards, die für die Mustererstellung und Produktionsfreigabe in der Automobilindustrie herangezogen werden.[59] Der Production Part Approval Process (PPAP) wird durch die AUTOMOTIVE INDUSTRY ACTION GROUP (AIAG) – einem Zusammenschluss amerikanischer OEM – beschrieben, während das Produktionsprozess- und Produktfreigabeverfahren (PPF) auf den VERBAND DER DEUTSCHEN AUTOMOBILINDUSTRIE zurückgeht. PPAP und PPF gelten als die am konsequentesten umgesetzten Regelwerke[60] und werden deshalb im Rahmen des vorliegenden Kapitels herangezogen. Die Verfahren zur Produktionsprozess- und Produktfreigabe dienen einerseits der Nachweiserbringung gegenüber dem Kunden, dass sowohl Produkt als auch Prozess den Kundenanforderungen entsprechen, und können andererseits intern zu gleichen Zwecken angewendet werden.[61]

Tabelle 2-1 Auslöser des PPF- und PPAP-Verfahrens im Vergleich[62]

PPF	PPAP
Neuteile	Neues Teil oder Produkt
Änderungen	Korrektur von Unstimmigkeiten bei einem zuvor eingereichten Teil
Wiedernutzung	Produkt, das durch eine technische Änderung der Konstruktionsunterlagen, Spezifikationen oder Materialien modifiziert wurde
Kundenspezifische Vereinbarungen (z.B. Requalifikation)	Zusätzlich für Schüttgut: eine für das Unternehmen neue Prozesstechnologie, die bisher nicht für dieses Produkt verwendet wurde

[58] Auch Produktionsteil-Abnahmeverfahren oder Produktionsteil-Freigabeverfahren genannt
[59] vgl. Brückner (Qualitätsmanagement Automobilindustrie) 2009, S. 79.
[60] vgl. Jung et al. (Qualitätssicherung) 2021, S. 117.
[61] vgl. Brückner (Qualitätsmanagement) 2019, S. 392.
[62] vgl. Verband der Automobilindustrie e.V. (VDA) (Qualität von Lieferungen) 2020, S. 14 und Automotive Industry Action Group (AIAG) (Production Part Approval Process) 2006, S. 3 und S. 15.

Tabelle 2-1 zeigt die Auslöser zur Anwendung des PPF- und PPAP-Verfahrens im Vergleich. Gemäß PPAP sind darüber hinaus Kunden über „alle geplanten Änderungen des Designs, des Prozesses oder der Produktionsstätte zu informieren."[63] Beispiele hierfür sind die Nutzung neuer, zusätzlicher oder ersetzender Werkzeuge sowie die Aufrüstung oder Neuanordnung bestehender Werkzeuge oder Produktionsmittel.[64] Im PPF ist die Kommunikation gegenüber Kunden durch eine Auslösematrix geregelt.[65] Demnach erfordert eine Änderung von Prozessparametern oder die Änderung der Prozesskette ebenfalls die Zustimmung des Kunden.[66]

In Bezug auf die dieser Arbeit zugrundeliegenden Ausgangssituation bleibt somit festzuhalten, dass eine Technologiesubstitution in einer erneuten Produkt- und Prozessfreigabe resultieren kann. Die Produkt- und Prozessfreigabe kann, in Abhängigkeit der vereinbarten Freigabestufe[67] bzw. nach Rücksprache mit dem Kunden[68], die Übergabe von Produkt-Mustern und deren Prüfung bedingen. Als PPF-Muster werden Muster bezeichnet, die dem „Produktionsprozess unter Serienbedingungen entnommen"[69] werden. Während C-Muster lediglich unter „seriennahen" Zuständen gefertigt werden, entsprechen solche Teile der Definition eines D-Musters.[70] Da die beschriebene Ausgangssituation der Arbeit bedingt, dass die Technologiesubstitution in einem möglichst kurzen Zeitfenster erfolgen soll und kein Planstillstand vorgesehen ist, bedeutet dies gleichermaßen, dass eine besondere Herausforderung in der physischen Nachweiserbringung über die Anforderungserfüllung von Produkt und Prozess besteht.

2.4 Planung unter Unsicherheit am Beispiel der Statorproduktion

Gemäß der Zielsetzung und Hauptforschungsfrage dieser Arbeit besteht ein wesentlicher Betrachtungsschwerpunkt im Umgang mit mangelndem Erfahrungswissen seitens verantwortlicher Planender. KLEINE BÜNING stellt im Rahmen seiner Arbeit bereits fest, dass die Produktionsplanung elektrischer Antriebe als Beispiel für eine Disziplin herangezogen werden kann, die einer Lücke aus Informationsbedarfen und Informationsverfügbarkeiten ausgesetzt ist, und begründet dies mit anhaltender Disruption der Technologie und fehlender Erfahrung.[71] Diese Erkenntnis wird vor dem Hintergrund der aktuellen Branchensituation am Beispiel der Produktion von Statoren für elektrische Antriebe reflektiert und weiter detailliert. Der Stator[72] ist die feststehende

---

[63] vgl. Automotive Industry Action Group (AIAG) (Production Part Approval Process) 2006, S. 13.
[64] Die vollständige Beispielliste gemäß Automotive Industry Action Group (AIAG) (Produktionsteil-Freigabeverfahren PPAP) 2006, S. 13 f. ist im Anhang dargestellt.
[65] Siehe Anhang
[66] vgl.Verband der Automobilindustrie e.V. (VDA) (Qualität in der Prozesslandschaft) 2020, S. 85.
[67] Gemäß PPAP
[68] Gemäß PPF
[69] Verband der Automobilindustrie e.V. (VDA) (Qualität von Lieferungen) 2020, S. 26.
[70] vgl. Verein Deutscher Ingenieure e.V. (VDI); Verband der Elektrotechnik Elektronik Informationstechnik e.V. (VDE) (VDI/VDE 2206) 2021, S. 3.
[71] vgl. Kleine Büning (Informationsorientierte Prototypenplanung) 2019, S. 13.
[72] Auch Ständer genannt

Aktivkomponente eines Elektromotors[73]. Er erzeugt ein rotierendes elektromagnetisches Feld, das in Wechselwirkung mit dem Magnetfeld des Rotors[74] für den Antrieb von elektrischen Fahrzeugen sorgt. In der ersten Generation elektrischer Antriebe[75] waren klassische Wickelverfahren[76] für die Herstellung von Statoren am weitesten verbreitet. Diese wurden in der zweiten Generation elektrischer Antriebe[77] zunehmend durch die sogenannte Hairpin-Technologie ersetzt, die sich sowohl in Bezug auf die Produkteigenschaften als auch die notwendigen Produktionsprozesse grundlegend von klassischen Wickelverfahren unterscheidet. Die Hairpin-Technologie ist derzeit eine der am weitesten verbreiteten Wicklungstechnologien beim elektrischen Antrieb. Während der elektrische Antriebsstrang in seiner Gesamtheit bereits signifikante Veränderungen in notwendigen Fertigungskompetenzen im Vergleich zu konventionellen Antriebssträngen erforderte,[78] folgte in der zweiten Generation elektrischer Antriebe mit dem Aufkommen der Hairpin-Technologie bereits nach kurzer Zeit ein wiederum wesentlicher Technologiewechsel. Diese Erkenntnis pflichtet rückblickend der Feststellung bei, dass die Entwicklung und Produktion elektrischer Antriebe als Disziplinen angesehen werden können, die zumindest bis heute durch kurzzyklische und signifikante Technologieänderungen charakterisiert sind. Gleichwohl muss konstatiert werden, dass derartig einschneidende Technologieänderungen mit dem vermehrten Aufbau großer Produktionskapazitäten, wie er in der zweiten Generation stattfindet, in Zukunft aller Voraussicht nach weniger kurzzyklisch stattfinden werden.

Die Detaillierung und Reflexion des zweiten Aspekts – der fehlenden Erfahrung von Planenden – erfolgt am Beispiel besonderer Charakteristika des Produktionsprozesses von Statoren mit Hairpin-Technologie. Bei der Hairpin-Technologie werden Flachleiter aus Vollmaterial geformt und anschließend in das sogenannte Blechpaket eingebracht. Allgemein wird zwischen Segment-Hairpin-Wicklung (I-Pin oder U-Pin) und kontinuierlicher Hairpin-Wicklung (Diamantspule oder Continuous Hairpin) unterschieden.[79] Im Folgenden wird die Prozesskette für Statoren mit U-Hairpins beschrieben, die in Abbildung 2-8 zusammenfassend dargestellt wird. Bei der Hairpinherstellung wird rechteckiger Kupferdraht abgewickelt und gerichtet. Dieser Prozess dient der Entfernung von Restkrümmung und der Reduktion von Eigenspannungen, die sich wiederum auf den nachgelagerten Biegeprozess wie auch auf spätere Montageprozesse auswirken können.[80] Der Richtprozess ist in Abhängigkeit des Drahtmaterials

---

[73] vgl. Pischinger et al. (Kraftfahrzeugtechnik) 2021, S. 679.
[74] Auch Läufer genannt
[75] TREICHEL zählt hierzu Fahrzeugantriebe aus den Jahren 2008 bis 2018 (siehe Treichel (Hybride Prototypen) 2023, S. 47)
[76] Unter klassischen Wickelverfahren werden etablierte Runddraht-Wickeltechnologien und im automobilen Kontext insbesondere das Flyer-Einzieh-Wickeln verstanden
[77] TREICHEL zählt hierzu Fahrzeugantriebe ab dem Jahr 2019 (siehe Treichel (Hybride Prototypen) 2023, S. 47)
[78] vgl. Deutskens (Konfiguration der Wertschöpfung) 2014, S. 41 ff.
[79] vgl. Stäck (Anfangsfestes Fügen) 2024, S. 13 ff.
[80] vgl. Riedel et al. (Challenges of the Hairpin Technology) 2018, S. 2472.

auszulegen und muss aufgrund von Schwankungen der Materialeigenschaften kontinuierlich überprüft und gegebenenfalls nachjustiert werden. Der Kupferdraht verfügt über ein Isolationssystem, das aus unterschiedlich gearteten Thermoplasten oder Duromeren bestehen kann. Beispiele für eingesetzte Materialien sind Polyamidimide, Polyesterimide, Polyimide oder Polyetheretherketon[81]. Aufgrund der späteren Kontaktierung der Kupferenden zueinander besteht die Notwendigkeit den Kupferdraht partiell abzuisolieren. Das Ergebnis des Abisolierprozesses hat maßgeblichen Einfluss auf die Qualität der Kontaktierung.[82] Zum Abtrag der Isolationsschicht existiert eine Vielzahl an thermischen, mechanischen und chemischen Verfahrensalternativen.[83] In der industriellen Anwendung etablieren sich jedoch zunehmend Fräs- und Schabprozesse auf Seiten der mechanischen Verfahren, sowie laserbasierte Verfahren.[84]

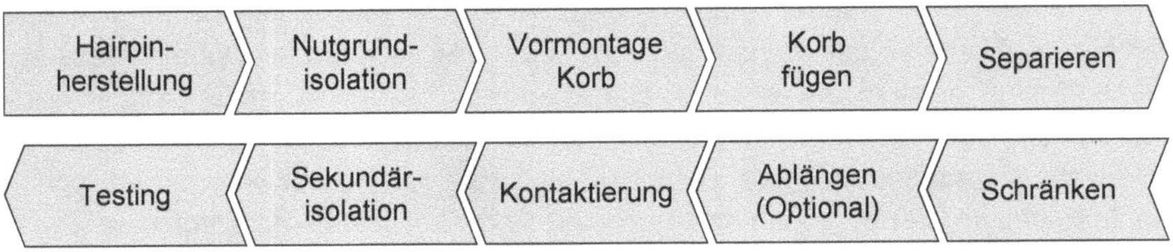

Abbildung 2-8 Prozesskette zur Herstellung eines Stators mit Hairpin-Technologie[85]

In Abhängigkeit des Biegeverfahrens wird der Draht nach (CNC-Biegen) oder vor (Schwenk- und Gesenkbiegen, Freies Biegen) dem Biegeprozess abgelängt. Beim Ablängprozess ist darauf zu achten, dass Gratbildung nach Möglichkeit vermieden wird, um eine Beschädigung des Isolationspapiers im späteren Montageprozess zu vermeiden, und um sicherzustellen, dass beim Kontaktierprozess kein Versatz zwischen den Drahtenden aufgrund von Gratformen entsteht. Im Biegeprozess wird der Kupferdraht in die eigentliche Hairpin-Geometrie gebracht. Beim CNC-Biegen erfolgt die 2-D- und 3-D-Formgebung innerhalb eines Prozesses. Das Schwenkbiegen erfolgt meist in Kombination mit dem Gesenkbiegen. Beim freien Biegen wird nach der 2-D-Biegung ein Hairpin-Bein gegriffen und auseinandergezogen. Das Schwenkbiegen, in der Literatur auch Dreipunktbiegen genannt, in Kombination mit dem Gesenkbiegen bietet insbesondere hinsichtlich Taktzeit und Wiederholgenauigkeit Vorteile und ist daher in der Großserienproduktion weit verbreitet.[86]

Analog zur Produktion von Statoren mit Runddrahtwicklung werden auch bei der Produktion von Statoren mit Hairpin-Technologie die Nuten des Blechpakets mit Isolationspapier ausgekleidet.[87] Hierfür wird das Nutgrundpapier in Abhängigkeit der Form

[81] vgl. Gläßel (Prozessketten zum Laserstrahlschweißen) 2020, S. 28.
[82] vgl. Riedel et al. (Challenges of the Hairpin Technology) 2018, S. 2472.
[83] vgl. Gläßel (Prozessketten zum Laserstrahlschweißen) 2020, S. 29.
[84] vgl. Kampker et al. (Produktionsprozess eines Hairpin-Stators) 2022, S. 5 f.
[85] vgl. Kampker et al. (Produktionsprozess eines Hairpin-Stators) 2022.
[86] vgl. Wirth et al. (Characterization) 2020, S. 679.
[87] vgl. Riedel et al. (Comparison of Manufacturing Processes) 2022, S. 396.

der Nutgeometrie gefalzt, geschnitten und in das Blechpaket eingeschoben oder -geschossen.[88] Grundsätzlich bestehen zur Nutgrundisolation durch Flächenisolationsstoffe technologische Alternativen wie beispielsweise Spritzgussverfahren oder die Pulverisolation.[89] Die Anwendung dieser Technologien ist in der Automobilbranche jedoch weniger verbreitet.

Nach der Hairpinherstellung erfolgt die Vormontage der Einzelpins zu einem oder mehreren Körben. Insbesondere in der automatisierten Fertigung erfolgt dieser Schritt als separater Prozess anstelle einer Direktmontage der Pins in das Blechpaket. Gründe hierfür liegen neben der Sequenzierung der Prozessschritte hinsichtlich Taktzeit in der Möglichkeit der Realisierung komplexerer Wickelschemata. Hieraus resultierende Hinterschnitte und Überdeckungen im Wickelkopf können die Direktmontage limitieren. Die Vormontage erfolgt in den meisten Fällen innerhalb eines Werkstückträgers oder einer Übergabevorrichtung – besondere Herausforderungen liegen hierbei in der Abbildung unterschiedlicher Pin- und Statorvarianten.[90] Im nächsten Schritt werden die vormontierten Hairpin-Körbe axial in das Blechpaket eingeführt. Die Hauptherausforderung in der Montage liegt in der Vermeidung von Beschädigungen an Nutgrund- und Drahtisolation. Enge Fügetoleranzen innerhalb der einzelnen Nuten erfordern eine exakte Positioniergenauigkeit innerhalb des Prozesses.[91]

Nach der Montage der Hairpin-Körbe werden die einzelnen Pin-Enden zur Vorbereitung auf den Schränkprozess vereinzelt und radial freigestellt. Dieser Prozess kann nutweise, lagenweise oder integriert erfolgen. Anschließend werden die Pin-Enden lagenweise in abwechselnder Richtung gegeneinander verschränkt. Der Schränkprozess[92] dient dazu das vorgesehene Wickelschema zu erzeugen.[93] Der Prozess ist durch vergleichsweise hohe Werkzeugkosten und Limitationen in der Variantenflexibilität gekennzeichnet und hinsichtlich der Einhaltung von Form- und Lagetoleranzen der Pin-Enden herausfordernd.[94] In Abhängigkeit der Lagetoleranzen der einzelnen Pin-Enden, insbesondere in axialer Richtung und damit zur Kompensation von Höhenunterschieden der Pin-Enden zueinander, erfolgt optional ein Ablängprozess. In diesem Prozessschritt werden einzeln, nutweise oder im Vollschnitt die Enden der Pins einander angeglichen, um eine robuste Ausgangssituation für die Kontaktierung zu schaffen.[95]

Anschließend werden die aneinander liegenden Pin-Enden kontaktiert. Grundsätzlich kommen für das Fügen von Wicklungen in elektrischen Maschinen Umform-, Löt-,

---

[88] vgl. Kampker et al. (Elektromobilität) 2024, S. 307.
[89] vgl. Kampker et al. (Produktionsprozess eines Hairpin-Stators) 2022, S. 11.
[90] vgl. Kampker et al. (Produktionsprozess eines Hairpin-Stators) 2022, S. 12.
[91] vgl. Kampker et al. (Produktionsprozess eines Hairpin-Stators) 2022, S. 13.
[92] In der Literatur und industriellen Praxis auch als „Twistprozess“ bezeichnet
[93] vgl. Riedel et al. (Comparison of Manufacturing Processes) 2022, S. 397.
[94] vgl. Kampker et al. (Produktionsprozess eines Hairpin-Stators) 2022, S. 15.
[95] vgl. Kampker et al. (Produktionsprozess eines Hairpin-Stators) 2022, S. 16.

Einpress- und Schweißverfahren unterschiedlicher Art infrage.[96] Bei der Produktion von Statoren mit Hairpin-Wicklung finden jedoch insbesondere Laserschweißverfahren flächendeckend Anwendung. Mit dem Ziel eines möglichst geringen Schweißspaltes zwischen den Pin-Enden werden diese mithilfe von Schweißmasken zueinander positioniert und verspannt. Beim Laserschweißprozess werden die Kupferenden nacheinander aufgeschmolzen und anschließend stoffschlüssig miteinander verbunden.[97] Ebenfalls mittels eines stoffschlüssigen Fügeprozesses werden anschließend Verschaltelemente kontaktiert. Hierunter werden Anbauteile wie Kontaktring, Anschlussklemmen oder Sternverbinder verstanden.[98] Dieser Prozess ist aufgrund unterschiedlicher Baugruppendesigns hochindividuell und hat einen entscheidenden Einfluss auf die Automatisierbarkeit.[99]

Die entschichteten und verschweißten Kupferenden werden anschließend wieder elektrisch isoliert. Dies erfolgt über Tauch- und Träufelverfahren, Vollverguss oder Wirbelsintern. Analog zur Produktion von Statoren mit Runddrahtwickeltechnik erfolgt zuletzt der Imprägnierprozess. Dem Imprägnierprozess liegen eine Vielzahl an Technologiealternativen zugrunde. Beispiele hierfür sind das Träufeln, (Roll-)Tauchen oder der Vollverguss.[100] Die Imprägnierung erhöht die Isolierfestigkeit und Wärmeleitfähigkeit des Stators und schützt das Wicklungssystem vor äußeren Einflüssen.[101] In Abhängigkeit des Produktdesigns und der verwendeten Materialien variieren Zeit, Temperatur und weitere Prozessparameter in den Phasen Erwärmung, Applikation, Gelierung, Aushärtung und Abkühlung.[102]

Abschließend werden die Statoren im Rahmen der End-of-Line-Prüfung elektrisch geprüft, um mögliche Defekte im Isolationssystem und Kurzschlüsse innerhalb der Wicklung zu detektieren.[103] Neben Tests zur Isolationsfestigkeit sowie Widerstandsprüfungen können im Rahmen von End-of-Line Prüfungen auch Polarisationsindex-, Stufenspannungs- oder Drehrichtungsprüfungen Bestandteil des Test-Setups sein.[104] Auch geometrische Prüfungen erfolgen nach Bedarf direkt an der Produktionslinie.

Es wird deutlich, dass es sich bei der Produktion von Statoren mit Hairpin-Technologie um eine Disziplin handelt, die durch eine Vielzahl an Technologiealternativen in ihren jeweiligen Einzelprozessen wie auch einen hohen Grad an prozessualen Wirkzusammenhängen bzw. Interdependenzen charakterisiert ist. GILLEN zeigt im Rahmen seiner Arbeit, dass die Unschärfe an Technologieleistungsdaten für die Produktion elektrischer Antriebe in einer frühen Phase einer der wesentlichen Gründe dafür ist, dass die

---

[96] vgl. Gläßel (Prozessketten zum Laserstrahlschweißen) 2020, S. 21.
[97] vgl. Kampker et al. (Produktionsprozess eines Hairpin-Stators) 2022, S. 17.
[98] vgl. Kampker et al. (Produktionsprozess eines Hairpin-Stators) 2022, S. 18.
[99] vgl. Kampker et al. (Produktionsprozess eines Hairpin-Stators) 2022, S. 18.
[100] vgl. Kampker et al. (Produktionsprozess eines Hairpin-Stators) 2022, S. 20.
[101] vgl. Kampker et al. (Elektromobilität) 2024, S. 180.
[102] vgl. Kampker et al. (Produktionsprozess eines Hairpin-Stators) 2022.
[103] vgl. Riedel et al. (Comparison of Manufacturing Processes) 2022, S. 397.
[104] vgl. Kampker et al. (Produktionsprozess eines Hairpin-Stators) 2022, S. 21.

Bewertung von Anforderungsauswirkungen durch Experten erschwert wird.[105] Hieraus lässt sich ableiten, dass Planende vor der besonderen Herausforderung stehen, Anforderungen an Produktionssysteme zu formulieren, deren Einzeltechnologien in weiten Teilen unbekannt sind. Hiermit einhergehend ist in der industriellen Praxis zu beobachten, dass Lastenhefte[106] für Produktionssysteme von elektrischen Antrieben in vielen Fällen produktorientiert formuliert sind.[107] Hierunter wird verstanden, dass der Fokus der Spezifikation des Produktionssystems darauf liegt zu beschreiben, welches Produkt in welcher Qualität gefertigt werden soll, und weniger darauf, wie das Produkt im Detail gefertigt werden soll. Dies wiederum geht mit der vermehrten Beobachtung einher, dass gesamte Produktionssysteme oder Produktionssystemabschnitte aus Gründen der Risikominimierung aus der Perspektive des Betreibers geschlossen an einige wenige Generalunternehmen vergeben werden.[108] Die Auswirkungen mangelnden Erfahrungswissens der Planenden in frühen Phasen erstrecken sich entsprechend von der initialen Formulierung von Anforderungen an das Produktionssystem über den Betrieb bis hin zur Planung von Produktionssystemänderungen im laufenden Betrieb. Dieser Umstand resultiert für den Planenden in Bezug auf die dieser Arbeit zugrundeliegenden Problemstellung in Entscheidungssituationen unter Unsicherheit. GOTTWALD unterscheidet für Entscheidungssituationen unter Unsicherheit zwischen Risikosituationen, Ungewissheitssituationen und Unsicherheitssituationen bei unvollständiger Information über die Eintrittswahrscheinlichkeiten von Umweltzuständen.[109] Risikosituationen werden hierbei als Unsicherheitssituationen definiert, in denen einzelnen Umweltzuständen präzise Wahrscheinlichkeitsziffern zugeordnet werden können. VOGT stellt zudem die Notwendigkeit einer allgemein gültigen monetären Bewertung von Risikoauswirkungen zur Kommunikation von Risiken im unternehmerischen Kontext fest.[110] In Bezug auf die beschriebene Ausgangssituation ist festzuhalten, dass aufgrund mangelnden Erfahrungswissens der Planenden davon ausgegangen werden muss, dass weder mögliche technische Probleme und deren Ausmaß (Umweltzustände) noch deren Eintrittswahrscheinlichkeit (präzise Wahrscheinlichkeitsziffern) unter den gegebenen Voraussetzungen vollends beschrieben werden können. Entsprechend muss ein Weg gefunden werden, Risiken im Zusammenhang mit einer Technologiesubstitution nicht nur zu identifizieren, sondern auch monetär zu quantifizieren.

---

[105] vgl. Gillen (Produktanforderungen) 2019, S. 18.
[106] vom Auftraggeber erstellte Dokumentation mit der Gesamtheit von Forderungen an die Lieferungen und Leistungen eines Auftragnehmers (vgl. Verein Deutscher Ingenieure e.V. (VDI) (VDI 2221 (Blatt 1)) 2019, S. 7)
[107] vgl. Nankemann (Wertschöpfungsstrategien) 2022, S. 10.
[108] vgl. Kampker et al. (Elektromobilität) 2024, S. 35.
[109] vgl. Gottwald (Entscheidung unter Unsicherheit) 1990, S. 122.
[110] vgl. Voigt (Risikomanagement im Anlagenbau) 2010, S. 4.

2.5 Studie: Industrialisierungsstrategien im elektrischen Antrieb

In diesem Abschnitt erfolgt die Detaillierung des Praxisdefizits anhand einer in der Industrie durchgeführten Studie. Diese dient der Quantifizierung der in der Industrie wirkenden Mechanismen rund um die Industrialisierung und Produktion elektrischer Antriebe in der Automobilindustrie und trägt somit dazu bei, die dieser Arbeit zugrunde liegenden Problemstellung im Anwendungskontext zu quantifizieren. Durch die Studie soll die Notwendigkeit eines im Rahmen dieser Arbeit zu entwickelndem Vorgehen bestätigt werden. Im Folgenden werden das Studiendesign (vgl. Kapitel 2.5.1) sowie die Kernergebnisse der Studie (vgl. Kapitel 2.5.2) vorgestellt.

2.5.1 Studiendesign

Die Studie hat zum Ziel, Beobachtungen über Mechanismen in der Industrialisierung elektrischer Antriebe zu verifizieren bzw. gegebenenfalls zu falsifizieren. Die Notwendigkeit hierzu ergibt sich aus der zum Zeitpunkt der Entstehung dieser Arbeit unzureichenden Verfügbarkeit frei zugänglicher Daten und Informationen aus der Literatur über Wirkmechanismen in diesem Bereich der Automobilindustrie. Die durchgeführte Studie erfolgt nach der induktiven Vorgehensweise. Hierbei werden mittels Einzelbeobachtungen Schlussfolgerungen zu allgemeinen Gesetzmäßigkeiten gezogen. Die mittels induktiven Vorgehens gewonnen Erkenntnisse sind grundsätzlich kritisch zu hinterfragen, da sie für gewöhnlich einer bestimmten Wahrscheinlichkeit unterliegen. Das Vorgehen eignet sich jedoch insbesondere dann in der Forschungsarbeit, wenn sich auf diese Weise Erkenntnisse gewinnen lassen, die mit einer anderen Vorgehensweise nicht hätten erzielt werden können.[111] Dies berücksichtigend wurde das Teilnehmerfeld der Studie möglichst divers hinsichtlich Unternehmensart, Tätigkeitsbereich im Unternehmen und Anzahl erfolgter Anlagenprojekte ausgewählt. Als Studienteilnehmer wurden ausschließlich Expertinnen und Experten aus dem Produktionsumfeld elektrischer Antriebe berücksichtigt. Expertinnen und Experten verfügen über spezifisches Wissen, welches schwer zugänglich ist und über mehrere Jahre im Rahmen der Ausbildung und der beruflichen Tätigkeit aufgebaut wurde.[112]

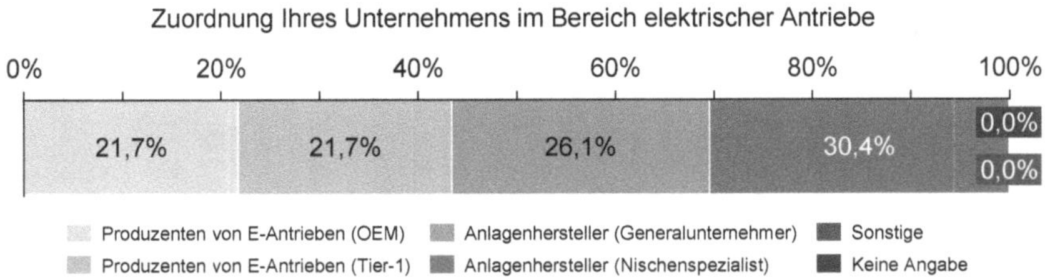

Abbildung 2-9 Zusammensetzung des Teilnehmerfeldes der Industriestudie

[111] vgl. Wichmann (Quantitative und Qualitative Forschung) 2019, S. 30.
[112] vgl. Niederberger et al. (Gruppendelphi-Verfahren) 2018, S. 46.

Befragt wurden 23 Personen, die im Umfeld der Produktion elektrischer Antriebe tätig sind. Hierbei entfallen 44% der Befragten auf Unternehmen, die selbst elektrische Antriebe oder deren Hauptkomponenten (Stator und Rotor) produzieren, und 56% auf Angehörige des Maschinen- und Anlagenbaus (vgl. Abbildung 2-9). 46% der Befragten aus dem Maschinen- und Anlagenbau gehören Unternehmen an, die als Generalunternehmen agieren. Alle Unternehmen sind im Bereich der Statorproduktion mit Hairpin-, respektive Wellenwicklung tätig.

2.5.2 Studienergebnisse

Im Folgenden werden wesentliche Ergebnisse der Studie dargelegt.[113] Auf die Frage nach der am häufigsten zu beobachtenden Vergabeart gaben 91% der Befragten an, dass Unternehmen am ehesten dem Konzept der geschlossenen Vergabe – ganzer Linien oder mehrerer Prozesse – an einen Generalunternehmer folgen. Alle Befragten gaben an, dass die Prozessverantwortung für die jeweiligen Einzelprozesse beim Anlagenhersteller liegt – 26% gaben dazu an, dass die Prozessverantwortung bis nach SOP[114] beim Anlagenhersteller verbleibt.

Bei der Art der Anlagenspezifikation lassen sich Unterschiede zwischen der Spezifikation bei unbekannten bzw. relativ neuen Technologien und der Spezifikation bei wohlbekannten Technologien identifizieren. So gaben 78% der Befragten an, dass die Anlagenspezifikation bei unbekannten bzw. relativ neuen Technologien eher produktorientiert erfolgt, wobei der Anteil bei wohlbekannten Technologien bei lediglich 43% liegt (vgl. Abbildung 2-10). 69% der Befragten gaben an, dass die Abnahme von Maschinen und Anlagen eher nach produktorientierten oder zuerst produkt- und anschließend prozessorientierten Kriterien erfolgt.

113 Die vollständigen Ergebnisse der Studie sind im Anhang dargestellt
114 Start of Production

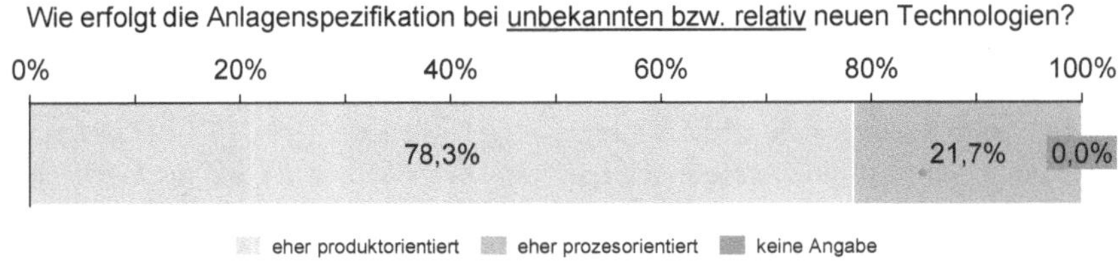

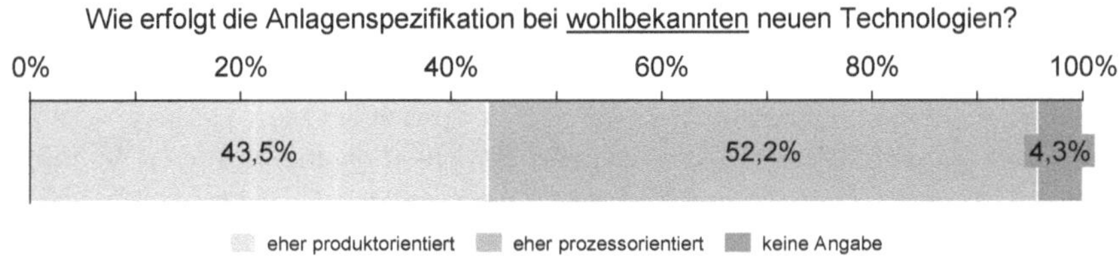

Abbildung 2-10 Anlagenspezifikation bei un- und wohlbekannten Technologien

Es ist zu beobachten, dass Maschinen- und Anlagenhersteller bei Industrialisierungsprojekten für neue Produkte nicht nur als Lieferanten von Produktionsanlagen, sondern als Technologielieferanten agieren. So gaben 78% der Befragten an, dass Prozessentwicklungsumfänge im Rahmen von Industrialisierungsprojekten für den elektrischen Antrieb schwerpunktmäßig beim Anlagenhersteller anstelle des Produzenten liegen. Gründe hierfür können in der Möglichkeit der Risikoreduktion auf Seiten des Produzenten identifiziert werden. Auch entsteht für Produzenten die Möglichkeit von einem Wettbewerb der Technologielösungen auf Seiten der Anlagenhersteller zu profitieren. Zudem trägt ein derartiges Vorgehen dazu bei, nicht oder nur begrenzt vorhandene Prozesserfahrung im eigenen Haus zu kompensieren.

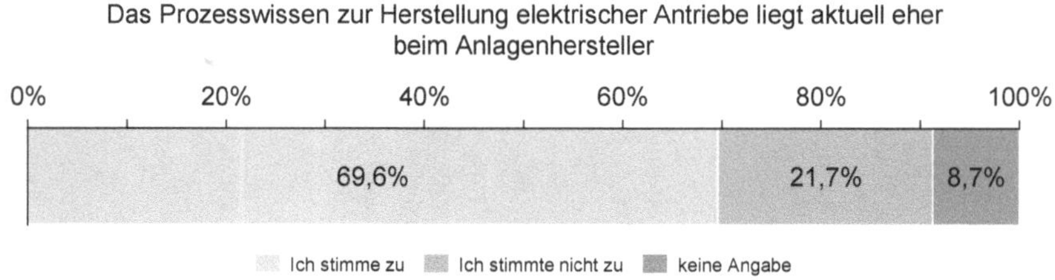

Abbildung 2-11 Verteilung des Prozesswissens zur Herstellung

70% der Befragten gaben an, dass zum Zeitpunkt der Umfrage das Prozesswissen zur Produktion elektrischer Antriebe schwerpunktmäßig bei Maschinen- und Anlagenherstellern, anstelle der Produzenten liegt (vgl. Abbildung 2-11). Jedoch sind 96% der Befragten der Ansicht, dass Produzenten elektrischer Antriebe mittel- bis langfristig noch mehr darauf bedacht sein werden, unternehmenseigenes Prozesswissen aufzubauen. Dies lässt die Schlussfolgerung zu, dass Produzenten elektrischer Antriebe in der frühen Phase des Technologieeintritts bewusst von Kompetenzen und

Erfahrungen aus dem Maschinen- und Anlagenbau profitieren – perspektivisch jedoch die Notwendigkeit sehen, eigene Kompetenzen stetig auszubauen, um sich Wettbewerbsvorteile zu erschließen, aber auch, um unabhängiger von Maschinen- und Anlagenherstellern agieren zu können.

Die Wahrscheinlichkeit, dass ein Fertigungssystem im Laufe seines Lebenszyklus verändert werden muss, bewerteten 48% der Befragten mit „sehr hoch" und 39% mit „hoch" (vgl. Abbildung 2-12). Im Hinblick auf die Veränderung bereits sich im Feld befindlicher Fertigungssysteme gaben lediglich 9% der Befragten an, dass keine Veränderungen nach Abnahme durchgeführt wurden. 70% der Befragten gaben an, dass bereits ein Tausch kleinerer Anlagenbestandteile erfolgt ist. Ebenso gaben 70% der Befragten an, dass Subsysteme von Anlagen nach Inbetriebnahme getauscht wurden. 22% der Befragten gaben an, dass bereits ganze Prozesse innerhalb des Fertigungssystems nach Abnahme getauscht wurden.

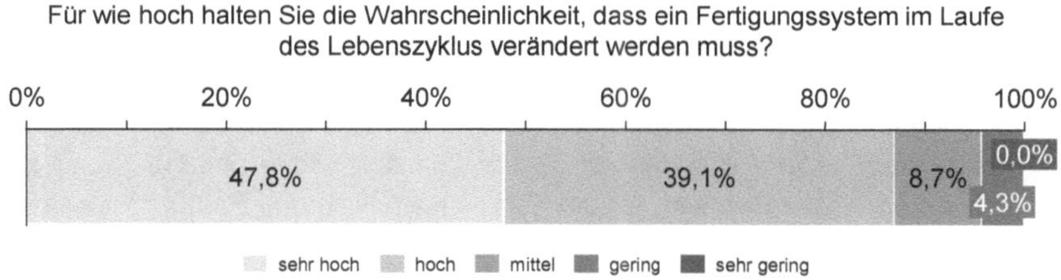

Abbildung 2-12 Änderungswahrscheinlichkeit eines Fertigungssystems

Dass eine Veränderung des Fertigungssystems Auswirkungen auf das vertragliche Verhältnis zwischen Produzenten sowie Maschinen- und Anlagenherstellern, beispielsweise hinsichtlich Gewährleistungsanspruch, hat, bejahen 91% der Befragten. 52% der Teilnehmenden gaben an, dass nach Identifikation eines Änderungsbedarfs für ein Fertigungssystem kein systematisches Vorgehen besteht, nach dem die zu integrierende Technologie ausgewählt wird.

Die Studie zeigt, dass im Bereich der Produktion elektrischer Antriebe aktuell ein Ungleichgewicht im Hinblick auf Prozesswissen und -erfahrung zwischen Produzenten und Maschinen- und Anlagenherstellern besteht. Maschinen- und Anlagenhersteller verfügen über einen Wissensvorsprung, wobei zu erwarten ist, dass Produzenten als Betreiber von Maschinen und Anlagen in Zukunft versuchen werden diesen zu kompensieren. Auch die Veränderung von Bestandssystemen im Laufe eines Anlagenlebenszyklus kann als sehr wahrscheinlich erachtet werden. Die Art der Anlagenspezifikation erfolgt bei unbekannten bzw. relativen neuen Technologien im Vergleich zu wohlbekannten Technologien eher produktorientiert, was in Bezug auf die Produktion zu einer technologischen Abhängigkeit von Produzenten gegenüber Maschinen- und Anlagenherstellern führen kann.

2.6 Zwischenfazit und Handlungsbedarf aus der Praxis

Die Ergebnisse der Studie bestätigen die bis hierher gewonnen Erkenntnisse in Bezug auf die Ausgangsproblemstellung im Grundsatz. Im Folgenden werden diese Erkenntnisse zusammengefasst und zum Handlungsbedarf aus der Praxis konsolidiert. Hieraus werden jeweils die inhaltlichen Anforderungen an die Theorie abgeleitet, die im Rahmen von Kapitel 3.1 detailliert werden.

In der industriellen Praxis variiert die Zuständigkeit für ein Produktionssystem in Abhängigkeit der Lebenszyklusphase, in der es sich befindet. Nach der Formulierung von Anforderungen an das Produktionssystem (Anlagenspezifikation) durch den Betreiber ist für gewöhnlich der Maschinen- und Anlagenhersteller für die Entwicklung, konstruktive Umsetzung, den Aufbau und die Inbetriebnahme des Produktionssystems verantwortlich (vgl. Kapitel 2.1). Die Anlagenspezifikation kann produkt- oder prozessorientiert erfolgen. Es ist zu beobachten, dass die Art der Spezifikation in Abhängigkeit der vorhandenen Vorerfahrung variiert. Bei unbekannten bzw. relativ neuen Technologien, wozu die Disziplin der Produktion elektrischer Antriebe zu zählen ist, erfolgt die Anlagenspezifikation zum großen Teil produktorientiert. Hieraus resultiert, dass Maschinen- und Anlagenhersteller – insbesondere, wenn diese als Generalunternehmer tätig sind – zu weiten Teilen frei in der technischen Lösungsfindung sind, aber auch entsprechend in der Verantwortung für die Funktionserfüllung des Produktionssystems stehen. Für gewöhnlich soll die Prozessverantwortung für das Produktionssystem nach erfolgreicher Inbetriebnahme zum Zeitpunkt des Hochlaufs vom Maschinen- und Anlagenhersteller auf den Betreiber übergehen. Die Studie zeigt, dass dies nur in gut 30% der Fälle wirklich erfolgt. 26% der Befragten gaben sogar an, dass die Prozessverantwortung auch noch weit nach SOP beim Maschinen- und Anlagenhersteller liegt. Dies, genauso wie der Umstand, dass ein Großteil des Prozesswissens für die Produktion elektrischer Antriebe aktuell im Bereich der Maschinen- und Anlagenhersteller liegt, birgt die Herausforderung, Probleme unternehmensübergreifender Schnittstellen zwischen Betreiber und Maschinen- und Anlagenhersteller zu vermeiden. Deshalb besteht eine Anforderung an die Theorie in der expliziten Berücksichtigung einer multilateralen Projektkonstitution zwischen Auftraggeber (Betreiber bzw. Produzent) und Auftragnehmer (Maschinen- und Anlagenhersteller).

Die geschlossene Vergabe ganzer Linien oder mehrerer Prozesse an Generalunternehmer (geschlossene Generalvergabe) und die Produktorientierung in der Anlagenspezifikation seitens des Betreibers führen zu einer Verlagerung des technischen Risikos beim Erstaufbau eines Produktionssystems vom Auftraggeber zum Auftragnehmer. Mag dieser Weg insbesondere bei unbekannten bzw. relativ neuen Technologien aus Sicht des Auftraggebers als unternehmerisch sinnvoll erachtet werden, resultiert aus diesem Umstand, dass die Verantwortung für die technische Lösungsfindung vollends beim Maschinen- und Anlagenhersteller liegt. Dies wiederum führt dazu, dass Maschinen- und Anlagenhersteller gegenüber Produzenten zum aktuellen Zeitpunkt über einen Wissensvorsprung verfügen, der durch Produzenten mangels direkten Zugriffs auf exklusives Wissen des Maschinen- und Anlagenherstellers nur schwer zu kompensieren ist. Es resultiert die Gefahr einer (produktions-)technologischen Abhängigkeit des Produzenten gegenüber Maschinen- und Anlagenherstellern und der Umstand, dass Planende auf Seiten der Produzenten über vergleichsweise geringes technisches Erfahrungswissen verfügen und Entscheidungen unter Unsicherheit treffen müssen. Somit besteht eine weitere Anforderung an die Theorie in der Berücksichtigung geringen Erfahrungswissens durch den Anwender der Methodik.

Änderungen von Produktionssystemen sind in ihrem Grundsatz von hoher Komplexität geprägt. Dieser Umstand wird verstärkt, wenn es sich bei der Änderung um eine nicht langfristig geplante Änderung handelt. Hierunter werden Änderungen verstanden, die nicht aus einer neuen Produktgeneration oder einem ohnehin geplanten Neuanlauf resultieren, sondern solche, die innerhalb eines laufenden Produktionsprogramms umgesetzt werden. Knapp 87% der Befragten im Rahmen der Studie halten die Wahrscheinlichkeit, dass ein Produktionssystem im Laufe seines Lebenszyklus (ca. acht Jahre) verändert werden muss, für hoch oder sehr hoch. Nur knapp 9% der Befragten gaben an, dass nach Abnahme eigener bereits im Feld existierender Produktionssysteme zur Herstellung elektrischer Antriebe keine nachträgliche Veränderung durchgeführt wurde. Bei nicht langfristig geplanten Änderungen von Produktionssysteme besteht meist nicht die Möglichkeit eines geordneten Anlaufs, in dem die Änderungsauswirkungen auf vor- oder nachgelagerte Prozesse systematisch analysiert und technische Probleme mit ausreichender Zeit behoben werden können. Eine ganzheitliche Prozesserprobung ist somit kaum möglich. Produktionssystemänderungen im laufenden Betrieb, wie sie im Rahmen der vorliegenden Arbeit betrachtet werden, stellen somit eine besondere Herausforderung in Hinblick auf die Erprobung neuer Prozesse dar. Hieraus resultiert die Anforderung, dass Limitationen des Bestandssystems und deren Auswirkungen auf die Erprobung, besondere Berücksichtigung finden müssen.

Insbesondere die Automobilindustrie ist durch branchenweite und internationale Prozess- und Qualitätsstandards geprägt. Stellvertretend hierfür werden in Kapitel 2.3 Produktionsprozess- und Produktfreigabeverfahren (PPF) sowie der Production Part Approval Process (PPAP) eingeführt. Die direkte Abhängigkeit zwischen Produkt- und Produktionsprozessqualität führt zu der Notwendigkeit ganzheitlicher Freigabeprozesse. Bei Produktionssystemänderungen im laufenden Betrieb besteht keine Möglichkeit eines geordneten Freigabeprozesses wie er im Rahmen von langfristig geplanten Wiederanläufen erfolgt. Hieraus resultiert eine besondere Herausforderung in der physischen Nachweiserbringung über die Anforderungserfüllung von Produkt und Prozess im Rahmen einer Produktionssystemänderung im laufenden Betrieb. Bereits während der Prozessentwicklung und -erprobung muss daher die Möglichkeit geschaffen werden, erneute Produktvalidierungen vor dem Zeitpunkt der Substitution iterativ durchführen zu können.

Geringes Erfahrungswissen seitens der verantwortlichen Planenden und der Umstand, dass die Produktionssystemänderung im laufenden Betrieb erfolgt, führen zu einem hohen technischen Initialrisiko. Dieses gilt es im Rahmen der Planungsphase sukzessive zu reduzieren. Die Prüfung möglicher Auswirkungen der Substitution auf vor- und nachgelagerte Prozesse wie auch die Bewertung von Auswirkungen auf die Produktfunktion legen die Durchführung von Versuchen in abgesicherter Umgebung nahe, wodurch Erkenntnisse gewonnen und Risiken stückweise reduziert werden können. Die hierdurch entstehenden Aufwände wiederum müssen in einem angemessenen Kostenverhältnis gegenüber dem Gesamtvorhaben stehen. Es resultiert die Anforderung an eine aufwandsorientierte Messbarkeit von Kosten im Verhältnis zur Risikoreduktion in der Planungsphase.

3 Gestaltungsbereich

Im folgenden Kapitel wird der wissenschaftstheoretische Gestaltungsbereich der Arbeit analysiert. In Kapitel 3.1 erfolgt die Definition von Anforderungen an die Theorie auf Basis des im Rahmen von Kapitel 2.6 identifizierten Handlungsbedarfs aus der Praxis. Es folgen die Beschreibung des Vorgehens zur Identifikation und Prüfung bestehender Ansätze aus der wissenschaftlichen Theorie (vgl. Kapitel 3.2) und die kritische Würdigung ausgewählter Ansätze in Kapitel 3.3. Kapitel 0 endet mit einem Zwischenfazit und der Konsolidierung des Handlungsbedarfs aus der wissenschaftlichen Theorie (vgl. Kapitel 3.4).

3.1 Anforderungen an die Methodik

Zur Entwicklung einer Methodik ist die Definition von Anforderungen an ebendiese erforderlich. Neben inhaltlichen (vgl. Kapitel 3.1.1) – basierend auf den Ausführungen in Kapitel 2 – muss eine Methodik ebenso formalen Anforderungen gerecht werden (vgl. Kapitel 3.1.2).[115] Die definierten inhaltlichen und formalen Anforderungen dienen wiederum der Überprüfung bestehender Ansätze in der Literatur hinsichtlich ihres Erfüllungsgrades.[116]

Inhaltliche Anforderungen	Formale Anforderungen
Explizite Berücksichtigung einer **multilateralen Projektkonstitution** (Auftraggeber & Technologielieferant(en))	Die Methodik sollte **allgemeingültig** sein, um im Bereich der Fertigung und Montage Anwendung finden zu können
Berücksichtigung von **geringem Erfahrungswissen** durch den Anwender	Zur effektiven Anwendung der Methodik durch den Planenden sollte die Methodik **handhabbar** sein
Berücksichtigung von **Limitationen bedingt durch das Bestandssystem** und dessen Auswirkungen auf die Erprobung	Die Methodik sollte in Abhängigkeit des geplanten Änderungsumfangs **skalierbar** sein
Iterative Konstitution in der Prozessentwicklung mit der Möglichkeit einer (partiellen) Produkt-Revalidierung	Um Teilproblemstellungen lösen zu können, sollte die Methodik **modular** gestaltet sein
Aufwandsorientierte Messbarkeit von Kosten im Verhältnis zur Risikoreduktion in der Planungsphase	Die Methodik sollte ohne Änderungsaufwand auf andere Anwendungsfälle **übertragbar** sein

Abbildung 3-1 Anforderungen an die Methodik[117]

Abbildung 3-1 zeigt die inhaltlichen und formalen Anforderungen, die an eine Methodik mit dem Ziel zur Planung der Substitution und Integration neuer Technologien in

[115] vgl. Heimes (Auswahl von Fertigungsressourcen) 2014, S. 65.

[116] vgl. Hehl (Lösungsraum-Management) 2021, S. 45.

[117] Für formale Anforderungen vgl. u.a. Gillen (Produktanforderungen) 2019, S. 29 Heimes (Auswahl von Fertigungsressourcen) 2014, S. 65 Schindler (Strategische Planung) 2014, S. 40.

bestehende Produktionssysteme unter Berücksichtigung mangelnden Erfahrungswissens des Planenden, gestellt werden.

3.1.1 Inhaltliche Anforderungen

Bei der Veränderung eines Produktionssystems bestehen im Vergleich zur Neuplanung Limitationen, denen bereits im Planungsprozess Rechnung getragen werden muss. Beispiele hierfür sind die Begrenzung von vorhandenem Bauraum in der Linie oder mechanische und elektrische Schnittstellen im Allgemeinen. Zudem wird die Bewertung prozessübergreifender Wirkzusammenhänge erschwert. In der Inbetriebnahme eines neuen Produktionssystems besteht beispielsweise die Möglichkeit, Einzelprozesse sukzessive in Betrieb zu nehmen und diese anschließend stufenweise zu verketten, um Auswirkungen auf vor- und nachgelagerte Prozesse bestmöglich regulieren zu können. Dies ist bei einem Änderungsanlauf grundsätzlich schwierig. Dass es sich im vorliegenden Planungsfall nicht um einen langfristig geplanten Wiederanlauf beispielsweise aufgrund einer neuen Produktgeneration handelt, sondern um eine kurzfristig initiierte Veränderung des Produktionssystems, verstärkt diesen Umstand. Vor diesem Hintergrund sollte eine Planungsmethodik den Limitationen, bedingt durch das Bestandssystem, insbesondere im Hinblick auf die Phase der Prozesserprobung der zu integrierenden Technologie, Rechnung tragen.

Die Veränderung eines Produktionssystems geht grundsätzlich mit technischen und wirtschaftlichen Risiken einher. Das technische Risiko bezieht sich insbesondere auf einen erfolgreichen Wiederanlauf nach dem Technologiewechsel. Ob der Technologiewechsel erfolgreich war, lässt sich durch die Ausbringung nach der Integration im Verhältnis zur Ausbringung vor der Integration quantifizieren. Es ist davon auszugehen, dass die Ausbringung nach Integration höher oder mindestens gleich der Ausbringung vor der Integration sein sollte. Zudem hat das technische Risiko Auswirkungen auf die Stillstandszeit, die es im vorliegenden Fall so gering wie möglich zu halten gilt. Eine systematische Reduktion des technischen Risikos kann beispielsweise durch eine erhöhte Anzahl an Vorversuchen erfolgen. Mit der gesteigerten Anzahl an Vorversuchen geht jedoch ein erhöhter Aufwand einher. Das Verhältnis von Risikoreduktion zu (Mehr-)aufwand muss deshalb bereits im Planungsprozess messbar sein.

Eine weitere Prämisse des adressierten Planungsfalls liegt darin, dass es sich um den Umgang mit neuen Technologien handelt. Der Planende verfügt nicht oder nur bedingt über eigene Erfahrungen mit den relevanten Technologien, was Auswirkungen auf die Entscheidungsfähigkeit im Planungsprozess hat. Zudem muss davon ausgegangen werden, dass innerhalb des eigenen Unternehmens ebenfalls nur geringe Erfahrung vorhanden ist. Es muss somit dem Umstand Rechnung getragen werden, dass der Anwender der Methodik über geringes Erfahrungswissen verfügt.

Eine Technologieänderung im Produktionssystem kann eine erneute Produktvalidierung erfordern. Dies hat Einfluss auf die Gesamtprojektstruktur und die beteiligten Stakeholder. Es muss sichergestellt werden, dass bereits in der Planungsphase eine erneute Produktvalidierung möglich ist. Dabei müssen die validierungsrelevanten

Produktfeatures bereits in der Planungsphase möglichst nah am Zielzustand sein. Nicht erfolgreiche Validierungsschleifen können eine erneute Anpassung der Produktionstechnologie erfordern. Die Phase der Prozessentwicklung sollte iterativ gestaltet sein.

3.1.2 Formale Anforderungen

Die formalen Anforderungen an eine Methodik sind insbesondere vor dem Hintergrund der Anwendbarkeit in der industriellen Praxis – und damit der Lösung des Praxisdefizits – entscheidend. Durch die Erfüllung formaler Anforderungen kann sichergestellt werden, dass die Methodik einen Mehrwert im operativen Geschäft für den Planenden darstellt.

Die erste formale Anforderung im Zusammenhang dieser Arbeit besteht in der Allgemeingültigkeit. Das bedeutet, dass die die Methodik sowohl für die Betrachtung und Planung von Fertigungs- als auch von Montagesystemen anwendbar sein soll.

Eine weitere formale Anforderung besteht in der Handhabbarkeit der Methodik für den Planenden. Hierzu zählt ein angemessener Initialaufwand bei der Anwendung der Methodik. Auch die innerhalb der Methodik verwendeten Werkzeuge sollten über einen angemessenen Aufwand in der Nutzung charakterisiert sein. Es ist jedoch zu berücksichtigen, dass es sich bei den Adressaten dieser Methodik um Technologieplanende handelt. Insofern kann ein gewisses Maß an Fachexpertise zur Nutzung dieser Methode vorausgesetzt werden.

Zudem sollte die Methodik skalierbar sein. Eine Technologiesubstitution innerhalb eines Produktionssystem kann unterschiedliche Systemebenen und eine unterschiedliche Anzahl an Systemelementen betreffen. Ist ein Teilsystem einer Anlage, die in ihrer Art nur einmal im Produktionssystem vorhanden ist, betroffen, impliziert dies eine andere Vorhabenskomplexität als der Tausch gesamter Anlagen in einem Abschnitt des Produktionssystems. Eine Methodik sollte daher auch die Möglichkeit bieten, der gesamten Bandbreite möglicher Substitutionsvorhaben unter der Berücksichtigung der genannten Rahmenbedingungen gerecht zu werden.

Um Teilproblemstellungen innerhalb eines Substitutionsvorhabens lösen zu können sollte die Methodik modular aufgebaut sein. So wird dem Planenden ermöglicht, einzelne Elemente des Vorgehens für individuelle Problemstellungen heranzuziehen und diese mithilfe eines Ausschnitts der Methodik zu lösen. Dies impliziert nicht zwingend, dass jedes Einzelelement aus dem Gesamtzusammenhang herauslösbar sein muss. Vielmehr soll die Möglichkeit bestehen, bestimmte Teile der Methodik, an deren Beginn ein definierter Input und an deren Ende ein definierter Output stehen, losgelöst vom Gesamtvorgehen nutzen zu können.

Zudem sollte die Methodik auf andere Anwendungsfälle übertragbar sein. Das bedeutet, dass die Methodik – im Gegensatz zur Anforderung der Allgemeingültigkeit – ohne Änderungsaufwand auf andere den Betrachtungsbereich betreffende Anwendungsfälle anwendbar sein soll.

3.2 Vorgehen zur Prüfung bestehender Ansätze

Zur Darlegung des Handlungsbedarfs aus der Theorie ist eine umfassende Betrachtung bestehender Ansätze in der wissenschaftlichen Literatur erforderlich. Nach KITCHENHAM ET AL. ist die systematische Literaturanalyse „ein Mittel, alle verfügbaren Forschungsergebnisse zu identifizieren, zu bewerten und zu interpretieren, die für eine bestimmte Forschungsfrage, einen Themenbereich oder ein Phänomen von Interesse sind."[118] Literaturanalysen sind wesentlicher Bestandteil wissenschaftlicher Arbeiten.[119] Gründe für eine systematische Literaturanalyse können unter anderem in der Identifikation aktueller Forschungslücken mit dem Ziel der Erschließung neuer Forschungsbereiche liegen oder in der Positionierung neuer Forschungsaktivitäten innerhalb eines Ordnungsrahmens.[120] Die Identifikation von Forschungslücken im Rahmen der systematischen Literaturanalyse dient als Grundlage für die Ableitung des Handlungsbedarfs aus der wissenschaftlichen Theorie (vgl. Kapitel 3.4).

Das Vorgehen zur Literaturanalyse im Rahmen der vorliegenden Arbeit ist in Abbildung 3-2 dargestellt. Eine systematische Literaturanalyse lässt sich in drei Phasen unterteilen – die Planung, die Durchführung und den Bericht.[121] Die meisten Ansätze zur systematischen Literaturanalyse haben ihren Anwendungsursprung in der medizinischen Forschung. KITCHENHAM ET AL. adaptieren bestehende Ansätze auf das Forschungsfeld des Softwareengineerings, XIAO ET AL. übertragen sie auf das Forschungsfeld der Raumplanung. XIAO ET AL. kategorisieren unterschiedliche Arten von Literaturrecherchen und kommen zu dem Schluss, dass eine systematische Literaturrecherche in acht allgemeingültigen Schritten zusammengefasst werden kann.[122]

Im ersten Schritt steht die Formulierung des Problems. Hierzu wird die Nutzung von Forschungsfragen empfohlen. Eine zu allgemein formulierte Forschungsfrage kann zu einer großen und damit nicht oder nur schwer handhabbaren Datenmenge führen.[123] Die Formulierung von mehreren Forschungsfragen kann eine breit angelegte Forschungsfrage verfeinern.[124] Die in Kapitel 1.2 formulierte Hauptforschungsfrage und die Nebenforschungsfragen dienen als Grundlage für das weitere Vorgehen. Im nächsten Schritt erfolgt die Entwicklung eines Prüfprotokolls. Dieses kann ähnlich einem Forschungsdesign verstanden werden, stellt die Verlässlichkeit der Analyse im Sinne der Wiederholbarkeit sicher und wirkt der Voreingenommenheit des Forschenden entgegen. Damit ist die Phase der Planung abgeschlossen.[125]

---

[118] Kitchenham et al. (Systematic Literature Review) 2007, S. 3.
[119] vgl. Booth et al. (Systematic Approaches) 2016, S. 12.
[120] vgl. Kitchenham et al. (Systematic Literature Review) 2007, S. 3.
[121] vgl. Brereton et al. (Systematic Literature Review Process) 2007, S. 572.
[122] vgl. Xiao et al. (Guidance on a Systematic Literature Review) 2019, S. 102.
[123] Beispiele für die Formulierung spezifischer Forschungsfragen in Fink (Literature Reviews) 2014, 18ff.
[124] vgl. Cronin et al. (Literature Review) 2008, S. 38.
[125] vgl. Xiao et al. (Guidance on a Systematic Literature Review) 2019, S. 103.

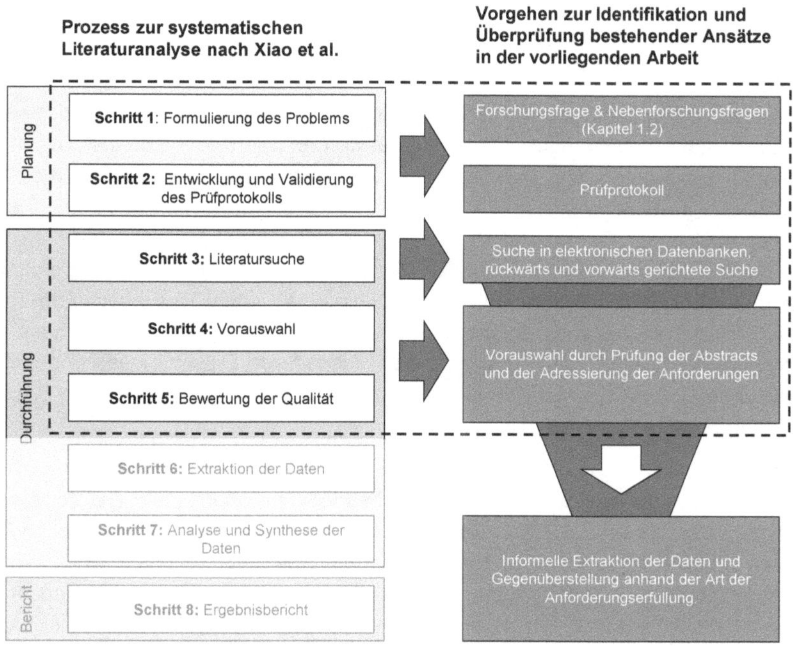

Abbildung 3-2 Vorgehen Literaturanalyse

Die Phase der Durchführung beginnt mit der Literatursuche (Schritt drei), die über drei Kanäle erfolgen kann: die Nutzung elektronischer Datenbanken, die vorwärts gerichtete sowie die rückwärts gerichtete Suche. Mittlerweile stellen elektronische Datenbanken den mit Abstand meistgenutzten Kanal zur Identifikation von Literatursammlungen dar. Zur Identifikation relevanter domänenspezifischer Forschungsdatenbanken bietet sich die Analyse wissenschaftlicher Journals vor dem Hintergrund ihrer wissenschaftlichen Relevanz an. Im Zuge der vorliegenden Arbeit wird der sogenannte „Journal Impact Factor“[126] von CLARIVATE ANALYTICS als Indikator für die wissenschaftliche Relevanz herangezogen. Mittels der Datenbank des Journal Citation Report lassen sich Journals in Abhängigkeit des durchschnittlichen Journal Impact Factors über die letzten fünf Jahre und gemäß relevanter Suchkategorien[127] clustern. Eine Analyse ergibt, dass 92 der 100 relevantesten Journals gemäß durchschnittlichem „Journal Impact Factor“ über fünf unterschiedliche Forschungsdatenbanken bereitgestellt werden[128].

[126] Der „Journal Impact Factor“ (kurz JIF) ist definiert als „die durchschnittliche Häufigkeit, mit der Artikel einer Zeitschrift, die in den letzten zwei Jahren veröffentlicht wurden, im Jahr des Journal Citations Report (JCR) zitiert wurden.“ (vgl. s. n. (Journal Impact Factor) 2021)

[127] Betrachtet wurden die Kategorien „Electrical & Electronic Engineering“, „Industrial Engineering“, „Manufacturing Engineering“, „Mechanical Engineering“ und „Multidisciplinary Engineering“

[128] IEEE Xplore, ScienceDirect, SpringerLink, Taylor&Francis Online und Wiley Online Library

Neben diesen fünf Forschungsdatenbanken werden für die weitere Literaturrecherche Google Scholar sowie die Universitätsbibliothek an der RWTH Aachen University konsultiert.

Die Recherche in elektronischen Datenbanken erfolgt basierend auf Schlüsselbegriffen, die aus den Forschungsfragen abgeleitet werden. Hierbei sind ebenso Synonyme und Abkürzungen der Schlüsselbegriffe zu berücksichtigen.[129] FINK empfiehlt zur Eingrenzung des Suchergebnisses die Nutzung von booleschen Operatoren.[130] Die gewählten booleschen Operatoren sind im Anhang dargestellt (vgl. Tabelle 9-2). Im Zuge der Suche wurden insgesamt 1.984 Beiträge identifiziert. Aufgrund der vergleichsweisen hohen Anzahl an Beiträgen erfolgt zunächst eine weitere Eingrenzung der näher zu untersuchenden Literatur durch Prüfung des Titels und gegebenenfalls einer ersten Kurzanalyse des Abstracts. Zudem wurden einschlägige Dissertationen und weitere Literatur im Untersuchungsfeld identifiziert. Die Literatursuche wird mit der Sichtung von 189 Beiträgen beendet.

Nach der Literatursuche erfolgt die Analyse der Abstracts. Hierzu werden die inhaltlichen und formalen Anforderungen an eine Methodik herangezogen. Die Vorauswahl dient dem Einschluss und Ausschluss bestehender Ansätze in erster Instanz. Im Zuge dessen wurde der Betrachtungsumfang auf zuerst 134, dann 48 und schließlich zwölf Beiträge reduziert. In Schritt fünf erfolgt die Bewertung der Qualität bestehender Ansätze. In der Literatur wird hierzu nach interner (Schlüssigkeit) und externer (Allgemeingültigkeit) Validität unterschieden. Im vorliegenden Fall dient die Literaturanalyse der Identifikation von Handlungsbedarfen aus wissenschaftlicher Sicht – deshalb erfolgt in diesem Schritt keine absolute Bewertung der Ansätze im Hinblick auf methodische oder inhaltliche Qualität. Vielmehr soll geprüft werden, ob die betrachteten Ansätze die bestehenden Anforderungen erfüllen. OKOLI schlägt vor, die Ansätze anhand der Kriterien für Einschluss und Ausschluss (Schritt vier) zu untersuchen.[131] Dem wird an dieser Stelle Folge geleistet.

Die von XIAO ET AL. beschriebenen Schritte „Extraktion der Daten", „Analyse und Synthese" sowie „Ergebnisbericht" und die hierfür zu verwendenden Methoden sind abhängig vom Literatur- bzw. Analysetyp.[132] Die narrative Analyse ist eine der weit verbreitetsten Analyseformen und gilt als vergleichsweise zeit- und ressourceneffizient.[133] Bei der narrativen Analyse geht es „weniger um die Bewertung der Qualität der Belege als vielmehr um das Sammeln relevanter Informationen, die sowohl den Kontext als auch die Substanz der Gesamtargumentation der Autoren liefern."[134] Die narrative Analyse erfüllt somit den für diese Arbeit notwendigen Zweck. Dies bedeutet ebenso,

---

[129] vgl. Xiao et al. (Guidance on a Systematic Literature Review) 2019, S. 104.
[130] vgl. Fink (Literature Reviews) 2014, 24f.
[131] vgl. Okoli (Standalone Literature Review) 2015, S. 896.
[132] vgl. Xiao et al. (Guidance on a Systematic Literature Review) 2019, S. 107.
[133] vgl. Xiao et al. (Guidance on a Systematic Literature Review) 2019, S. 95.
[134] vgl. Kastner et al. (Knowledge Synthesis Method) 2012, S. 3.

dass die Datenextraktion informell erfolgt.[135] Die Bewertung der bestehenden Ansätze erfolgt anhand der Bewertungsskala von GREEN ET AL..[136] Es wird unterschieden zwischen „nicht berücksichtigt", „berücksichtigt aber nur teilweise erfüllt" und „berücksichtigt und vollständig erfüllt".[137] Eine Erläuterung der Bewertungsskala je Anforderung erfolgt in Tabelle 3-1.

Tabelle 3-1 Skala zur Bewertung bestehender Ansätze in der Theorie

		nicht berücksichtigt	**berücksichtigt aber nur teilweise erfüllt**	**berücksichtigt und vollständig erfüllt**
Inhaltliche Anforderungen	**Multilaterale Projektkonstitution**	Keine Berücksichtigung des Technologielieferanten in der Planung	Berücksichtigung einer multilateralen Zusammenarbeit ohne Unterscheidung von Zuständigkeiten	Explizite Unterscheidung zwischen Zuständigkeiten von Auftraggeber und Technologielieferanten
	Geringes Erfahrungswissen	Wissensstand des Planenden bleibt unberücksichtigt oder wird nicht beschrieben	Wissensstand des Planenden wird berücksichtigt	Geringes Erfahrungswissen des Planenden wird berücksichtigt
	Limitationen durch Bestandssystem	Keine Berücksichtigung des Bestandsystems	Berücksichtigung von Schnittstellen aber keine Berücksichtigung des Bestandsystems in der Prozesserprobung	Berücksichtigung von Schnittstellen und Berücksichtigung des Bestandsystems in der Prozesserprobung
	Iterative Konstitution	Möglichkeiten zur Produkterprobung während der Prozessentwicklung bleiben unberücksichtigt oder werden nicht beschrieben	Vereinzelte Zeiträume zur Produkterprobung während der Prozessentwicklung werden berücksichtigt	Eine fortwährende Produkterprobung während der Phase Prozessentwicklung wird ermöglicht

[135] vgl. Xiao et al. (Guidance on a Systematic Literature Review) 2019, S. 95.
[136] vgl. Green et al. (Narrative Literature Reviews) 2006, S. 115.
[137] Ähnliche Bewertungsskala u.a. in Wessel (Gestaltung des Prüfprozesses) 2020; Hehl (Lösungsraum-Management) 2021.

	Aufwandsorientierte Messbarkeit	Keine Kostenbetrachtung	Berücksichtigung von Kosten jedoch ohne Gegenüberstellung Aufwand und Nutzen	Monetärer Vergleich zwischen Aufwand und Nutzen von Maßnahmen zur Risikoreduktion
Formale Anforderungen	**Allgemeingültigkeit**	Es werden ausschließlich Fertigungs- oder Montageprozesse adressiert	Es werden vornehmlich Fertigungs- oder Montageprozesse adressiert	Es werden Fertigungs- und Montageprozesse zu gleichen Teilen adressiert
	Handhabbarkeit	Der Ansatz erfordert zwingend die Nutzung spezieller Tools (bspw. Software)	Die Nutzung des Ansatzes erfordert überdurchschnittliche Kompetenzen oder Kenntnisse des Anwenders	Der Ansatz kann ohne spezielle Tools oder bestimmte Vorkenntnisse genutzt werden
	Skalierbarkeit	Es erfolgt keine Unterscheidung in Bezug auf verschiedene Produktionssystemebenen	Es wird zwischen unterschiedlichen Produktionssystemebenen unterschieden	Es wird eine Nutzung des Ansatzes unabhängig des Änderungsumfangs und der adressierten Produktionssystemebene ermöglicht
	Modularität	Der Ansatz ist explizit auf eine oder mehrere Fragestellungen zugeschnitten und sollte hierzu vollumfänglich durchgeführt werden	Einzelne Teile des Ansatzes können unabhängig von vor- oder nachgelagerten Teilen genutzt werden	Einzelne Teile des Ansatzes lösen in sich geschlossene Fragestellungen
	Übertragbarkeit	Zur Nutzung des Ansatzes in anderen Anwendungsfällen mit gleichem Betrachtungsbereich ist eine Anpassung des Ansatzes erforderlich	Der Ansatz berücksichtigt eine bestimmte Anzahl an Anwendungsfällen im gleichen Betrachtungsbereich	Der Ansatz ist für Anwendungsfälle mit gleichem Betrachtungsbereich ohne Anpassung nutzbar

3.3 Kritische Würdigung bestehender Ansätze

Im folgenden Kapitel werden bestehende wissenschaftliche Ansätze vorgestellt und hinsichtlich der Erfüllung der in Kapitel 3.1 dargelegten inhaltlichen und formalen Anforderungen geprüft. Unterschieden werden Ansätze zum technischen Änderungsmanagement mit Bezug zur Produktion sowie Ansätze zur Rekonfiguration von Produktionssystemen (vgl. Kapitel 3.3.1) und Ansätze mit der expliziten Berücksichtigung von technischen oder organisatorischen Risiken (vgl. Kapitel 3.3.2).

3.3.1 Ansätze im produktionsbezogenen Änderungs- und Rekonfigurationsmanagement

AURICH ET AL. entwickeln ein strukturiertes Vorgehen zur Identifikation, Umsetzung und Nachbereitung von Änderungen in der Produktion.[138] In Anlehnung an die Phasenmodelle der Produktentwicklung wird ein Vorgehen in drei Phasen vorgeschlagen: der Initialisierung, Durchführung und Nachbereitung der Änderung. In der ersten Phase des Vorgehens erfolgt die Initialisierung der Änderung. Begonnen wird hierbei mit der Identifikation von Änderungsbedarfen. Es wird zwischen intern (z.B. Qualitätsabweichungen) und extern (z.B. Kundenvorgaben) eingesteuerten Änderungsbedarfen unterschieden. Ist der Änderungsbedarf identifiziert, wird dieser anschließend analysiert. Hierzu werden sowohl die Änderungsobjekte selbst als auch weitere von der Änderung betroffene Objekte einbezogen. Der konkretisierte Änderungsbedarf wird in einem Änderungsantrag verschriftlicht. Dieser bildet wiederum die Grundlage für die Änderungsdurchführung. Es folgt die Generierung von Lösungsalternativen, indem neue Eigenschaften für die betroffenen Objekte festgelegt werden, die diese durch eine Änderung zu erfüllen haben. Zur Realisierung dieser formulierten Eigenschaften werden anschließend unterschiedliche Lösungsalternativen erarbeitet, die auf Basis von Änderungszielen priorisiert werden. Es folgt die Definition und Strukturierung von Arbeitspaketen zur Änderungsdurchführung. Die Hauptaufgabe der Durchführungsphase liegt in der inhaltlichen Umsetzung der Änderungen sowie der Kontrolle dieser. In der Nachbereitung der Änderungen sollen diese stabilisiert und der Änderungserfolg bewertet werden. Das Vorgehen endet mit der Erstellung eines Änderungsberichts zum Zweck der Sicherung von Erfahrung. Auch wenn der Wissensstand des Planenden nicht explizit thematisiert wird, zeigt der letzte Schritt der Methodik die Notwendigkeit auf Erfahrungswissen im technischen Änderungsmanagement zu dokumentieren und zugänglich zu machen. Das Vorgehen ist für Montage- und Fertigungssysteme zu gleichen Teilen anwendbar und kann ohne Änderungsaufwand auf unterschiedliche Anwendungsfälle übertragen werden. Es ist ohne explizite Vorkenntnisse nutzbar. So werden unterschiedliche Produktionssystemebenen beschrieben und die Formulierung in Objekten lässt Skalierbarkeit im Sinne der formalen Anforderungen zu. Auch können einzelne Teile des Ansatzes für Teilproblemstellungen herangezogen werden.

---

[138] vgl. Aurich et al. (Änderungsmanagement) 2004.

Im Rahmen der Arbeitspaketplanung wird auf eine Kostenplanung verwiesen. Eine konkrete Gegenüberstellung von Aufwand und Nutzen im Sinne eines Kostenvergleich wird nicht beschrieben. Es erfolgt keine detaillierte Berücksichtigung von Schnittstellen im Bestandssystem. Es wird kein Vorgehen zur Produktvalidierung im Zuge einer technischen Änderung beschrieben. Die konsekutive Ablaufstruktur ermöglicht auch keine etwaige Integration eines solchen Vorgehens in den bestehenden Ansatz.

KARL ET AL. entwickeln eine Methodik zur strategischen Planung von Rekonfigurationen an Montageressourcen.[139] Die Arbeit erweitert die Methodik zur DSM-basierten Bewertung von Montageressourcen[140] zur Montage nach ZÄH ET AL.,[141] um die Identifikation von Rekonfigurationsbedarfen durch die Beschreibung von Auslösern und Freiheitsgraden der Montageressource sowie um eine Planungsmethodik. Die Methodik besteht aus einem Vorgehen in sechs Schritten: Schritt eins besteht aus der Identifikation und Charakterisierung von Einflussfaktoren, die zu einem Rekonfigurationsbedarf führen. Einflussfaktoren können zyklisch oder nichtzyklisch auftreten und intern oder extern motiviert sein. Sie werden – gemäß denselben Kategorien der Freiheitsgrade der Montageressource – als Auslöser für eine mögliche Rekonfiguration modelliert. In Schritt zwei erfolgt die Modellierung der Montageressource mithilfe von Design Structure Matrices (DSM), um die Struktur der Montageressource darzulegen und die Auswirkungen von Veränderungen von Komponenten auf andere Komponenten beschreiben zu können. Außerdem erfolgt eine Modellierung der Freiheitsgrade der Montageressource. Durch den Abgleich von Auslösern und Freiheitsgraden (Schritt drei) erfolgt die Identifikation des Rekonfigurationsbedarfs. Als Ergebnis des dritten Schritts steht eine Liste von Komponenten, die zu verschiedenen Zeitpunkten angepasst werden müssen. Anschließend erfolgt in Schritt vier die zusammenfassende Darstellung von Rekonfigurationsbedarfen zu unterschiedlichen Zeitpunkten mittels eines am Institut für Werkzeugmaschinen und Betriebswissenschaften (iwb) der technischen Universität München (TUM) entwickelten Softwaretools. Im fünften Schritt wird ein KPI[142]-System eingeführt, in dem zwischen strukturellen KPIs auf Basis der DSM-Modelle und Diagramme sowie ökonomischen KPIs unterschieden wird. In Schritt sechs erfolgt die Rekonfigurationsplanung. Hierzu werden zunächst weitere KPIs auf Komponentenebene und für einzelne Rekonfigurationen (analog zu den KPIs aus Schritt fünf) eingeführt, die für die Planung relevant sind. Im Planungsansatz wird zwischen zwei unterschiedlichen Ausgangssituationen unterschieden: der initialen Planung, bei der Einfluss auf das Design der Montageressource genommen werden kann, und der Planung einzelner Rekonfigurationen im Nachhinein. Bei der Planung einzelner Rekonfigurationen werden drei Empfehlungen zur Effizienzsteigerung gegeben. Die Arbeit

---

139 vgl. Karl et al. (Planning of Reconfigurations) 2012.

140 Der Begriff der „Assembly Manufacturing Resources" (kurz: AMR) wird im Folgenden als „Montageressource" übersetzt.

141 vgl. Zäh et al. (DSM-based Evaluation) 2011.

142 Key Performance Indicator

endet mit einer Anwendung der Methodik am Beispiel eines Montageprozesses. Hinsichtlich der Anforderungserfüllung berücksichtigt die vorgestellte Methodik standardisierte Schnittstellen. Eine systematisierte Berücksichtigung dieser vor der Rekonfiguration wird jedoch nicht beschrieben. Durch die Einführung monetärer KPIs erfolgt ein Vergleich von Aufwand und Nutzen der Rekonfigurationsvorhaben. Der Wissensstand des Planenden bleibt ebenso unberücksichtigt wie eine Synchronisation von Produktvalidierung und Prozessentwicklung. In der Ausgangssituation zur initialen Planung wird der Beschaffungs- und Designprozess und damit im weitesten Sinne die Zusammenarbeit mit externen Technologielieferanten adressiert. Die Methodik ist branchenunabhängig und ohne Änderungsaufwand auf weitere Anwendungsfälle übertragbar. Teile der Methodik (Schritt eins bis drei) sowie die restlichen Schritte sind unabhängig voneinander durchführbar, wobei die einzelnen Teile der Methodik definierte Eingangsgrößen erfordern. Im Rahmen der Methodik wurde eine hauseigene Software entwickelt, die für die Nutzung der Methodik erforderlich ist. Die Methodik ist darüber hinaus in ihrem Grundsatz skalierbar, wobei der Fokus auf der Produktionssystemebene einer oder mehrerer einzelner Produktionsressourcen liegt.

BÖCK entwickelt eine vierstufige Methode zur Integration nicht-konventioneller Verfahren in flexible Fertigungs- und Montagelinien.[143] Hintergrund der Arbeit ist, dass nicht-konventionelle Verfahren[144] aufgrund taktzeit-bedingter oder technischer Rahmenbedingungen nur vereinzelt in Produktionslinien integriert werden. Hemmnisse bestehen laut BÖCK zudem in Vorprägung und Wissensstand der Planenden sowie der mangelnden Kenntnis über Wechselwirkungen in der Prozesskette. Zu Beginn werden vier Modelle zur ganzheitlichen Abbildung von Schnittstellenkriterien entwickelt, die als Basis für die Methode dienen. Produkt-, Verfahrens- und Ressourcenmodell umfassen zeitliche und technische Integrationskriterien. Das Kostenmodell dient der wirtschaftlichen Bewertung der Integrationsmaßnahme. Im Produktmodell werden zu berücksichtigende Produkteigenschaften formuliert. Im Verfahrensmodell werden Eigenschaften von unterschiedlichen Verfahren erläutert, wobei Verfahren so definiert sind, dass sie Produktmerkmale über die Zeit verändern. Im Ressourcenmodell wird zwischen produktbezogenen (Ressourcenmerkmale, die über das Verfahren direkten Einfluss auf das Produkt haben) und produktionsumfeldbezogenen (Merkmale aus der Wechselwirkung von Ressource und Produktionsumfeld) Eigenschaften unterschieden. Das Kostenmodell dient der monetären Bewertung der Veränderungsmaßnahme und basiert auf dem Stuttgarter Unternehmensmodell. Auf Grundlage der entwickelten Modelle erfolgt die Darstellung der Methode in Teilschritten. Schritt eins besteht aus der Erfassung des Ist-Zustands mit der Definition von Planungszielen und der Identifikation strukturrelevanter Informationen (Produktfamilien und Produktionsabläufe). Im zweiten Schritt erfolgt die Erstellung der Neukonfiguration. Hierbei wird das

[143] vgl. Böck (Integration nicht-konventioneller Verfahren) 2013.
[144] Als nicht-konventionelles Verfahren wird z.B. die Pulverbeschichtung benannt.

Rationalisierungspotenzial identifiziert und die integrierte Systemkonfiguration abgeleitet. In Schritt drei wird das sogenannte Integrationsanforderungsprofil ermittelt, bestehend aus produkt- und ressourcenspezifischen Anforderungen. Im vierten Schritt erfolgt die Bewertung betrachteter Verfahren und deren Auswahl. Anschließend erfolgt die Umsetzung, wobei diese keinen Kernbestandteil der Methode darstellt. Die Anwendung der Methode erfolgt am Beispiel der Integration eines Prozesses zu Pulverbeschichtung in der Möbelindustrie. Produkt-, Verfahrens- und Ressourcenmodell erlauben die ganzheitliche Beschreibung von Schnittstellen des Bestandsystems. Das Kostenmodell ermöglicht zudem den monetären Vergleich von Aufwand und Nutzen des Vorhabens, auch wenn die Kosten nicht direkt in Verbindung mit einzelnen Vorhabensrisiken gestellt werden. Als ein wesentlicher Grund für die seltene Integration nichtkonventioneller Fertigungsverfahren in Bestandssysteme wird mangelnde Erfahrung des Planenden benannt. Eine explizite Berücksichtigung mangelnden Erfahrungswissens, was wiederum Auswirkungen auf den eigentlichen Planungsprozess haben sollte, erfolgt jedoch nicht. Die Möglichkeit zur Produkterprobung während der Prozessentwicklung bzw. vor Auswahl der Prozesstechnologie wird nicht beschrieben. Es wird empfohlen, neben Verfahrensexperten mögliche Anlagenhersteller zur Bereitstellung notwendiger Informationen einzubinden. Die Methode ist unter Berücksichtigung spezieller Rahmenbedingungen auf andere Anwendungen übertragbar. Grundsätzlich werden sowohl Fertigungs- als auch Montagesysteme adressiert. Zur Nutzung der Methode werden Spezialisten gefordert. Beschreibung und Anwendung der Methode erfolgt auf Anlagenebene – untergeordnete Produktionssystemebenen werden nicht explizit berücksichtigt. Grundsätzlich erlaubt das Vorgehen die Nutzung einzelner Methodenbestandteil zur Beantwortung von Teilfragestellungen.

MELING entwickelt eine Methodik für die Rekombination von Anlagentechnik mit dem Ziel, Entwicklung, Bewertung und Realisierung von technischen Lösungskonzepten für die Rekombination nicht-kompatibler Komponenten und Systeme in automatisierten Produktionsanlagen zu unterstützen.[145] Die Methodik wird am Beispiel des Karosseriebaus entwickelt, weshalb eine aufwandsoptimale Vorgehensweise mit besonderem Augenmerk auf die Funktionssicherheit und Verfügbarkeit der Produktionsanlagen im besonderen Fokus steht. Die Rekombination beinhaltet sowohl die Integration neuer Technologien als auch die Wiederverwendung von Komponenten. Die Methodik besteht aus einem Vorgehensmodell mit vier Schritten, ergänzt um ein Beschreibungs- (Kompatibilitätsmodell) sowie ein Bewertungsmodell und eine sogenannte Lösungsbibliothek. Das technische Kompatibilitätsmodell dient der Beschreibung technischer und funktionaler Schnittstellen innerhalb des Systems und orientiert sich am ISO/-OSI-Modell. Das Modell zielt auf die Beschreibung des Kommunikationsverhaltens einer Anlagenkomponente oder eines Systems ab und ist in vier Ebenen (physikalische Anbindung, Datenübertragung, Treiberbaustein, Applikation) unterteilt. Das

[145] vgl. Meling (Rekombination von Anlagentechnik) 2013.

Bewertungsmodell unterscheidet in monetäre, nicht-monetäre und ganzheitliche Bewertung von Lösungsalternativen. Das monetäre Bewertungsmodell berücksichtigt Einmalkosten, proportionale Kosten und Betriebskosteneffekte mit dem Ziel, einen Gesamtkostenwert je Lösungsalternative zu bestimmen. Die nicht-monetäre Bewertung verfolgt das Ziel, auch nicht-quantitative Kriterien in der Gesamtbewertung zu berücksichtigen. Die Bewertung erfolgt anhand einer Nutzwertanalyse mit definierten Kriterien, die in Abhängigkeit des Anwendungsfalls adaptiert werden können. Für die Zusammenführung der monetären und nicht-monetären Bewertung (ganzheitliche Bewertung) wird das Verfahren nach MÜLLER herangezogen.[146] Die Lösungsbibliothek dient der Verwaltung bereits erstellter Lösungen, soll die Wiederverwendung unterstützen und wird in Form einer Datenbank umgesetzt. Das Vorgehensmodell besteht aus vier Schritten, die sich jeweils einer oder mehrerer Modelle bzw. der Lösungsbibliothek bedienen. Die Analyse (Schritt eins) dient der Identifikation von Integrationsbedarfen, der Komponentenanalyse und -klassifizierung sowie der Ableitung von Anforderungen. In Schritt zwei (Entwurf) werden Lösungen zur Komponentenkopplung entwickelt. In Schritt drei (Bewertung) erfolgt die monetäre und qualitative Bewertung von Alternativen sowie die Entscheidung und Auswahl einer Lösung. Die Realisierung (Schritt vier) beinhaltet die Bereitstellung von Dokumentation für die Umsetzung, wie beispielsweise technische Spezifikationen, Ausschreibungsunterlagen oder Konstruktionsdokumente. Der Ansatz berücksichtigt Limitationen des Bestandsystems explizit, wobei keine konkretisierte Beschreibung darüber erfolgt, wie die Schnittstellen des Bestandsystems für praktische Tests innerhalb der Machbarkeitsprüfung (Teil der Entwurfsphase) berücksichtigt werden. Mit dem Kostenmodell erfolgt eine monetäre Betrachtung von Aufwand und Nutzen, die zur Entscheidungsfindung herangezogen wird. Mögliche Kostenabweichungen in der Realisierungsphase werden nicht berücksichtigt. Im Rahmen der Nutzwertanalyse werden Erfahrungswerte und Expertenwissen in der vorgeschlagenen Kategorisierung berücksichtigt. Eine explizite Berücksichtigung des Wissensstands des Anwenders erfolgt jedoch nicht. Mögliche Technologielieferanten werden erst in der Phase der Realisierung einbezogen. Auch wenn eine erneute Produkterprobung nicht ausdrücklich thematisiert wird, würden sich entsprechende Zeiträume in der Entwurfsphase berücksichtigen lassen. MELING zeigt darüber hinaus, dass die Methodik übertragbar ist. Sie ist sowohl für Montage- als auch Fertigungssysteme anwendbar. Sowohl die Möglichkeit der Anwendung einzelner Modelle als auch einzelner Phasen ist gegeben. In ihrem Grundsatz ist die Methodik unabhängig der adressierten Produktionssystemebene anwendbar.

AURICH und CICHOS entwickeln in ihrer Arbeit ein Verfahren zur Planung und Steuerung mehrerer, paralleler technischer Änderungen in Fertigungssystemen mit dem Ziel der Zeit- und Kosteneinsparung.[147] Das Konzept ist in drei Phasen mit insgesamt sieben

---

146 vgl. Müller (Bewertung von Produktionsalternativen) 2008.
147 vgl. Aurich et al. (Technische Änderungen) 2014.

Schritten unterteilt. In der ersten Phase erfolgt die Untersuchung von Wechselwirkungen basierend auf repräsentativen Produktionsszenarien. Produktionsszenarien werden gebildet, indem eine 2D-Modellierung erfolgt, Arbeitspläne und Flussbeziehungen dargestellt werden und eine Personalplanung durchgeführt wird. Auf Basis dessen werden technische Änderungen mit ihren Zielen und Ursachen definiert. Es wird zwischen „Muss-Änderungen“ und „Kann-Änderungen“ unterschieden. Anschließend wird die Analyse von Wechselwirkungen vorgenommen. Hierzu wird zunächst die Umsetzung jeder einzelnen technischen Änderung geplant. Es erfolgt die Zusammenfassung einzelner Änderungen sowie die Planung der gemeinsamen Umsetzung. Die Planung von Einzeländerungen wird anschließend mit der Planung gemeinsamer Änderungen verglichen, um Unterschiede zu identifizieren. Daraufhin werden Einzeländerungen und gemeinsame Änderungen vor dem Hintergrund des jeweiligen Umsetzungsaufwands und der prognostizierten Produktionsunterbrechung verglichen. Anschließend erfolgt eine Untersuchung von Einflussgrößen, die eine gemeinsame Umsetzung begünstigen oder konterkarieren. Phase zwei beinhaltet die Vorauswahl, Planung und Steuerung technischer Änderungen. In der Vorauswahl werden technische Änderungen unter Zuhilfenahme der Einflussgrößen aus Phase eins gefiltert und gruppiert und in Abhängigkeit von Relevanz und Dringlichkeit priorisiert. Die Priorisierung erfolgt in Anlehnung an die Arbeit von KUNZ.[148] Die Planung beinhaltet die Identifikation von Kriterien, die dazu dienen zu entscheiden, welche Änderungen zeitgleich und welche parallel durchgeführt werden sollen. Es folgt die Anordnung von Handlungsanweisungen in Abhängigkeit von Ressourcenverfügbarkeit und -bedarf gemäß der definierten Kriterien. Der Schritt der Steuerung entscheidet über eine erneute Initiierung der vorgelagerten Schritte in Abhängigkeit von drei Veränderungsarten: (a) der Veränderung der Kriterien zur Priorisierung, (b) der Veränderung von Eigenschaften technischer Änderungen sowie (c) der ungeplanten Veränderung von Kapazitäten. In der dritten Stufe werden die zuvor entwickelten Methoden in einen Software-Demonstrator, bestehend aus einer Datenbank und Modulen zur Vorauswahl, Planung sowie Steuerung, implementiert, um anschließend validiert zu werden. Auch wenn die Produktvalidierung aufgrund der technischen Änderung des Produktionssystems kein expliziter Bestandteil des Ansatzes ist, erlaubt die iterative Konstitution in der Konzeptentwicklung (Phase zwei) die grundsätzliche Berücksichtigung einer kontinuierlichen Produkterprobung während der Prozessentwicklung. Ebenso werden Schnittstellen des Bestandssystems berücksichtigt, sodass diese theoretisch auch in der Prozesserprobung herangezogen werden können. Eine Konkretisierung der Prozesserprobung bleibt aus. Mit dem Abgleich von Umsetzungsaufwand und prognostiziertem Produktionsstillstand für Einzeländerungen sowie gemeinsame Änderungen wird der Anforderung einer aufwandsorientierten Messbarkeit Rechnung getragen. Weder der Wissensstand des Planenden noch die Kollaboration zwischen Technologielieferanten und Auftraggeber im

[148] vgl. Kunz (Strategisches Multiprojektmanagement) 2007.

Anwendungszusammenhang werden beschrieben. Der Ansatz ist auf unterschiedliche Anwendungsfälle ohne Änderungsaufwand übertragbar und erlaubt die Lösung von Teilproblemstellungen durch seinen modularen Aufbau. Im Ansatz werden explizit Fertigungssysteme adressiert, wobei eine grundsätzliche Anwendbarkeit auch für Montagesysteme gegeben ist. Die Anzahl technischer Änderungen, die mithilfe des Ansatzes geplant werden können, ist nicht limitiert. Zur Anwendung der Methodik wurde eigens eine Software entwickelt, deren Umfang jedoch nur in groben Zügen beschrieben ist, sodass eine zwingende Notwendigkeit der Nutzung dieser nicht bewertet werden kann.

STAUDER entwickelt eine Methodik zur Bewertung und Optimierung von Fertigungssystemen unter Berücksichtigung der Fertigungshistorie bei Änderungsanläufen.[149] Die Methodik ist in fünf Module unterteilt, die sich in den Anlaufregelkreis für Fertigungssysteme[150] einordnen. In Modul eins wird ein Ansatz zur anlaufintegrierten Technologieplanung mit besonderem Fokus auf die Analyse technologischer und organisatorischer Schnittstellen dargelegt. Die Beschreibung technischer Schnittstellen erfolgt anhand einer featurebasierten Bausteilbeschreibung. In Modul zwei erfolgt die Entwicklung eines Anlaufzielsystems sowie eines Vorgehens zur Gewichtung von Zielkriterien. Als Zielkriterien werden „time-to-market", „time-to-volume", „Anlaufkosten" und „Umweltbelastung" abgeleitet. Modul drei dient der Identifikation möglicher Risiken im Anlauf zur Ableitung entsprechender Gegenmaßnahmen. Hierbei werden einerseits die Einflüsse neuer Fertigungstechnologien auf die Bauteile im Zuge eine Änderungsanlaufs analysiert; andererseits soll die Nutzung fertigungshistorischer Informationen Aufwände in der Durchführung der Gestaltungsmethodik reduzieren. Anschließend erfolgt die Entwicklung eines Anlaufmodells (Modul vier) auf Grundlage der Arbeiten von DYCKHOFF ET AL.[151], indem dynamischen Einflüsse auf das Anlaufverhalten von Fertigungstechnologien modelliert werden. Hierdurch wird eine Prognose des Anlaufverhaltens unter Unsicherheit ermöglicht. Im letzten Modul (Modul fünf) werden ein Anlaufkosten- und ein Entscheidungsmodell entwickelt, womit alternative Fertigungstechnologien miteinander verglichen und untereinander priorisiert werden können. Im Zuge der Arbeit wird keine explizite Aussage darüber getroffen, ob und wie im Rahmen von Prozesserprobungen Schnittstellen zu vor- oder nachgelagerten Prozessen berücksichtigt werden. Allerdings erfolgt durch Zuhilfenahme der featurebasierten Bauteilbeschreibung eine ganzheitliche Betrachtung technischer Schnittstellen, die eine Produkterprobung bereits während der Phase der Prozessentwicklung ermöglichen würde. Mithilfe des Anlaufkostenmodells können monetärer Aufwand und Nutzen des Änderungsanlaufs ganzheitlich abgebildet werden. Die Berücksichtigung von Unsicherheit erfolgt unter Einbezug etablierter Methoden wie der Monte-Carlo-Simulation oder Fuzzy-Logik. Unsicherheiten sind im Kontext der Arbeit jedoch eher auf den

---

[149] vgl. Stauder (Gestaltung von Fertigungssystemen) 2017.
[150] vgl. Klocke et al. (Modeling of Technologies) 2016.
[151] vgl. Dyckhoff et al. (Ansätze einer Produktionstheorie) 2012.

Änderungsanlauf im Allgemeinen bezogen als auf das Erfahrungswissen des Planenden. Die Zusammenarbeit mit Technologielieferanten wird nicht thematisiert. Im Rahmen der Arbeit wurde ein Software-Prototyp erarbeitet, welcher in der Anwendung genutzt wird. In sich geschlossene Teilmodelle ermöglichen dem Anwender die modulare Nutzung einzelner Methodikbestandteile. Die Methodik ist zudem aufgrund der gewählten Schnittstellenbeschreibung unabhängig der Produktionssystemebene nutzbar. Die Methodik ist ohne Änderungsaufwand auf andere Anwendungsfälle übertragbar, adressiert jedoch vornehmlich Fertigungssysteme.

3.3.2 Ansätze zur Produktionsplanung mit Berücksichtigung technischer oder organisatorischer Risiken

WEYAND entwickelt eine Methodik zur risikoreduzierten Endmontageplanung am Beispiel der Automobilindustrie in frühen Phasen.[152] Hierfür wird ein klassischer Planungsablauf bestehend aus den vier Schritten Prozessplanung, Austaktung, Ressourcenbedarfsplanung und digitale Absicherung als Ausgangsbasis herangezogen. Ergänzt wird dieses Vorgehen um eine Ressourcenabschätzung, die Planung der Wiederverwendung von Ressourcen sowie eine frühzeitige Beurteilung der Volumenflexibilität. Zur Erhebung von Ausgangsdaten wird die allgemein verwendete Ecktypplanung durch eine Planung von wenigen wichtigen Produktvarianten ersetzt. Wichtige Produktvarianten sind solche mit hohen Verkaufsprognosen sowie potenziell kritische Produktvarianten. Es folgt die Prozessplanung unter Zuhilfenahme von Prozessgraphen mit auf den Anwendungsfall entwickelten Verbindungstypen und sogenannten Variantenknoten. Anschließend erfolgt mit der Ressourcenabschätzung eine erste Definition und Dokumentation erforderlicher Ressourcen. Diese ist bis zur Ressourcenbedarfsplanung als vorläufig zu betrachten. Basierend auf der Ressourcenabschätzung erfolgt im nächsten Schritt die Prüfung bestehender Ressourcen auf Wiederverwendbarkeit. Hierzu wird eine Wiederverwendungsbibliothek genutzt. Austaktung und Ressourcenbedarfsplanung verlaufen gemäß des klassischen Planungsablaufs. Anschließend erfolgt die frühzeitige Bewertung der Volumenflexibilität. Im Zuge dessen werden exemplarische Möglichkeiten der Volumensteigerung und -reduzierung dargelegt. Die digitale Absicherung als letzter Schritt erfolgt nach dem klassischen Planungsablauf. Auch wenn im Rahmen der Methodik ein besonderes Augenmerk auf die Wiederverwendung bestehender Ressourcen gelegt wird, erfolgt keine explizite Betrachtung des Bestandsystems und seiner Schnittstellen. Vielmehr handelt es sich um eine Methodik, bei der der Anwendungsfokus in der initialen Planung von Montagelinien liegt. Der aus der Ressourcenschätzung resultierende Ressourcengraph dient unter anderem der Investitionsbetrachtung. Eine Aufwand-Nutzen-Betrachtung für die Rekombinationen von Anlagentechnik erfolgt jedoch nicht. Die Methodik wird unter anderem über die Komplexitätszunahme von Montagesystemen motiviert, deren Beherrschung heute zu großen Teilen vom individuellen Erfahrungsstand der Planenden

[152] vgl. Weyand (Risikoreduzierte Endmontageplanung) 2010.

abhängig ist. Somit wird der Wissensstand des Planenden grundsätzlich berücksichtigt, wobei die Methodik nicht explizit auf Planende mit wenig Erfahrung zugeschnitten ist. Auch die unternehmensübergreifende Zusammenarbeit zwischen Technologielieferanten und Auftraggeber wird nicht adressiert. Möglichkeiten der Produkterprobung während des Planungsprozesses werden nicht dargelegt. Die Methodik ist auf Montagesysteme zugeschnitten und nicht ohne weiteres im Umfeld anderer Produktionssysteme einsetzbar. Die Anwendung erfolgt mit Hilfe einer Standardsoftware, wobei diese in Teilen adaptiert wird. Entsprechende softwaretechnische Kenntnisse sollten Anwender deshalb vorweisen. Er erfolgt eine Betrachtung auf Montagestationsebene. Eine Adaption der Methode auf niedrigere Produktionssystemebenen wird – vor dem Hintergrund der Anwendung im Montageumfeld – nicht betrachtet. Die Methodik erweitert einen klassischen Planungsansatz um weitere Schritte. Entsprechend können einzelne Teile des Ansatzes unabhängig voneinander für Teilfragestellungen genutzt werden. Der Ansatz ist für Anwendungsfälle in der Montage ohne Anpassung nutzbar.

NAGEL entwickelt in seiner Arbeit ein Konzept zum risikoorientierten Anlaufmanagement für mittelständische Unternehmen.[153] Es soll bei der Planung und Steuerung des Anlaufs unter Risikogesichtspunkten unterstützen und besteht aus einem Gestaltungsrahmen des Anlaufprozesses zugeschnitten auf mittelständische Unternehmen, einem Vorgehen in Form einer risikoorientierten Planungs- und Entscheidungssystematik sowie einer Modellierung des Anlaufs zur Planungs- und Entscheidungsunterstützung. Im Gestaltungsrahmen des Anlaufprozesses für mittelständische Unternehmen werden entsprechend der sogenannten Zielstellungen Kosten und Qualität sowie der Betrachtungselemente Aktivitätenreihenfolge, Produkt und Prozess strategische Ansätze und Konzepte eingeordnet. Betrachtete strategische Ansätze und Konzepte sind das Time-to-Market-Management, das Zielkostenmanagement, die Produktpolitik, die Leistungsprozessgestaltung, die Anlaufkurve, die integrierte Produkt- und Prozessentwicklung und die Fertigungstiefengestaltung. Bei der risikoorientierten Planungs- und Entscheidungssystematik wird zwischen projekt- und funktionalorientiertem Risikomanagement unterschieden. Das Risikomanagement unterteilt sich in vier Phasen: Risiko- und Störfaktorenidentifikation, Risiko- und Störfaktorenbewertung, Risikohandhabung sowie Risikomonitoring und -steuerung. Das Modell zur Planungs- und Entscheidungsunterstützung basiert auf einem Reifegradmodell sowie einem GERT[154]-Netzplanmodell und berücksichtigt Unsicherheit in den Ausprägungen Zeit und Ergebnis. Das Konzept nach NAGEL ist im Grundsatz dem allgemeinen Anlaufmanagement zuzuordnen. Entsprechend erfolgt keine explizite Berücksichtigung eines zu verändernden Bestandsystems. Im Rahmen der Planungs- und Entscheidungssystematik werden Aufwand und Nutzen von Risikomaßnahmen bewertet. Der Wissenstand des Planenden wird nicht explizit beschrieben, wobei die systematische Einbindung von

[153] vgl. Nagel (Risikoorientiertes Anlaufmanagement) 2011.
[154] Graphical Evaluation and Review Technique

Experten empfohlen wird. Möglichkeiten zur Produkterprobung während der Prozessentwicklung werden nicht beschrieben. Die unternehmensübergreifende Zusammenarbeit mit (Material-)lieferanten wird im Zuge der Risikobewertung berücksichtigt. Eine Unterscheidung von Zuständigkeiten zwischen Technologielieferanten und Auftraggeber erfolgt nicht. Der Ansatz ist für die Anwendung in mittelständischen Unternehmen entwickelt worden. Im adressierten Betrachtungsbereich (mittelständisches, produzierende Unternehmen) ist das Konzept auf andere Anwendungsfälle übertragbar und in Bezug auf Montage- und Fertigungssysteme gleichermaßen anwendbar. Die Anwendung des Konzepts erfordert Kenntnisse im Bereich des Anlaufs- und Risikomanagements. Es erfolgt keine Unterscheidung in Bezug auf adressierte Produktionssystemebenen. Das Konzept sollte zudem vollumfänglich durchgeführt werden.

POHL entwickelt in seiner Arbeit eine Methode zur Adaption von Produktionsstrukturen unter Berücksichtigung von Lebenszyklen.[155] Die Methode berücksichtigt die Identifikation von Adaptionsbedarfen, die Erstellung möglicher Adaptionsszenarien mit Bezug auf die Produktionsstruktur, deren Analyse und Bewertung unter Kosten- und Risikogesichtspunkten sowie die Integration von Produkt-, Technologie- und Betriebsmittellebenszyklen. Die Synchronisation von Produkt-, Technologie- und Betriebsmittellebenszyklen soll hierbei zu strategischen Wettbewerbsvorteilen produzierender Unternehmen führen. Im Rahmen der Arbeit werden drei Modelle zur Beschreibung und Komplexitätsreduktion entwickelt. Hierbei handelt es sich um ein Produktionsstrukturmodell, ein Kostenmodell sowie ein sogenanntes Unsicherheitenmodell. Im Produktionsstrukturmodell werden Infrastruktur, Betriebsmittel und Personal sowie deren Beziehung untereinander dargelegt. Das Modell stellt damit die Basis für die Identifikation von zu berücksichtigenden Abhängigkeiten bei der Anpassung der Produktionsstruktur dar und ist damit Input für das Kostenmodell. Das Kostenmodell erfasst die Elemente der Produktionsstruktur sowie deren Wechselwirkungen und ermöglicht unter der Berücksichtigung unternehmensspezifischer Kostenstrukturen die Bewertung monetärer Zielgrößen. Berücksichtigt werden sowohl sichere als auch unsichere Einflussfaktoren. Die unsicheren Einflussfaktoren werden durch das Unsicherheitenmodell klassifiziert. Die Methode ist in drei konsekutiv angeordnete Schritte unterteilt: Identifikation des Adaptionsbedarfs, Erstellung von Adaptionsszenarien und Bewertung der Adaptionsszenarien. In der Identifikation des Adaptionsbedarfs (Schritt eins) erfolgt eine reaktive und prospektive Überwachung von Effizienzverlusten des Produktionssystems unter besonderer Berücksichtigung von Lebenszyklusverläufen der Produkte sowie der für die Produktion notwendigen Betriebsmittel und Technologien. Die Erstellung von Adaptionsszenarien (Schritt zwei) erfolgt in drei Schritten. Zu Beginn erfolgt die Planung der Strukturmaßnahmen entsprechend der identifizierten Adaptionsbedarfe und unterschiedlicher Umsetzungsalternativen. Es folgt eine Kostenbewertung je Alternative im zweiten Schritt. Anschließend werden die Lebenszyklusverläufe der Elemente

[155] vgl. Pohl (Adaption von Produktionsstrukturen) 2014.

der Produktionsstruktur und der Produkte angepasst. In der Bewertung der Adaptionsszenarien (Schritt drei) erfolgen Bewertungssimulationen unter Berücksichtigung auftretender Risiken. In einer systematischen Analyse und Interpretation der Ergebnisse werden die besten Szenarien je Alternative ermittelt und der Planung zur Verfügung gestellt. Der Ansatz adressiert die Planung von Strukturanpassungen in einem bestehenden Produktionssystem. Die Phase der Prozesserprobung – und somit die explizite Berücksichtigung von Schnittstellen – wird nicht adressiert. Es erfolgt eine detaillierte Kostenbetrachtung möglicher Strukturanpassungen, in denen Aufwand und Nutzen verglichen werden. Der Wissensstand des Planenden wird nicht berücksichtigt wobei die explizite Berücksichtigung von Unsicherheiten und deren monetäre Quantifizierung erfolgt. Eine geschlossene Betrachtung aus Prozessentwicklung und Produkterprobung erfolgt nicht. Die Rolle eines Technologielieferanten wird nicht adressiert. Die Methode ist technologieunabhängig gestaltet und somit auf andere Anwendungsfälle übertragbar. Der Ansatz adressiert Fertigungs- und Montageprozesse zu gleichen Teilen und kann unabhängig der Produktionssystemebene genutzt werden. Aufgrund der engen Verknüpfung der Schritte der Methode mit den zuvor entwickelten Modellen ist die Nutzung einzelner Methodenbestandteile individuell zu prüfen.

KARL entwickelt eine Methodik zur Bedarfsermittlung und Planung von Betriebsmittelrekonfigurationen.[156] Die Teilziele der Arbeit liegen in der Erarbeitung einer Vorgehensweise zur frühzeitigen Identifikation von Rekonfigurationsbedarfen, einem Verfahren zur Generierung und Darstellung von Rekonfigurationsalternativen und von Bewertungsvorschriften zur Auswahl einer Alternative. Zunächst werden vier Modelle und zwei Vorgehen entwickelt, auf Basis derer die Methodik in vier Schritten beschrieben wird. Betriebsmittelanforderungs- und Betriebsmitteleigenschaftsmodell dienen der Identifikation von Rekonfigurationsbedarfen. Das Betriebsmittelstrukturmodell fungiert als Basis zur Bewertung der Rekonfigurationsfähigkeit von Betriebsmitteln, zeigt Rekonfigurationsmöglichkeiten auf und dient der Aufwandsschätzung von Rekonfigurationen. Die Erstellung des Betriebsmittelstrukturmodells erfolgt in drei Schritten: Ermittlung der Betriebsmittelbauteile, Identifikation von Bauteilabhängigkeiten und eine anschließende Gewichtung der Abhängigkeiten. Mittels sogenannter Rekonfigurationsgraphen werden mögliche Rekonfigurationen mit jeweils erforderlichen Bauteiladaptionen dargestellt. Bei der Bewertung alternativer Rekonfigurationen wird zwischen einer strukturellen und betriebswirtschaftlichen Betrachtung unterschieden. Die strukturelle Betrachtung erfolgt unter Zuhilfenahme der Rekonfigurationsgraphen und des Betriebsmittelstrukturmodells und berücksichtigt vier Kennzahlen: die Anzahl von Adaptionen, Abhängigkeiten und zu adaptierenden Bauteilen sowie die Reichweite. Die Reichweite charakterisiert die Veränderlichkeit eines Betriebsmittels. Die betriebswirtschaftliche Betrachtung berücksichtigt sechs Kostengruppen. Unsicherheiten in der Kostenentwicklung werden mittels Monte-Carlo-Simulation berücksichtigt. Die

[156] vgl. Karl (Rekonfigurationen an Betriebsmitteln) 2015.

Methodik folgt vier Schritten: Darstellung von Anforderungen (Schritt eins), Identifikation von Rekonfigurationsbedarfen (Schritt zwei), Generierung von Rekonfiugrationsalternativen (Schritt drei) sowie Auswahl von Alternativen (Schritt vier). Grundlage für die Durchführung der Methodik bildet eine Datenbasis, in der Betriebsmitteleigenschaftsmodell und Betriebsmittelstrukturmodell hinterlegt sind. In Schritt eins werden Anforderungen an die Betriebsmittel anhand des Betriebsmittelanforderungsmodells dargestellt. Der Abgleich dieser Anforderungen mit den Eigenschaften der Betriebsmittel und die hieraus resultierenden Abweichungen ergeben die Rekonfigurationsbedarfe (Schritt zwei). In Schritt drei werden zunächst zu adaptierende Bauteile identifiziert. Anschließend werden die hierfür notwendigen Adaptionen hinsichtlich ihrer Auswirkungen auf den Änderungsbedarf weiterer Bauteile geprüft. Die unterschiedlichen Rekonfigurationsalternativen werden schließlich mit ihren jeweiligen Auswirkungen zusammenfassend dargestellt. Anschließend erfolgt die Auswahl der besten Alternative (Schritt vier). Hierzu wird der Aufwand je Alternative bewertet und die strukturelle und betriebswirtschaftliche Bewertung gemäß dem vorher beschriebenen Vorgehen durchgeführt. Der Ansatz nach KARL adressiert in aller erster Linie die Identifikation von Rekonfigurationsbedarfen und endet in der Auswahl einer Alternative. Entsprechend wird die Phase der tatsächlichen Prozesserprobung – und damit die Berücksichtigung von Schnittstellen des Bestandsystems in der Erprobung – nicht adressiert. Das Kostenmodell erlaubt eine Quantifizierung des Rekonfigurationsaufwands als Partialmodell, erlaubt allerdings keinen Vergleich mit dem Rekonfigurationsnutzen. Möglichkeiten zur Produkterprobung werden ebenso wie der Wissensstand des Planenden oder die Zusammenarbeit mit möglichen Technologielieferanten nicht beschrieben. Die Anwendung erfolgt am Beispiel eines Montagesystems, wobei die Methodik auch auf Fertigungssysteme angewendet werden kann. Die Methodik ist auf andere Anwendungsfälle übertragbar. Zur Anwendung werden keine speziellen Tools benötigt. Die Methodik adressiert die Zell-Ebene eines Produktionssystems. Die Eignung hinsichtlich über- oder untergeordneter Produktionssystemebenen wird nicht dargelegt. In ihren Grundsätzen ist die Methodik modular gestaltet – vor dem Hintergrund von Abhängigkeiten zwischen den einzelnen Schritten der Methodik und den zugrundeliegenden Modellen ist die Anwendbarkeit einzelner Bausteine der Methodik individuell zu prüfen.

RÖPKE entwickelt in seiner Arbeit eine Methode zur Risikobeurteilung bei der Wiederverwendung von Entwurfselementen im Anlagenengineering.[157] Er motiviert seine Arbeit über die Notwendigkeit eines systematischen Risikomanagements im Rahmen der Modifikation von Produktionssystemen und diskutiert, wie die Risikobeurteilung für den Anwendungsfall eines Automobilherstellers zu gestalten ist. Er stellt den Planungsprozess bei der Wiederverwendung im Anlagenengineering Methoden zur Risikobeurteilung gegenüber. Handlungsbedarfe werden in der Risikoidentifikation von Produkt und Standort, der Risikoanalyse des Projekts, der Risikobewertung von Prozessen sowie

[157] vgl. Röpke (Risikobeurteilung) 2019.

der Identifikation von Voraussetzungen für die Risikoidentifikation der Wiederverwendung identifiziert. Diese Handlungsbedarfe werden in vier Teilprozessen der Risikobeurteilung der Reihe nach adressiert: der Beschreibung von Voraussetzungen für die Risikoidentifizierung bei der Wiederverwendung, der Risikoidentifizierung bei der Wiederverwendung von Entwurfselementen, der Risikoanalyse bei der Wiederverwendung von Entwurfselementen und der Risikobewertung bei der Wiederverwendung von Entwurfselementen. Anschließend erfolgt die Integration der Erkenntnisse in den Planungsprozess. Hierzu erfolgt zunächst eine Erläuterung der Modellstruktur. Diese besteht aus drei Modulen: der Risikoidentifikation, der Risikoanalyse und der Risikobewertung. Die Risikoidentifikation basiert auf einer Bibliothek, die relevante Einflüsse auf unterschiedliche Ressourcenebenen abbildet und Informationen über bereits durchgeführte Anlagenprojekte enthält. In der Risikoanalyse wird zwischen globalen und lokalen Risiken unterschieden. Die globale Risikoanalyse erfolgt mit Hilfe der Monte-Carlo-Simulation, die Analyse lokaler Risiken zur detaillierten Untersuchung von Ressourcenelementen unter Zuhilfenahme Bayes'scher Netze. Die Risikobewertung erfolgt mittels eines Risikokubus (Bewertung der Fertigungsprozesse) und auf Basis der in einem Bericht zusammengefassten Ausgangsdaten der Risikoanalyse (Projektrisiken). Es folgt eine Prozessanalyse der Teilprozesse zur Risikobeurteilung sowie die Integration der Methoden in einen Mikro- und einen Makrozyklus zur Risikobeurteilung. Die frühzeitige Identifikation von Zielabweichungen zwischen Labor und Serienbetrieb werden im Ansatz explizit adressiert. Die genaue Beschreibung von Schnittstellen des Bestandsystems und deren Übertragung in ein Laborumfeld zur Prozesserprobung wird jedoch nicht adressiert. Kosten werden in Form von Projektrisikokosten berücksichtigt, was als äquivalent zu einem monetären Vergleich zwischen Aufwand und Nutzen von Maßnahmen zur Risikoreduktion erachtet werden wird. In einzelnen Entscheidungen wird auf das Erfahrungswissen des Anwenders verwiesen. Der Umgang mit geringem Erfahrungswissen seitens des Planenden wird nicht adressiert. Die Möglichkeit zur Produkterprobung während der Phase der Prozessentwicklung wird nicht ermöglicht. Die Zusammenarbeit zwischen Technologielieferanten und Anwender der Methodik wird grundsätzlich adressiert. Eine explizite Unterscheidung der jeweiligen Zuständigkeiten im Planungsprozess erfolgt jedoch nicht. Der Ansatz ist auf unterschiedliche Anwendungsfälle übertragbar. Die Anwendung erfolgt am Beispiel eines Montagesystems, wobei die Methodik auch auf Fertigungssysteme angewendet werden kann. Der Ansatz adressiert die Wiederverwendung von Entwurfselementen in der Anlagentechnik. Die Nutzung der Methodik auf übergeordneter Produktionssystemebene wird hingegen nicht adressiert. Der Methode zugrundeliegende Hilfsmittel werden detailliert beschrieben und können entsprechend ohne Vorkenntnisse genutzt werden. Einzelne Teile des Ansatzes können unabhängig einander genutzt werden.

HERZOG ET AL. analysieren die Wiederverwendung von Anlagenmodulen in der automobilen Endmontage.[158] Im Rahmen der Arbeiten wird festgestellt, dass Effektivität und Effizienz der Wiederverwendung vor allem von sechs Kriterien abhängen: der Wiederverwendungshäufigkeit, dem Rekonfigurationsrisiko, dem Kosten-Nutzen-Verhältnis, der Effektivität des Moduls, dem Effektivitätsfaktor des Montageliniensegments sowie die Bewertung verschiedener menschlicher Faktoren. Zur Analyse der Kriterien werden unterschiedliche Ansätze vorgestellt. Die Wiederverwendungshäufigkeit kann als Indikator für Skaleneffekte und als Entscheidungsgrundlage für Standardisierungsvorhaben herangezogen werden und berücksichtigt indirekt die Anforderungen an Skalierbarkeit, Platzbedarf, Integrierbarkeit und Universalität. Die Wiederverwendungshäufigkeit wird anhand der Nutzung im Zusammenhang mit anderen Projekten gemessen. Die Bestimmung der Wiederverwendungshäufigkeit erfolgt mittels der manuellen Durchführung der Layoutplanung sowie unter Zuhilfenahme eines Ansatzes zur Zuordnung von Produkt, Prozess, Ressource und Kompetenz für die automobile Endmontage.[159] Im Zuge der Kosten-Nutzen-Bewertung wird neben der Wiederverwendung von physischen Modulen auch auf die Wiederverwendung von Artefakten wie CAD- bzw. Konstruktionsdaten, Dokumentation und Plänen, Software und Programmen sowie Informationen aus dem Betrieb und von Tests verwiesen. Es wird zwischen selbst und von Lieferanten erzeugten Artefakten unterschieden, bei denen eine Einsparung und Skaleneffekte insbesondere durch nicht erforderliche Engineering-Stunden entstehen. Die Effektivität eines Moduls wird durch die Multiplikation von Qualitäts- und Verfügbarkeitseffizienz basierend auf der Gesamtanlageneffektivität (OEE) errechnet. Der Effektivitätsfaktor eines Montageliniensegments berücksichtigt die Auswirkungen einzelner Module auf gesamte Anlagensegmente. Die Bewertung menschlicher Einflüsse erfolgt durch die Einführung eines multikriteriellen Faktors und wird im Rahmen der Risikoanalyse betrachtet. Hierzu werden die Phasen der Entwicklung bzw. des Engineerings sowie die Phase der Nutzung bzw. des Maintenance unterschieden. Es folgt die Ableitung von insgesamt sieben Anforderungen, deren Gewichtung sowie die Einführung einer fünfstufigen Skala zur Bewertung der Anforderungserfüllung. Für die Bewertung des Risikos werden das zu erwartende Eintreten bestimmter Situationen in Form von Szenarien sowie der hieraus resultierende Aufwand zur Rekonfiguration als Auswirkung berücksichtigt. Der resultierende Aufwand wird in zwei Fälle unterschieden: Der Rekonfiguration durch Hinzufügen oder Entfernen von Modulen sowie der Rekonfiguration durch Adaption von Modulen. Das Risiko einer Rekonfiguration ergibt sich aus der Summe aller Einzelrisiken. Zur Berechnung eines Einzelrisikos wird ein ermittelter Punktwert des erwarteten Auftretens mit einem Gewichtungsfaktor zum Rekonfigurationsaufwand multipliziert. Zuletzt wird ein Ansatz entwickelt, mit dem der Abdeckungsgrad einzelner Module anhand einer

[158] vgl. Herzog et al. (Analysis of Reusability) 2021.
[159] vgl. Herzog et al. (Allocation of PPRS) 2020.

Referenzmenge an Wiederverwendungen analysiert werden kann. Im vorgestellten Ansatz werden Limitation eines Bestandssystems im weitesten Sinne adressiert. Eine konkrete Berücksichtigung im Rahmen ein Prozesserprobung bleibt jedoch aus. Die Betrachtung eines Aufwand-Nutzen-Verhältnisses erfolgt vor dem Hintergrund der Wiederverwendung von Modulen und nicht unter der Prämisse einer Risikoreduktion. Der Wissensstand des Planenden bleibt ebenso unberücksichtigt wie die Möglichkeit zur Produkterprobung in der Phase der Prozessentwicklung. Eine explizite Berücksichtigung des Technologielieferanten erfolgt nicht. Der Ansatz adressiert vornehmlich Montagesysteme. Der Ansatz erfordert nicht die Nutzung spezieller Tools und kann ohne explizite Vorkenntnisse angewendet werden. Zudem kann der Ansatz unabhängig des Änderungsumfangs und der adressierte Produktionssystemebene genutzt werden. Die einzelnen Bestandteile können zur Lösung in sich geschlossener Fragestellungen genutzt werden. Der Ansatz ist ohne Anpassungen auf andere Anwendungsfälle übertragbar.

3.4 Zwischenfazit und Handlungsbedarf aus der wissenschaftlichen Theorie

Ausgehend vom Handlungsbedarf aus der Praxis (vgl. Kapitel 2.6) wurden im Rahmen von Kapitel 3.1 inhaltliche und formale Anforderungen an eine Methodik abgeleitet, mithilfe derer das identifizierte Praxisdefizit aufzulösen sein sollte. Zur Überprüfung der Existenz ebensolcher Methodiken erfolgte eine systematische Analyse bestehender wissenschaftlicher Ansätze (vgl. Kapitel 3.3). Hierbei wurde zwischen Ansätzen des produktionsbezogenen Änderungs- und Rekonfigurationsmanagements (vgl. Kapitel 3.3.1) sowie Ansätzen der Produktionsplanung mit besonderem Schwerpunkt auf den Umgang mit organisatorischen oder technischen Risiken (vgl. Kapitel 3.3.2) unterschieden. Die Bewertung der Anforderungserfüllung erfolgte gemäß der in Kapitel 3.2 beschriebenen Skala (vgl. Tabelle 3-1).

Eine Übersicht der Bewertungsergebnisse der untersuchten wissenschaftlichen Ansätze ist in Abbildung 3-3 dargestellt. Es fällt auf, dass keiner der untersuchten Ansätze in verschiedene Zuständigkeiten von Auftraggeber bzw. Produzent und Auftragnehmer bzw. Maschinen- und Anlagenhersteller unterscheidet. Zumeist erfolgt überhaupt keine Berücksichtigung von Technologielieferanten innerhalb der untersuchten Ansätze. Geringes Erfahrungswissen verantwortlicher Planender wird ebenso in keinem der untersuchten Ansätze berücksichtigt. Die Berücksichtigung von Schnittstellen des Bestandsystems ist insbesondere bei Ansätzen des Änderungs- bzw. Rekonfigurationsmanagements gegeben – jedoch meist im Sinne von Planungsrandbedingungen als vor dem Hintergrund notwendiger Prozesserprobung vor Veränderung des Produktionssystems. Die Möglichkeit einer fortwährenden Produkterprobung während der Phase der Prozessentwicklung wird in keinem der untersuchten Ansätze eingeräumt. Ein Großteil der untersuchten Ansätze berücksichtigt einen wirtschaftlichen Aufwand-Nutzen-Vergleich. Die formalen Anforderungen an Skalierbarkeit, Modularität und Übertragbarkeit werden in den meisten untersuchten Ansätzen vollständig erfüllt. Im

Rahmen einiger Ansätze werden anwendungsfallspezifische Werkzeuge, zumeist in Form von eigener Software, entwickelt, weshalb die formale Anforderung an Handhabbarkeit nicht in allen untersuchten Ansätzen als vollständig erfüllt erachtet wird. Ebenso werden einige Ansätze explizit für Anwendungen im Bereich der Montage oder Fertigung entwickelt, wobei eine Übertragung auf die jeweils andere Disziplin in den meisten Fällen als für möglich gehalten wird.

			Inhaltliche Anforderungen					Formale Anforderungen				
			Multilaterale Projektkonstitution	Erfahrungswissen des Planenden	Limitation Bestandssystem	Iterative Konstitution	Aufwandsorientierte Messbarkeit	Allgemeingültigkeit	Handhabbarkeit	Skalierbarkeit	Modularität	Übertragbarkeit
Änderungs- und Rekonfigurationsmanagement	AURICH ET AL.	2004	○	○	◑	○	●	○	○	◑	●	●
	KARL ET AL.	2012	◑	◑	●	○	●	●	◑	◑	●	●
	BÖCK	2013	◑	◑	◑	○	◑	●	●	●	●	●
	MELING	2013	○	○	◑	○	◑	◑	●	●	●	●
	AURICH und CICHOS	2014	○	○	◑	◑	●	◑	○	●	●	●
	STAUDER	2017	○	○	◑	○	◑	●	●	●	◑	●
Berücksichtigung technischer oder organisatorischer Risiken	WEYAND	2010	○	◑	◑	○	◑	●	●	●	●	●
	NAGEL	2011	◑	◑	○	○	●	●	◑	○	○	◑
	POHL	2014	○	◑	◑	○	●	●	●	●	◑	●
	KARL	2015	◑	◑	◑	○	●	●	●	◑	◑	●
	RÖPKE	2019	○	○	◑	◑	●	◑	○	●	●	●
	HERZOG ET AL.	2021	○	◑	○	◑	○	○	◑	◑	◑	●

○ = nicht berücksichtigt
◑ = berücksichtigt aber nur teilweise erfüllt
● = vollständig erfüllt

Abbildung 3-3 Bewertung bestehender Ansätze

Es wird deutlich, dass die untersuchten Ansätze eine Vielzahl – insbesondere formaler – Anforderungen erfüllen. Ein wissenschaftlicher Ansatz, der die Gesamtheit aller im Rahmen von Kapitel 3.1 hergeleiteten Anforderungen erfüllt kann nicht identifiziert werden. Entsprechend des sich hieraus ergebenden Forschungsbedarfs ist im Folgenden eine Methodik zu entwickeln, welche den genannten inhaltlichen und formalen Anforderungen vollumfänglich gerecht wird.

4 Konzeption

Es wurde gezeigt, dass bestehende Ansätze aus Praxis und Wissenschaft der Problemstellung nicht oder nur in Teilen, aber dennoch unzureichend, gerecht werden. Entsprechend erfolgt in diesem Kapitel die Konzeptionierung einer Methodik, die sowohl inhaltlichen (vgl. Kapitel 3.1.1) als auch formalen Anforderungen (vgl. Kapitel 3.1.2) gerecht werden soll. Hierzu erfolgt zunächst die Beschreibung von Grundlagen der Methodikgestaltung (vgl. Kapitel 4.1). Anschließend erfolgt die zeitliche und inhaltliche Einordnung der Methodik (vgl. Kapitel 4.2) und es werden Aufbau- (vgl. Kapitel 4.3) und Ablaufstruktur (vgl. Kapitel 4.4) dargelegt. In Kapitel 4.5 erfolgt ein Zwischenfazit.

4.1 Grundlagen der Methodikgestaltung

Der Methodik-Begriff wird von NEUHAUSEN als „ein System von zusammengehörigen Modellen, Methoden und Hilfsmitteln"[160] beschrieben und verweist im Zuge dessen auf die Arbeiten von LAUFENBERG, BOCHTER und HEYN.[161] Modelle bilden eine Abstraktion eines Ausschnitts aus der Wirklichkeit ab.[162] Methoden können als planmäßige Vorgehen zur Erreichung von Zielen bzw. Vorgehensprinzipien zur Lösung von Aufgaben verstanden werden.[163] Hilfsmittel, bspw. in Form von Software Tools oder mathematischen Formeln, werden für die Erstellung und Anwendung von Modellen sowie Methoden genutzt.[164]

Die Bestandteile einer Methodik sind in Abbildung 4-1 dargestellt.

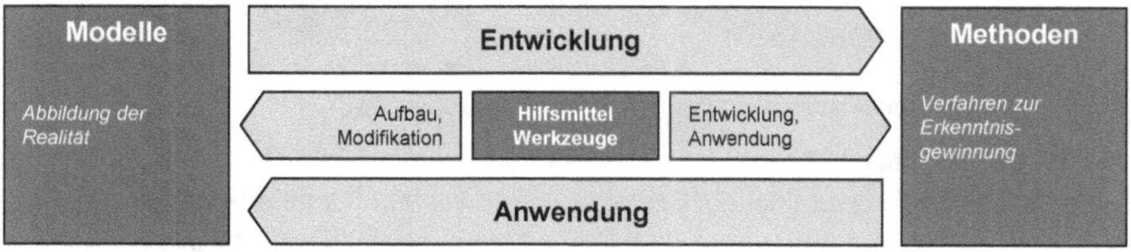

Abbildung 4-1 Bestandteile einer Methodik[165]

Zur Ableitung von Anforderungen an ein Methodikkonzept haben sich die allgemeine Modelltheorie sowie die Grundlagen der Systemtechnik als hilfreiche Disziplinen erwiesen[166] und werden deshalb auch im Rahmen dieser Arbeit herangezogen.

---

160 Neuhausen (Modulare Produktionssysteme) 2002, S. 6.

161 vgl. Laufenberg (Integrierte Projektgestaltung) 1996, S. 6; Bochtler (Integrierte Konstruktion und Arbeitsplanung) 1996; Heyn (Entwicklungskooperationen) 1999, S. 5 f.

162 vgl. Fleischmann et al. (Ganzheitliche Digitalisierung) 2018, S. 19.

163 vgl. Eversheim et al. (Integrierte Produkt- und Prozessgestaltung) 2005, S. 16.

164 vgl. Hehl (Lösungsraum-Management) 2021, S. 75.

165 vgl. Neuhausen (Modulare Produktionssysteme) 2002, S. 7 Ähnliche Abbildungen u.a. Giehler (Planungsproduktivität) 2010, S. 79; Kleine Büning (Informationsorientierte Prototypenplanung) 2019, S. 118; Hehl (Lösungsraum-Management) 2021, S. 76.

166 Siehe u.a. Döring (Konfliktmanagement) 2010, S. 74 ff; Gaus (Geschäftsmodell im Werkzeugbau) 2010, S. 80 ff; Koch (Steigerung der Wandlungsfähigkeit) 2011, S. 107 ff; Heimes (Auswahl von

4.1.1 Allgemeine Modelltheorie und Systemtechnik

Das Ziel der allgemeinen Modelltheorie besteht in der Schaffung eines geeigneten Abbilds der Realität.[167] Hierzu werden Sachverhalte mit dem Ziel der Vereinfachung abstrahiert.[168] So können Objekte und Zusammenhänge aus der Realität abgebildet werden, dienen der Schaffung von Verständnis über den Betrachtungsbereich und legen damit die Basis für Methoden.[169]

Abbildung 4-2 zeigt den Erkenntnisprozess zur Lösung von Realproblemen mithilfe einer Modellwelt eines problembezogenen Realitätsabschnitts.

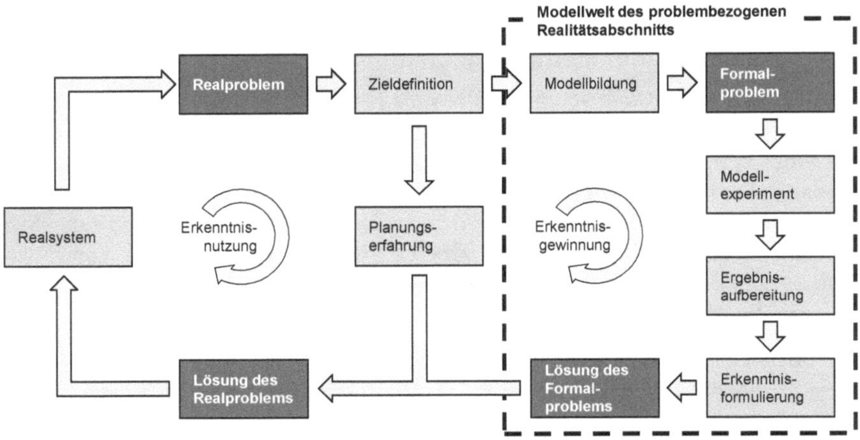

Abbildung 4-2 Erkenntnisprozess zur Lösung von Realproblemen[170]

Ausgehend vom Realproblem, das auf ein Realsystem zurückzuführen ist, erfolgt die Zieldefinition der Problemlösung. Besteht – wie im vorliegenden Fall – keine Planungserfahrung im Zusammenhang mit dem Realproblem, erfolgt die Modellbildung anhand derer das Realproblem in ein Formalproblem überführt wird. Innerhalb der Modellwelt des problembezogenen Realitätsabschnitts wird das Formalproblem anhand von Methoden und mit der Nutzung von Hilfsmitteln gelöst. Anschließend erfolgt die Rücküberführung der Lösung des Formalproblems auf das Realproblem.

Nach STACHOWIAK können Modelle durch drei Merkmale beschrieben werden – dem Abbildungsmerkmal, dem Verkürzungsmerkmal und dem pragmatischen Merkmal.[171]

Fertigungsressourcen) 2014, S.103 ff; Vom Hemdt (Gestaltung von Materialprozessketten) 2020, S. 97 ff; Wessel (Gestaltung des Prüfprozesses) 2020, S. 107 ff.

[167] vgl. Wessel (Gestaltung des Prüfprozesses) 2020, S. 107.

[168] vgl. Haberfellner et al. (Systems Engineering) 1997, S. 10.

[169] vgl. Eversheim et al. (Integrierte Produkt- und Prozessgestaltung) 2005, S. 16 f.

[170] vgl. Döring (Konfliktmanagement) 2010, S. 76 Ähnliche Abbildung in Heimes (Auswahl von Fertigungsressourcen) 2014, S. 105; Bührer (Integration von Data Analytics) 2022, S. 135.

[171] vgl. Stachowiak (Allgemeine Modelltheorie) 1973, S. 131 ff.

Dem **Abbildungsmerkmal** liegt zugrunde, dass Modelle Abbildungen von natürlichen oder künstlichen Originalen sind. Das **Verkürzungsmerkmal** besagt, dass Modelle für gewöhnlich nicht alle Attribute eines Originals abbilden, sondern nur die, die im Modellierungszusammenhang als relevant gelten. Welche Attribute als relevant gelten obliegt dem Ersteller und dem Nutzer des Modells. Das **pragmatische Merkmal** beschreibt, dass Modelle ihren Originalen nicht unbedingt eindeutig zugeordnet sind – Modelle erfüllen lediglich einen bestimmten Zweck zu einem bestimmten Zeitpunkt.[172]

PATZAK unterscheidet in Abhängigkeit des Verwendungszwecks eines Modells in vier unterschiedliche Modelltypen: Beschreibungsmodelle, Erklärungsmodelle, Vorhersagemodelle und Entscheidungsmodelle. **Beschreibungsmodelle** sind deskriptive Modelle, die auf der Erfassung von Phänomenen basieren und vorgefundene Zustände abbilden. Sie lassen keinen Rückschluss auf Zustandsursachen zu. In **Erklärungsmodellen** werden basierend auf allgemeingültigen Wirkzusammenhängen Thesen entwickelt, welche in quantitativer oder qualitativer Form Erklärungen für bestimmte Zustände liefern. **Vorhersagemodelle** erlauben auf Basis von Erklärungsmodellen Prognosen über zukünftige Systemzustände oder -verhalten. **Entscheidungsmodelle** dienen der Bestimmung von Handlungsalternativen.[173]

Als methodischer Rahmen für die vorliegende Arbeit werden Arbeiten zur Systemtechnik bzw. des Systems Engineering herangezogen.[174] Nach PATZAK besteht ein System „aus einer Menge von Komponenten, welche Eigenschaften besitzen und welche durch Beziehungen miteinander zur Verfolgung gesetzter Ziele verknüpft sind“[175]. Das Systems Engineering Process Model (dt. SE-Vorgehensmodell[176]) nach HABERFELLNER ET AL. basiert auf vier Grundprinzipien zur Strukturierung von Problemen, die für die Entwicklung der Methodik im Rahmen dieser Arbeit herangezogen werden:[177]

- **Vom Groben ins Detail:** Zur Begegnung der Problemkomplexität sollte eine schrittweise Verkleinerung des Betrachtungsraums erfolgen.
- **Variantenbildung**: Aufgrund der Vielzahl möglicher Lösungsalternativen sollten allgemeine Lösungsprinzipien formuliert werden mithilfe derer der Lösungsraum schrittweise eingegrenzt wird.
- **Phasengliederung**: Der Lösungsweg sollte aus Gründen der Handhabbarkeit in eine überschaubare Anzahl von Schritten unterteilt werden
- **Problemlösungszyklus**: Der Prozess zur Problemlösung sollte in drei Teilschritten – Zielsuche/-konkretisierung, Lösungssuche und -auswahl – erfolgen

[172] vgl. Stachowiak (Allgemeine Modelltheorie) 1973, S. 131 ff.
[173] vgl. Patzak (Systemtechnik) 1982, 313ff.
[174] Die Systemtechnik dient der Lösung von Problemstellungen mit hoher Komplexität und wird in der Literatur analog zum Begriff des Systems Engineering verwendet (siehe u.a. Bruns (Systemtechnik) 1991, S. 2)
[175] Patzak (Systemtechnik) 1982, S. 19.
[176] vgl. Haberfellner et al. (Systems Engineering) 2018, S. 53 ff.
[177] vgl. Haberfellner et al. (Systems Engineering) 2019, S. 27 ff.

Die Systemstruktur bildet nach PATZAK die Menge an Beziehungen zwischen Komponenten innerhalb eines Systems ab. Die Art der Beziehungen bedingen zwei grundsätzlich notwendige Strukturunterscheidungen – die Aufbau- und Ablaufstruktur. In der Aufbaustruktur werden Systemkomponenten nach sachlichen Zusammenhängen geordnet und in Beziehung gestellt. Das Ziel liegt in der Darstellung des Systeminhalts, wobei die Betrachtungsweise statisch ist. Die Ablaufstruktur berücksichtigt eine zeitlich/logische Abfolge der Systemkomponenten und ist dynamisch.[178]

Abbildung 4-3 zeigt den der Arbeit zugrundeliegenden Methodikbegriff, dessen Bestandteile sowie den jeweiligen Kapitelbezug im Rahmen der zu entwickelnden Methodik.

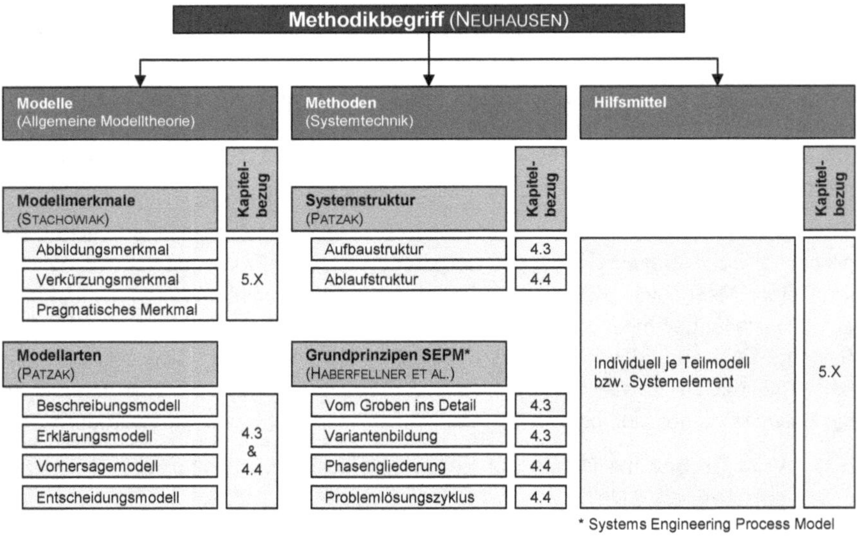

Abbildung 4-3 Allgemeine Modelltheorie und Systemtechnik im Kontext der Arbeit

4.1.2 Auswahl der Modellierungssprache

Die formalen Anforderungen an die Methodik (vgl. Kapitel 3.1.2) erfordern die Auswahl einer geeigneten Modellierungssprache. Die Auswahl der Modellierungssprache für die vorliegende Arbeit erfolgt in Anlehnung an DIN 69901[179] und HEIMES[180]. Diese Form der Visualisierung ermöglicht eine Darstellung gemäß den Grundprinzipien „Vom Groben ins Detail" (mit Bezug zur Aufbaustruktur in Kapitel 4.3) und der „Phasengliederung" (mit Bezug zur Ablaufstruktur in Kapitel 4.4) nach HABERFELLNER ET AL. (vgl. Kapitel 4.1.1). Die zu entwickelnde Methodik verfügt der Vorgabe „Vom Groben ins Detail"

[178] vgl. Patzak (Systemtechnik) 1982, 39ff.
[179] vgl. Deutsches Institut für Normung (DIN 69901-2:2009-01) 2009, S. 18.
[180] vgl. Heimes (Auswahl von Fertigungsressourcen) 2014, S. 110.

entsprechend über drei Systemebenen. Die oberste Systemebene stellt die Modulebene dar. Ein Modul besteht aus einem oder mehreren Teilmodellen. Teilmodelle wiederum bestehen aus mehreren Systemelementen (niedrigste Systemebene). Abbildung 4-4 zeigt die Visualisierung der Modellierungssprache für Teilmodelle der Methodik.

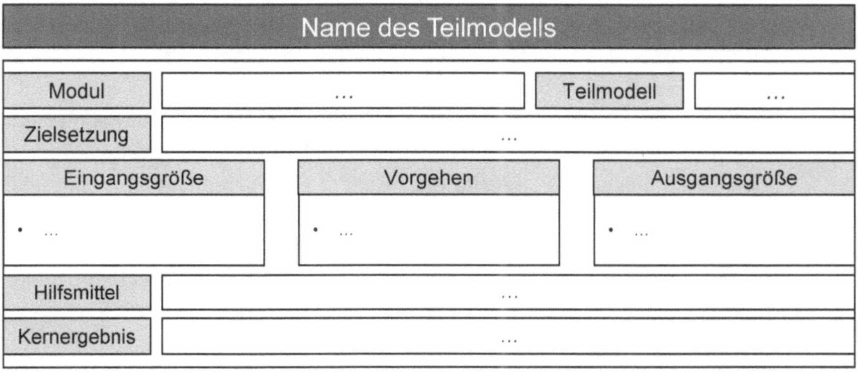

Abbildung 4-4 Modellierungssprache für Teilmodelle der Methodik[181]

Die Teilmodelle sind durch eine konkrete Zielsetzung innerhalb der Methodik charakterisiert und verfügen über definierte Eingangs- und Ausgangsgrößen. Ausgangsgrößen von Teilmodellen dienen als Eingangsgröße für weitere Teilmodelle bzw. im vorliegenden Fall zu einem bestimmten Zeitpunkt als Entscheidungsgrundlage für die Substitutionsentscheidung. Hilfsmittel werden eindeutig benannt.

4.2 Einordnung der Methodik

Es erfolgt die Einordnung der Methodik über den Handlungsbedarf aus der Praxis (vgl. Kapitel 2.6) und der wissenschaftlichen Theorie (vgl. Kapitel 3.4) hinaus, indem eine inhaltliche Eingrenzung und die Darlegung zugrunde gelegter Annahmen (vgl. Kapitel 4.2.1) sowie eine zeitliche Einordnung (vgl. Kapitel 4.2.2) der Methodik erfolgt. Inhaltliche Eingrenzung und der Methodik zugrunde liegende Annahmen sollen es dem Anwender vereinfachen zu entscheiden, inwieweit die vorgestellte Methodik in Abhängigkeit der eigenen Situation angewendet werden kann. Weichen wesentliche Rahmenbedingungen von der eigenen Situation ab, ist individuell zu prüfen, ob Teile der Methodik für den eigenen Anwendungsfall genutzt werden können. Die zeitliche Einordnung dient in erster Linie dazu unternehmensinterne und -externe Aktivitäten der Beteiligten (Planende, weitere interne Bereiche (z.B. Produktion, Einkauf, Instandhaltung) und Maschinen- und Anlagenhersteller) zu synchronisieren.

---

[181] Ähnliche Darstellungen u.a. in Heimes (Auswahl von Fertigungsressourcen) 2014, S. 110; Vom Hemdt (Gestaltung von Materialprozessketten) 2020, S. 104; Bührer (Integration von Data Analytics) 2022, S. 143.

4.2.1 Inhaltliche Eingrenzung und Annahmen

Folgende inhaltliche Eingrenzungen und Annahmen sind bei der Anwendung der Methodik zu berücksichtigen:

- Die Entscheidung über die grundsätzliche Notwendigkeit einer Technologiesubstitution ist durch Dritte vorgegeben (bspw. Endkunde, Management).
- Beim betrachteten Produktionssystem, in dem die Technologiesubstitution durchgeführt wird, handelt es sich um eine hochautomatisierte (Groß-)Serienproduktion.
- Die Technologiesubstitution erfolgt mit Unterstützung eines (unternehmensexternen) Maschinen- und Anlagenherstellers
- Über Gewährleistungsansprüche oder weitere juristisch relevanten Fragestellungen einer Kunden-Lieferanten-Beziehung zwischen Betreiber des Produktionssystems und Maschinen- und Anlagenhersteller besteht Einigkeit
- Für die Substitutionsumsetzung ist zu Beginn des Vorhabens ein Zeitraum aber kein eindeutiger Zeitpunkt definiert

4.2.2 Zeitliche Einordnung

In diesem Abschnitt erfolgt die zeitliche Einordnung der Methodik und ihrer Teilmodelle unter Berücksichtigung des Ablaufs eines Produktentwicklungsprozesses für Sondermaschinen gemäß VDI 2221.[182] Hierzu wird der im Rahmen der Norm vorgeschlagenen Aktivitäten und Phasen im Entwicklungsprozess Rechnung getragen. Die durch die Norm vorgeschlagenen Aktivitäten werden um weitere im Rahmen der spezifischen Ausgangssituation – der Substitution eines Prozesses im bestehenden Produktionssystem – notwendige Aktivitäten ergänzt. Die Phasen werden entsprechend der Ausgangssituation adaptiert.

Die im Rahmen der Methodik entwickelten Systemelemente (vgl. Kapitel 4.3) sind im zeitlichen Verlauf kenntlich gemacht (vgl. Abbildung 4-5). Der Einsatz der Methodik beginnt mit der Vorhabensplanung und nach der Identifikation des Substitutionsbedarfs. In der Vorhabensplanung werden grundsätzliche, die Substitution betreffende, Rahmenbedingungen festgelegt. Ist dies erfolgt, werden mögliche Lieferanten (Maschinen- und Anlagenhersteller) identifiziert, die in ihrem Technologieportfolio potenzielle Lösungen führen oder in der Lage sind eine spezifische Lösung zu entwickeln. Nach der Prüfung möglicher Lieferanten erfolgt die Beauftragung des präferierten Maschinen- und Anlagenherstellers. Hiermit beginnt die Entwicklung der technischen Lösung in den Phasen der Realisierung, Vorinbetriebnahme und Freigabe (Phase der Vorhabensrealisierung). Unter der Phase der Vorhabensrealisierung wird der Zeitraum ab der Entscheidung über die grundsätzliche Durchführung einer Substitution mit einer bestimmten Technologie bis zur Substitutionsumsetzung verstanden. Die

[182] vgl. Verein Deutscher Ingenieure e.V. (VDI) (VDI 2221 (Blatt 2)) 2019, S. 33.

Substitutionsumsetzung ist als die Phase der Umsetzung der Technologiesubstitution nach der Substitutionsentscheidung definiert und liegt außerhalb des zeitlichen Betrachtungsraums der Methodik. Die Substitutionsentscheidung bedingt die Freigabe durch die Planungsverantwortlichen und erfolgt unter Berücksichtigung der im Rahmen von Teilmodell vier und Teilmodell fünf entwickelten Systemelemente. Ist die Substitutionsentscheidung – die Entscheidung über Substitutionsumsetzung – getroffen, endet der Betrachtungszeitraum der entwickelten Methodik. Es folgen Umbau, Inbetriebnahme und Wiederanlauf. Abbildung 4-5 fasst den zeitlichen Ablauf einer Technologiesubstitution und den Betrachtungszeitraum der Methodik zusammen.

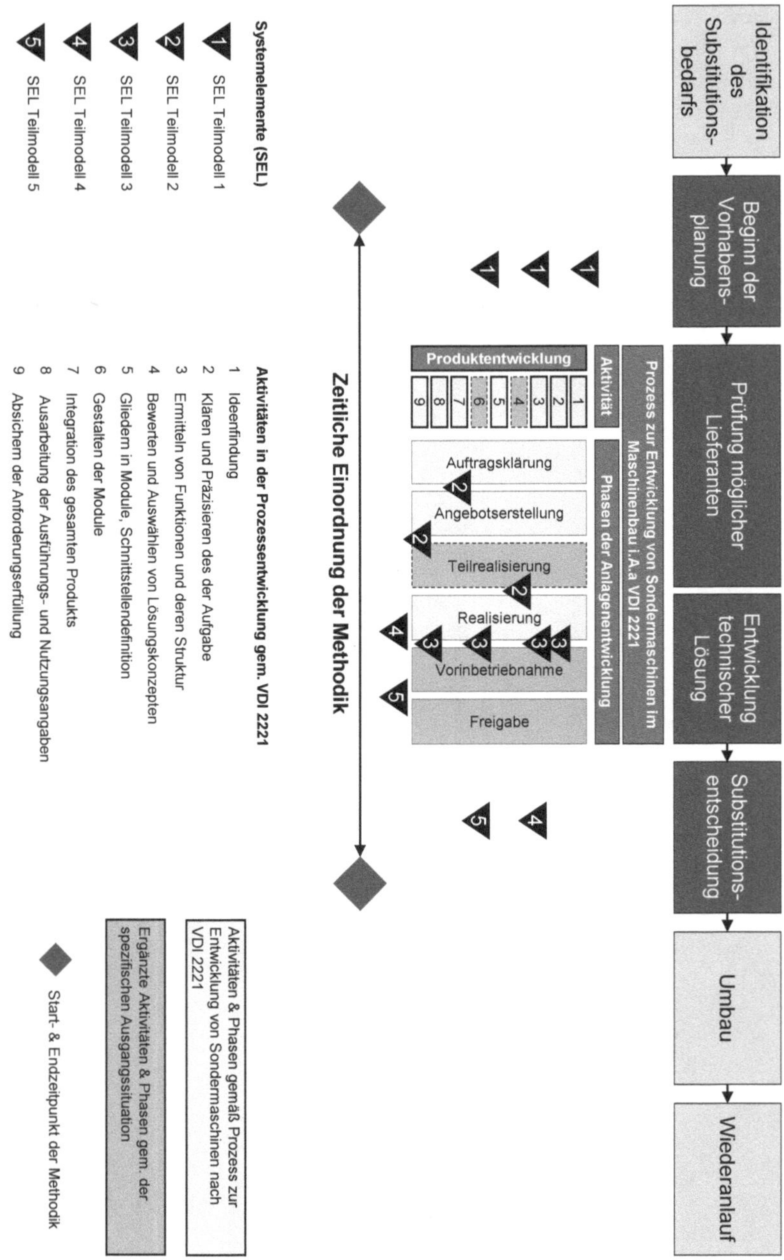

Abbildung 4-5 Zeitliche Einordnung der Methodik

4.3 Aufbaustruktur

Im Folgenden wird die Aufbaustruktur der Methodik beschrieben. Dem Verständnis der Arbeit von PATZAK folgend bedeutet dies, die Systemkomponenten nach sachlichen Zusammenhängen zu ordnen und miteinander in Beziehung zu setzen (vgl. Kapitel 4.1.1). Die Systemkomponenten eines Systems können als Teilsysteme n-ter Ordnung verstanden werden wobei das kleinste nicht sinnvoll teilbare Teilsystem als Systemelement bezeichnet wird und die niedrigste Systemhierarchieebene darstellt.[183]

Die Methodik ist in fünf Teilmodelle (TM) mit insgesamt 14 Systemelementen (SEL) (vgl. Abbildung 4-6) unterteilt und folgt damit dem Grundprinzip „Vom Groben ins Detail" nach HABERFELLNER ET AL. (vgl. Kapitel 4.1.1). Außerdem wird dem Prinzip der „Variantenbildung" Rechnung getragen, indem die Systemelemente als Methodenbausteine gestaltet sind, die in Abhängigkeit des spezifischen Anwendungsfalls bedarfsgerecht adaptiert werden können.

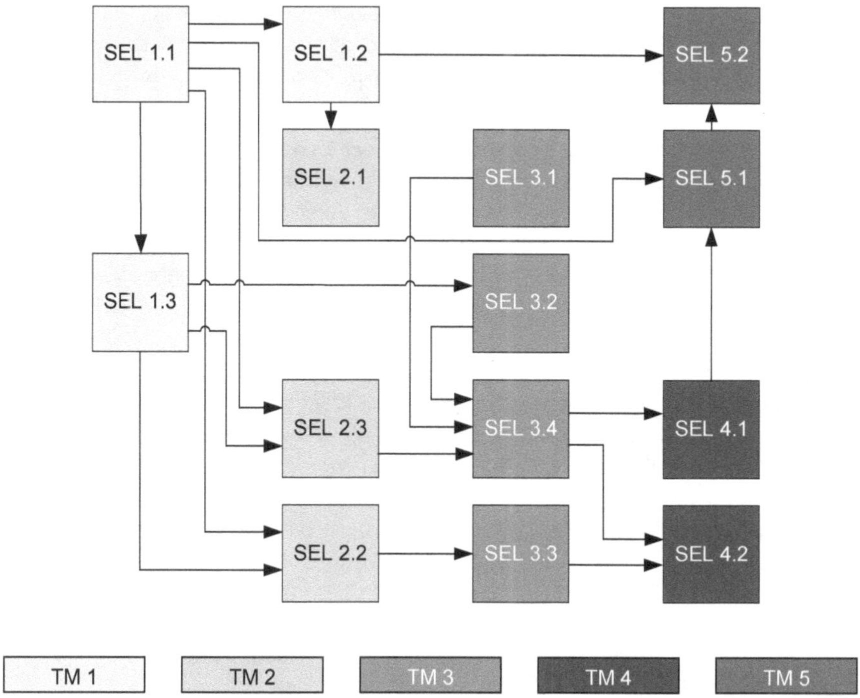

Abbildung 4-6 Aufbaustruktur der Methodik

[183] vgl. Gillen (Produktanforderungen) 2019, S. 55.

Teilmodell eins beschreibt die Klassifizierung der Technologiesubstitution und dient einer initialen Bewertung der Vorhabenskomplexität. Es bildet mit drei Systemelementen (SEL 1.1, SEL 1.2, SEL 1.3) den Grundstein der Methodik. In SEL 1.1 erfolgt eine Interdependenzanalyse n-ter Ordnung für das Produktionssystem. Mit Hilfe der Interdependenzanalyse werden die vom Substitut ausgehenden Auswirkungen auf vor- und nachgelagerte Prozessschritte im Produktionssystem erstmalig bewertet. Aufgrund des hohen Initialrisikos einer Technologiesubstitution im laufenden Betrieb und zur Identifikation von Prozesswirkzusammenhängen auf unterer Produktionssystemebene soll die Interdependenzanalyse in mehreren Stufen und iterativ erfolgen. Die Ergebnisse aus SEL 1.1 dienen als Eingangsgröße für SEL 1.2, SEL 1.3, SEL 2.2 und SEL 5.1. In SEL 1.2 wird ein Stillstandsplan für das Produktionssystem bzw. die betroffenen Abschnitte des Produktionssystems (SEL 1.3) entworfen. Hierbei handelt es sich um eine Aneinanderreihung kausaler Wirkzusammenhänge in Abhängigkeit des aktuell laufenden Produktionsprogramms und der Instandhaltungsplanung. In SEL 1.3 erfolgt die Definition der im Rahmen der Substitution relevanten Schnittstellen auf Produktionssystemebene. Hierbei werden neben den mechatronischen Schnittstellen des Substituts Halbzeug-Schnittstellen berücksichtigt, um möglicherweise notwendige Designverfikationsprozesse abbilden zu können.

Die Systemelemente aus Teilmodell zwei (Taktische Lösungsraumidentifikation) und Teilmodell drei (Technische Lösungsdetaillierung) werden aus der Rolle des Planenden im Zusammenhang einer Anlagenentwicklung durch Dritte abgeleitet. Hierfür wird die Prozessbeschreibung zur Entwicklung von Sondermaschinen gemäß VDI 2221 Blatt 2 herangezogen, da diese Richtlinie im Maschinen- und Anlagenbau weit verbreitet und allgemein anerkannt ist. Es ist anzunehmen, dass der auf den vorliegenden Anwendungsfall angepasste Prozessentwicklungsansatz basierend auf VDI 2221 unternehmensspezifische Entwicklungsprozesse von Maschinen- und Anlagenherstellern in einer Art widerspiegelt, dass die Rolle des Planenden allgemeingültig und unabhängig des spezifischen Vorhabens – wie für diese Methodik erforderlich[184] – definiert werden kann. Das Ziel von Teilmodell zwei liegt in der Identifikation möglicher technischer Lösungen für die Substitution sowie in der Entscheidung über eine zu realisierende technische Lösung. In SEL 2.1 erfolgt die Bewertung möglicher technologischer Lösungskonzepte für die geplante Substitution. Das Systemelement steht in Abhängigkeit von SEL 1.2. In SEL 2.2 erfolgt eine Überprüfung der betroffenen Schnittstellen zwischen Lösungskonzept des Substituts und Produktionssystem in erster Instanz auf Basis der Ergebnisse aus SEL 1.1 und SEL 1.3. In SEL 2.3 erfolgt die Entwicklung eines Absicherungskonzepts in der frühen Phase.

Das Ziel von Teilmodell drei liegt in der Überprüfung der Erfüllung des Zielreifegrads des Substituts aus Sicht des Planenden. Aufgrund der Prämisse, dass die

[184] Vergleiche formale Anforderungen der Methodik (vgl. Kapitel 3.1.2) sowie Grundprinzipien des SE-Vorgehensmodell nach HABERFELLNER ET AL. (vgl. Kapitel 4.1.1)

Planungsverantwortlichen über wenig Erfahrungswissen verfügen, ist damit zu rechnen, dass die Anzahl unbekannter Unbekannten im Entwicklungsprozess überdurchschnittlich hoch ist. Deshalb wird ein Vorgehen zur Identifikation von Unknown Unknowns vorgeschlagen (SEL 3.1). Bekannte unbekannte Informationen können in einer ergänzenden Entwicklungsaufgabe für den Maschinen- und Anlagenhersteller resultieren und finden Berücksichtigung in SEL 3.4. SEL 3.2 beinhaltet die Prüfung der Funktionserfüllung des Substituts basierend auf produktionshistorischen Daten und der Möglichkeit Halbzeuge aus dem Realumfeld (Produktionssystem) ein- und auszuschleusen. In SEL 3.3 werden Validierungsbausteine zur Prüfung von Schnittstellen entwickelt, aus denen wiederum anwendungsspezifische Validierungsszenarien abgeleitet werden können. In SEL 3.4 erfolgt die Entwicklung eines FMEA-basierten Absicherungskonzepts auf Grundlage der Ergebnisse aus SEL 2.3, SEL 3.1 und SEL 3.2.

Teilmodell vier (Kontinuierliche Planungsrisikobewertung) hat die Ermittlung des Ausfallrisikos des Substituts im Falle einer Substitutionsumsetzung (SEL 4.1) sowie eine Schätzung des Aufwands für weitere Entwicklungsaktivitäten zur systematischen Reduktion des verbleibenden Risikos (SEL 4.2) zum Ziel. SEL 4.1 nutzt die Ergebnisse aus SEL 3.4, um eine Aussage darüber treffen zu können in welchem Ausmaß und in welcher Auftretenswahrscheinlichkeit das Substitut im Falle einer Integration ins Produktionssystem ausfallen kann. Im Rahmen von SEL 4.2 werden auf Basis der Validierungsszenarien Validierungssetups mit besonderem Fokus auf Schnittstellen entwickelt, die das bestehende Risiko systematisch reduzieren sollen. Hierbei werden eine definierte Anzahl an möglichen Fehlerfolgen in Bezug auf eine definierte Anzahl an Schnittstellen untersucht. Eine Aufwandsschätzung entsprechender Validierungssetups erlaubt einen monetären Vergleich zwischen Mehraufwänden aufgrund weiterer Entwicklungstätigkeiten und prognostiziertem Wertschöpfungsverlust im Fall einer Substitutionsumsetzung (SEL 5.2) und bildet damit die Grundlage für die Substitutionsentscheidung.

Das Ziel von Teilmodell fünf (Kontinuierliches Planungswertcontrolling) liegt in der Berechnung des möglichen Wertschöpfungsverlusts des Produktionssystems bei einer Substitutionsumsetzung. Hierzu wird basierend auf den Ergebnissen aus SEL 1.1 und SEL 4.1 eine szenariobasierte Auswirkungsanalyse (SEL 5.1) durchgeführt, um zu ermitteln welche Bereiche des Produktionssystems im Falle einer Substitutionsumsetzung in welchem Maße von einem Ausfall betroffen sind. Das Ergebnis aus SEL 5.1 dient gemeinsam mit dem Ergebnis aus SEL 1.2 als Grundlage für ein Kostenmodell (SEL 5.2), welches den möglichen Wertschöpfungsverlust des Produktionssystems im Fall einer Substitutionsumsetzung quantifiziert und damit eine weitere Grundlage für die Substitutionsentscheidung liefert.

4.4 Ablaufstruktur

Während die Aufbaustruktur in ihrer Betrachtungsweise statisch ist, berücksichtigt die Ablaufstruktur die zeitlich logische Abfolge der Systemkomponenten und ist in ihrer Betrachtungsweise dynamisch (vgl. Kapitel 4.1.1).[185]

Die Methodik ist in ihrer Ablaufstruktur in drei Module unterteilt (Initiierungs-, Analyse- und Gestaltungsmodul).[186] Somit wird ebenso dem Grundprinzip der Phasengliederung[187] Rechnung getragen. In Anlehnung an HEIMES dient das Initiierungsmodul der Überführung des Realproblems in ein Formalproblem, das Analysemodul überführt das Formalproblem in eine Formallösung und mit Hilfe des Gestaltungsmoduls wird die Formallösung im Realsystem angewendet.[188] Abbildung 4-7 zeigt die Ablaufstruktur der Methodik, bestehend aus drei Modulen mit insgesamt fünf Teilmodellen.

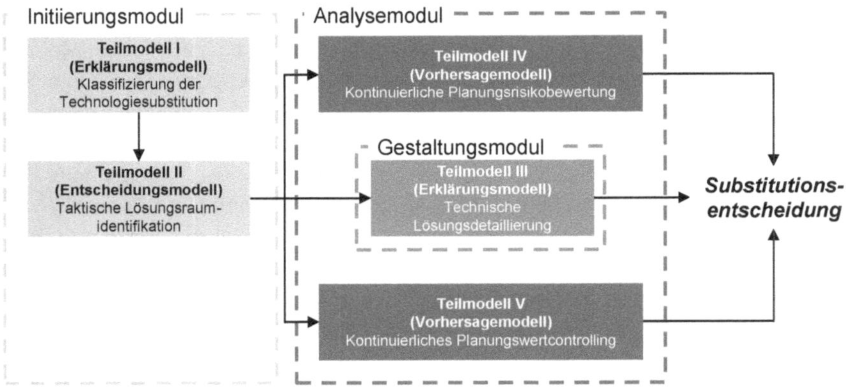

Abbildung 4-7 Ablaufstruktur der Methodik

Die Methodik beginnt mit dem Initiierungsmodul bestehend aus Teilmodell eins (Klassifizierung der Technologiesubstitution) und Teilmodell zwei (Taktische Lösungsraumidentifikation). Um das Realproblem in ein Formalproblem zu überführen ist die Abstraktion der Ausgangssituation unter der Berücksichtigung der formalen Anforderungen (vgl. Kapitel 3.1.2) erforderlich. Dies erfolgt, indem im ersten Schritt das Vorhaben klassifiziert wird (Teilmodell eins). Die Ergebnisse aus den Systemelementen von Teilmodell eins dienen als Grundlage für das zeitlich folgende Teilmodell zwei. Darüber hinaus werden die Ergebnisse aus Teilmodell eins zu einem späteren Zeitpunkt zur Prüfung der Entwicklungsergebnisse gegenüber der Ausgangssituation verwendet (Teilmodell fünf), sodass ein direkter und kontinuierlicher Bezug zwischen

[185] vgl. Patzak (Systemtechnik) 1982, S. 39 ff.
[186] Analog Wessel (Gestaltung des Prüfprozesses) 2020 und Heimes (Auswahl von Fertigungsressourcen) 2014
[187] Siehe Kapitel 4.1.1
[188] vgl. Heimes (Auswahl von Fertigungsressourcen) 2014, S. 111.

Formallösung und Formalproblem hergestellt wird. Teilmodell eins zielt auf die quantitative und qualitative Abbildung des Produktionssystems und dessen Wirkzusammenhänge ab, auf Basis dessen in Teilmodell fünf eine Prognose getroffen wird. Somit wird Teilmodell eins als Erklärungsmodell (vgl. Kapitel 4.1.1) klassifiziert.

Teilmodell zwei ist als Entscheidungsmodell ausgeführt an dessen Ende die Entscheidung über die Vorhabensrealisierung (Start Teilmodell drei) oder eine Teilrealisierung (Rückkopplung innerhalb von Teilmodell zwei) steht. Zeitlich erstreckt sich Teilmodell zwei in Anlehnung an Kapitel 4.2.2 über die Phase der Auftragsklärung, Angebotserstellung durch potenzielle Maschinen- und Anlagenhersteller und die Teilrealisierung. Teilmodell zwei ist iterativ gestaltet, sodass in Abhängigkeit der Entscheidung im Rahmen von SEL 2.1 das Vorhaben abgebrochen, eine Teilrealisierung oder die direkte Realisierung (Start Teilmodell drei) erfolgt. Die iterative Konstitution in Teilmodell zwei erlaubt die Durchführung mehrerer Teilrealisierungen hintereinander. Um den Absicherungsaufwand vor dem eigentlichen Entwicklungsprojektstart (Teilmodell drei) angemessen zu halten kann der konsekutive Durchlauf mehrerer Teilrealisierungen hintereinander zielführend sein. Teilmodell eins und Teilmodell zwei dienen somit im Wesentlichen der Zielkonkretisierung in Anlehnung an HABERFELLNER ET AL. (vgl. Kapitel 4.1.1). Die Lösungssuche erfolgt im Rahmen von Teilmodell drei, vier und fünf.

Mit der Entscheidung für eine Vorhabensrealisierung erfolgt der Entwicklungsprojektstart und damit der Beginn von Teilmodell drei (Technische Lösungsdetaillierung). Teilmodell drei ist Bestandteil des Gestaltungsmoduls, erfolgt jedoch zeitlich parallel zum Analysemodul (Teilmodell vier und Teilmodell fünf). Auch wenn die Ergebnisse aus Teilmodell drei essenziell für die Durchführbarkeit und damit indirekt für das Ergebnis von Teilmodell vier und Teilmodell fünf sind, leisten die Tätigkeiten des Planenden in Teilmodell drei keinen direkten Beitrag zur Lösung des Formalproblems. Vielmehr tragen die Tätigkeiten des Planenden dazu bei, das technische System auf den gewünschten Zielreifegrad zu bringen. Sie dienen damit unmittelbar der projektspezifischen, technischen Lösung und damit dem Realsystem. Teilmodell drei ist ebenso wie Teilmodell eins als Erklärungsmodell ausgeführt. Die Ergebnisse aus Teilmodell drei werden kontinuierlich an Teilmodell vier übergeben.

Das Analysemodul besteht aus Teilmodell vier und Teilmodell fünf und wird zeitlich parallel zu Teilmodell drei ausgeführt. Beide Teilmodelle sind in ihrer Konstitution als Vorhersagemodell ausgeführt, deren Ergebnisse miteinander in Bezug gesetzt werden. Somit erfolgt am Ende des Analysemoduls die Substitutionsentscheidung. Übersteigt der prognostizierte Wertschöpfungsverlust im Fall einer Substitutionsumsetzung auf Ebene des Produktionssystems (Ergebnis aus SEL 5.2) die erwarteten Kosten, das Ausfallrisiko des Substituts zu reduzieren (SEL 4.2), wird die Substitution nicht zum entsprechenden Zeitpunkt erfolgen. Stattdessen erfolgt eine Rückkopplung in Teilmodell drei in Form zusätzlicher Entwicklungsumfänge. Übersteigen die erwarteten Kosten, das Ausfallrisiko des Substituts (SEL 4.2) weiter zu reduzieren, den erwarteten Wertschöpfungsausfall (SEL 5.2), erfolgt die Substitutionsumsetzung (Lösungsauswahl in Anlehnung an HABERFELLNER ET AL.).

4.5 Zwischenfazit

Das vorliegende Kapitel dient der Konzeption der Methodik dieser Arbeit. Hierzu werden zu Beginn die für diese Arbeit notwendigen Grundlagen der Methodikgestaltung dargelegt. Basierend auf der Definition des Methodikbegriffs nach NEUHAUSEN werden gemäß der allgemeinen Modelltheorie Modellmerkmale und Modellarten vorgestellt. Den methodischen Grundstein für die entwickelte Methodik legt das Konzept der Systemtechnik bzw. des Systems Engineering. Die Arbeiten von PATZAK und HABERFELLNER ET AL. haben sich bei der Lösung vergleichbarer methodischer Problemstellungen wie der vorliegenden bereits als zielführend erwiesen, weshalb auch in Rahmen dieser Arbeit auf die beschriebenen Ansätze zurückgegriffen wird. In Ergänzung der formalen Anforderungen (vgl. Kapitel 3.1.2) erfolgt die inhaltliche Eingrenzung und zeitlichen Einordung der entwickelten Methodik. Somit sollen mögliche Anwender für die Nutzung hinsichtlich Möglichkeiten und Grenzen der Methodik sensibilisiert werden. Anschließend erfolgt die Konzeptionierung der Methodik. Die Methodik ist in drei Module (Initiierungs-, Analyse- und Gestaltungsmodul) sowie fünf Teilmodelle gegliedert. Teilmodell eins ist als Erklärungsmodell ausgeführt, besteht aus drei Systemelementen, und dient der initialen Bewertung der Vorhabenskomplexität. Teilmodell zwei ist als Entscheidungsmodell ausgeführt und zielt auf die Entscheidung über die Vorhabensrealisierung ab. Teilmodell zwei besteht aus drei Systemelementen. Teilmodell drei, Teilmodell vier und Teilmodell fünf erfolgen zeitlich parallel und sind iterativ ausgeführt. Teilmodell drei besteht aus vier Systemelementen und dient der Überprüfung des Zielreifegrads des Substituts aus Sicht des Planenden. Teilmodell vier und Teilmodell fünf bestehen je aus zwei Systemelementen und resultieren in der Substitutionsentscheidung.[189] Die Substitutionsentscheidung basiert auf dem Abgleich von prognostiziertem Wertschöpfungsverlust im Fall einer Substitutionsumsetzung (Teilmodell fünf) und Kosten für die Reduktion des Ausfallrisikos durch zusätzliche Entwicklungs- und Validierungsumfänge (Teilmodell vier).

Die entwickelte Aufbau- und Ablaufstruktur wird in ihrem Konzept den inhaltlichen und formalen Anforderungen an eine Methodik gemäß Zielsetzung der vorliegenden Arbeit[190] bis hierher gerecht. Die Detaillierung der Methodik erfolgt in Kapitel 5.

[189] Entscheidung über die Substitutionsdurchführung
[190] Siehe Kapitel 1.2

5 Detaillierung

Im vorliegenden Kapitel erfolgt die Detaillierung der Methodik in der Reihenfolge der Ablaufstruktur, wobei Teilmodell drei, Teilmodell vier und Teilmodell fünf parallel durchgeführt werden. Zu Beginn jeder Detaillierung eines Teilmodells erfolgt die Beschreibung der Eingangs- und Ausgangsgrößen sowie das grundsätzliche Vorgehen. Bei der Beschreibung der Ein- und Ausgangsgrößen werden außerdem die jeweils durch das Vorgehen betroffenen Teilmodelle aufgeführt.

5.1 Teilmodell I: Klassifizierung der Technologiesubstitution

Teilmodell eins dient der initialen Bewertung der Vorhabenskomplexität und hat die Abgrenzung des Betrachtungsgegenstands – also den durch die Substitution betroffenen Abschnitt des Produktionssystems – sowie die Beschreibung von Auswirkungen auf vor- und nachgelagerte Prozesse zum Ergebnis. Abbildung 5-1 stellt die wesentlichen Eingangs- und Ausgangsgrößen des Teilmodells, das Vorgehen sowie die verwendeten Hilfsmittel dar.

Klassifizierung der Technologiesubstitution			
Modul	*Initiierungsmodul*	Teilmodell	*1*
Zielsetzung	*Initiale Bewertung der Vorhabenskomplexität*		
Eingangsgröße	Vorgehen	Ausgangsgröße	
• *Zu substituierende(r) Prozess(e) (-)* • *Produktionslayout (-)* • *Materialflussplan (-)* • *Produktionskennzahlen (-)* • *Limitationen des Produktionssystems (-)* • *Zukünftiges Produktionsprogramm (-)*	• *Iterative Analyse der Prozesswechselwirkungen (SEL 1.1)* • *Stillstandsplanung (SEL 1.2)* • *Systemschnitt (SEL 1.3)* • *Lastenhefterstellung (-)*	• *Prozessinterdependenzen ausgehend vom zu substituierenden Prozess (TM 2, TM 5)* • *Stillstandsszenarien (TM 2, TM 5)* • *System- und Halbzeugschnittstellen (TM 2, TM 3)*	
Hilfsmittel	*Design Structure Matrix (DSM)*		
Kernergebnis	*Abgrenzung des Betrachtungsgegenstands und Auswirkungsbeschreibung auf vor- und nachgelagerte Prozesse*		

Abbildung 5-1 Klassifizierung der Technologiesubstitution

Zu Beginn des Teilmodells erfolgt eine Interdependenzanalyse n-ter Ordnung (SEL 1.1) zur Identifikation von Prozesswechselwirkungen auf Abschnitte des Produktionssystems, welche nicht Teil des Substituts sind, aber gegebenenfalls von der Substitution betroffen sind. Auf Grundlage der Ergebnisse der Interdependenzanalyse erfolgt die Entwicklung von Stillstandsszenarien im Fall einer Substitution (SEL 1.2) ebenso wie die Festlegung eines Systemschnitts (SEL 1.3). Bei der Entwicklung von Stillstandsszenarien werden statische Charakteristika des Produktionssystems ebenso berücksichtigt wie das im Betrachtungszeitraum geplante Produktionsprogramm. Der Systemschnitt erfolgt nicht nur auf Grundlage mechatronischer Schnittstellen des Substituts, sondern berücksichtigt ebenso Halbzeugschnittstellen, die ein Ein- und

Ausschleusen von Halbzeugen ermöglichen. Dies ist erforderlich um während der technischen Detaillierung (Teilmodell drei) einen erneuten Designverifikationsprozess zu ermöglichen.

5.1.1 Iterative Analyse von Prozesswechselwirkungen

Um die Auswirkungen einer Technologiesubstitution auf vor- und nachgelagerte Prozesse zu Beginn initial bewerten zu können, ist eine Untersuchung der Prozesswechselwirkungen ausgehend vom Substitut erforderlich (SEL 1.1). Zur Darstellung der Prozesswechselwirkungen innerhalb des Produktionssystems wird die Design Structure Matrix (DSM) verwendet. Die DSM ist ein Werkzeug, um Elemente eines Systems und deren Interaktion darzustellen und eignet sich besonders für die Anwendung in komplexen technischen Systemen.[191] Die Darstellung der Prozesswechselwirkungen erfolgt in Reihenfolge des Fertigungsprozesses respektive des Materialflusses. Da Fertigungsprozesse innerhalb eines verketteten Produktionssystems für gewöhnlich in einer sequenziellen oder parallelen Ablaufstruktur verankert sind und keine Iteration zwischen einzelnen Fertigungsstationen erfolgt,[192] sind die Wechselwirkungen innerhalb des Produktionssystems ausschließlich oberhalb der Diagonalen aufgeführt (vgl. Abbildung 5-2).[193]

Beeinflussender Prozessschritt	Wechselwirkungen	Prozess 1	Prozess 2	Prozess 3	Prozess 4	Prozess 5	Prozess 6	Prozess 7	Prozess 8	Prozess 9	Prozess 10
	Beeinflusster Prozessschritt	1	2	3	4	5	6	7	8	9	10
1	Prozess 1		0	2	2	2	2	1	1	0	2
2	Prozess 2			0	2	0	0	0	1	2	2
3	Prozess 3				2	1	1	1	1	0	0
4	Prozess 4					2	2	1	0	0	0
5	Prozess 5						2	2	1	0	0
6	Prozess 6							2	2	0	0
7	Prozess 7								2	0	0
8	Prozess 8									0	2
9	Prozess 9										2
10	Prozess 10										

2	starker Einfluss
1	mittlerer Einfluss
0	kein Einfluss

Abbildung 5-2 Wechselwirkungen innerhalb eines Produktionssystems (DSM)

Auf Basis der Wechselwirkungen innerhalb des Produktionssystems (vgl. Abbildung 5-2) erfolgen anschließend Interdependenzanalysen ausgehend vom Substitut. Die Interdependenzanalysen erfolgen mehrstufig sowie vorwärts und rückwärts gerichtet.

191 vgl. Eppinger et al. (Design Structure Matrix Methods) 2012, S. 2.
192 vgl. Eppinger et al. (Design Structure Matrix Methods) 2012, S. 134.
193 Eine ähnliche Darstellungsform u.a. in Kampker et al. (Ex-Ante Process-FMEA) 2018.

Eine mehrstufige Analyse ermöglicht die Betrachtung durch die Substitution betroffener Prozessschritte sowie deren Auswirkungen auf wiederum vor- und nachgelagerte Prozesse. Somit kann gewährleistet werden, dass auch Wirkzusammenhänge betrachtet werden, die nicht direkt das Substitut betreffen oder von diesem ausgehen aber trotzdem im Fall einer Substitution zu berücksichtigen sind. Abbildung 5-3 zeigt den Zusammenhang zwischen Prozesswechselwirkungen und vorwärts sowie rückwärts gerichteten Interdependenzanalysen n-ter Ordnung (hier zwei rückwärts gerichtete und drei vorwärts gerichtete Interdependenzanalysen).

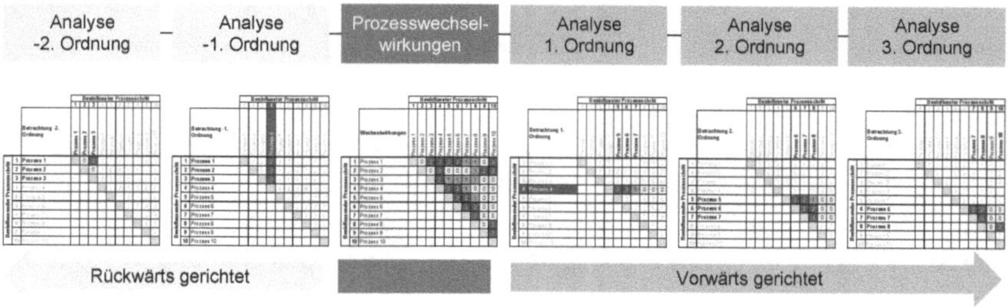

Abbildung 5-3 Wechselwirkungen und Interdependenzanalysen n-ter Ordnung

Die iterative Analyse der Interdependenzen endet mit dem Zeitpunkt, an dem ausschließlich sich bedingende Prozesse betrachtet werden (Redundanz) oder Prozesse betroffen sind, die aufgrund ihrer Konstitution aus dem Produktionssystem entkoppelt betrachtet werden können (Entkopplung).

Bei vorwärts gerichteten Interdependenzanalysen erfolgt die Betrachtung aller dem Substitut folgenden Prozesse (vgl. Abbildung 5-4). Im Beispiel aus Abbildung 5-4 soll Prozess vier substituiert werden. Diesem Prozess nachfolgend stehen die Prozesse fünf bis zehn. Die Interdependenzanalyse erster Ordnung ergibt, dass Prozess vier, Prozess fünf und Prozess sechs stark beeinflusst. Gegenüber Prozess sieben besteht eine mittlere Beeinflussung. Die Prozesse acht bis zehn werden nicht beeinflusst. In der Interdependenzanalyse zweiter Ordnung wird deutlich, dass Prozess fünf, Prozess sechs und Prozess sieben stark beeinflusst. Hinsichtlich Prozess acht liegt eine mittlere Beeinflussung vor, bezogen auf Prozess neun und Prozess zehn keine. Prozess sechs beeinflusst Prozess sieben und Prozess acht stark wobei Prozess neun und Prozess zehn nicht beeinflusst werden. Somit wird deutlich, dass Prozess acht im Zuge der weiteren Betrachtung mit berücksichtigt werden muss auch wenn keine direkte Wechselwirkung zwischen Prozess vier (Substitut) und Prozess acht in erster Instanz vorliegt. Prozess sieben beeinflusst ebenfalls Prozess acht – gegenüber Prozess neun und Prozess zehn liegt keine Beeinflussung vor. Die Interdependenzanalyse dritter Ordnung zeigt, dass Prozess sechs und Prozess sieben sich ausschließlich gegenseitig beeinflussen. Somit liegt eine Redundanz vor. Prozess acht beeinflusst Prozess zehn, wobei Prozess zehn aufgrund seiner Konstitution entkoppelt betrachtet werden kann. Somit erfolgt keine weitere vorwärts gerichtete Interdependenzanalyse.

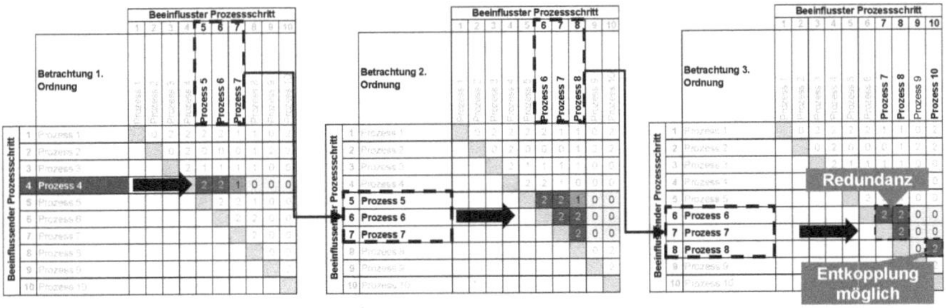

Interdependenzanalyse 1. Ordnung **Interdependenzanalyse 2. Ordnung** **Interdependenzanalyse 3. Ordnung**

Abbildung 5-4 Interdependenzanalyse n-ter Ordnung (vorwärtsgerichtet)

Bei rückwärts gerichteten Interdependenzanalysen erfolgt die Betrachtung aller Prozesse, die dem Substitut vorgelagert sind (vgl. Abbildung 5-5). Prozess vier (Substitut) wird durch Prozess eins, Prozess zwei und Prozess drei stark beeinflusst. Prozess eins beeinflusst Prozess drei stark. Ist jedoch ohnehin bereits aufgrund der rückwärts gerichteten Interdependenzanalyse erster Ordnung Betrachtungsgegenstand. Es besteht eine Redundanz in der rückwärts gerichteten Interdependenzanalyse zweiter Ordnung, sodass keine weitere Interdependenzanalyse erfolgt.

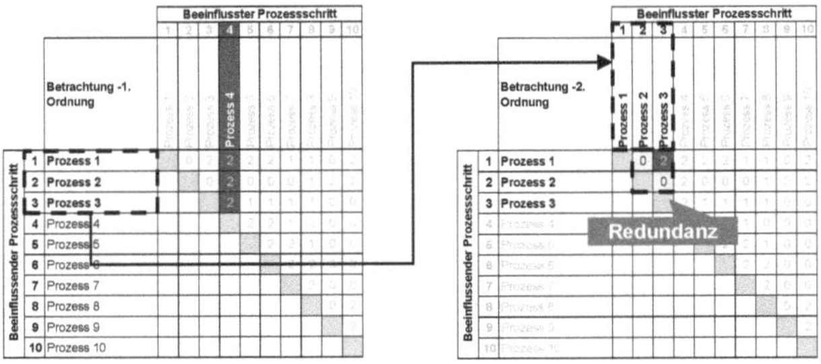

Interdependenzanalyse -1. Ordnung **Interdependenzanalyse -2. Ordnung**

Abbildung 5-5 Interdependenzanalyse n-ter Ordnung (rückwärtsgerichtet)

Um den Betrachtungsraum (identifizierte Prozesse, die das Substitut beeinflussen oder durch die das Substitut beeinflusst werden) weiter einzugrenzen und die folgenden Untersuchungen effizient zu gestalten ist die Definition von Übergabezuständen zwischen den betrachteten Prozessen sinnvoll. Dies erfolgt anhand der Beschreibung von Halbzeug-Eigenschaften zwischen den einzelnen Prozessen und der Bewertung über deren Relevanz. Die Bewertung der Relevanz erfolgt binär basierend auf produktionshistorischen Daten[194]. Auch die Ergebnisse aus Laboruntersuchungen – sofern vorhanden – können hierbei berücksichtigt werden. Besteht Unsicherheit über die

[194] Ausschussraten und in der Produktionshistorie identifizierte Fehlerfolgen

Relevanz der Halbzeug-Eigenschaften, sollten diese im weiteren Projektverlauf mitbetrachtet werden.

Prozess Nr	4
Prozess Name	Korb fügen

Beschreibung der Halbzeugeigenschaften

Prozesseingang

Nr.	Halbzeugeigenschaft	Beeinflusst durch	Soll-Wert	Ist-Wert	Relevanz	Begründung (bei Irrelevanz)
1	Anzahl Pins	Prozess 3 (Vormontage)	48	48	nein	Bei Nichterfüllung Fehler in Automatisierung
2	Position der Pins in x-Richtung	Prozess 3 (Vormontage)	+/- 600µm	n.n.	ja	
3	Position der Pins in y-Richtung	Prozess 3 (Vormontage)	+/- 400µm	n.n.	ja	
4	Position der Pins in z-Richtung	Prozess 3 (Vormontage)	+/- 900µm	n.n.	ja	
5	Position Nutgrundpapier	Prozess 2 (Nutgrundisolation)	faltenfrei	faltenfrei	ja	
6	Drahtabmaße	Materiallieferant	4,05 mm x 2,1 mm	+/- 200µm	ja	
7	...	...	...	...	...	...
8	...	...	...	...	...	...
9	...	...	...	...	...	...
10	...	...	...	...	...	...

Prozessausgang

Nr.	Halbzeugeigenschaft	Beeinflusst (Prozess Nr.)	Soll-Wert	Ist-Wert	Relevanz	Begründung (bei Irrelevanz)
1	Position der Pins in x-Richtung	Prozess 5 (Separieren)	+/- 600µm	n.n.	ja	
2	Position der Pins in y-Richtung	Prozess 5 (Separieren)	+/- 400µm	n.n.	ja	
3	Position der Pins in z-Richtung	Prozess 5 (Separieren)	+/- 900µm	n.n.	ja	
4	Wickelkopfhöhe	Prozess 5 (Separieren)	250 mm	+/- 2mm	ja	
5	...	...	...	...	...	...
6	...	...	...	...	...	...
7	...	...	...	...	...	...
8	...	...	...	...	...	...
9	...	...	...	...	...	...
10	...	...	...	...	...	...

Abbildung 5-6 Beschreibung von Halbzeug-Eigenschaften (Beispiel)

Ergänzend zu den Halbzeug-Eigenschaften muss darüber hinaus eine Aussage über durch das Vorhaben betroffene Systemschnittstellen (vgl. Kapitel 5.1.3) mitbetrachtet werden. Im Ergebnis von SEL 1.1 steht eine Übersicht von der geplanten Substitution betroffener weiterer Prozesse. Diese dienen als Eingangsinformation für die Stillstandsplanung (SEL 1.2), den Systemschnitt (SEL 1.3), die Schnittstellenprüfung (SEL 2.2), das Absicherungskonzept in der frühen Phase (SEL 2.3) und die deterministische Szenarioanalyse (SEL 5.1).

5.1.2 Stillstandsplanung

Die Stillstandsplanung (SEL 1.2) erfolgt in Abhängigkeit des Produktionslayouts, der Prozesswirkzusammenhänge (Ergebnis aus SEL 1.1), des Materialflusses sowie des Produktionsprogramms unter Berücksichtigung von unabhängig der Substitution geplanten Stillstände, bspw. aufgrund von Wartungs- und Instandhaltungsintervallen oder unternehmensspezifischer weiterer Gründe. Notwendige Referenzgröße zur Bewertung der als Ergebnis stehenden Stillstandsszenarien ist eine erste Prognose über die erwartete Umbauzeit der Technologiesubstitution. Unter der Prämisse, dass es sich bei dem Vorhaben um einen Umbau handelt, der in gleicher Art noch nicht an anderer Stelle erfolgt ist, wird empfohlen, den Zeitrahmen anzusetzen, der für den entsprechenden Produktionssystemabschnitt bei einem Neuaufbau – die Zeit der Inbetriebnahme ebenso berücksichtigend – veranschlagt werden würde.

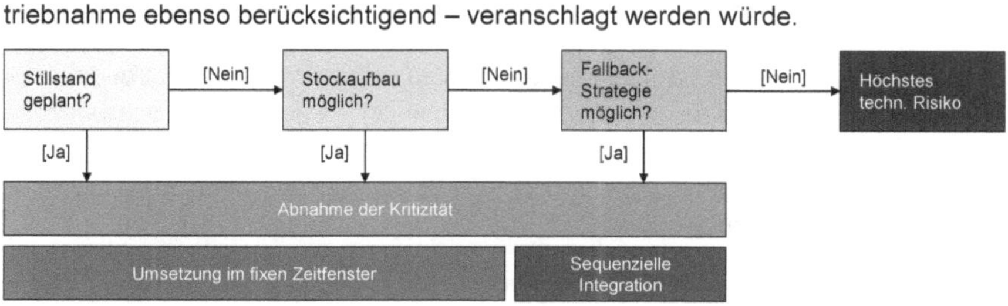

Abbildung 5-7 Kausalzusammenhänge Kritizität und Produktionssystemstillstand

Die beschriebenen Rahmenbedingungen haben direkten Einfluss auf die Stillstandszeit und damit auf den Output des Produktsystems. Insofern lässt sich eine Korrelation zwischen prognostiziertem Wertschöpfungsverlust über die Zeit des Umbaus und damit dem Grad des mit dem Vorhaben verbunden technischen Risikos ableiten. Zur Ableitung von Stillstandsszenarien sollen drei allgemeingültige und adaptierbare Leitfragen dienen (vgl. Abbildung 5-7):

- Ist unabhängig der Substitution ein Stillstand geplant?
- Besteht die Möglichkeit eines Stock-Aufbaus zur Kompensation des erwarteten Stillstands?
- Besteht die Möglichkeit einer Fallback-Strategie?

Ist unabhängig der geplanten Substitution ein Stillstand des Produktionssystems geplant, besteht die Möglichkeit ebendieses Zeitfenster zur Substitutionsumsetzung zu nutzen (vgl. Abbildung 5-8). Zu berücksichtigen sind in diesem Fall zeitliche Puffer für die Inbetriebnahme und unvorhergesehene Problemstellungen beim Umbau und der Inbetriebnahme. Übersteigt die prognostizierte Umbauzeit das verfügbare Zeitfenster, sollte eine Überprüfung der Lagerhaltungsstrategie erfolgen. Vor dem Hintergrund des dieser Arbeit zugrundeliegenden Praxisdefizits ist davon auszugehen, dass die Technologiesubstitution über ein hohes Initialrisiko verfügt. Deshalb wird für die weitere Betrachtung davon ausgegangen, dass kein ausreichendes Zeitfenster zur Verfügung steht, um die Technologiesubstitution durchzuführen.

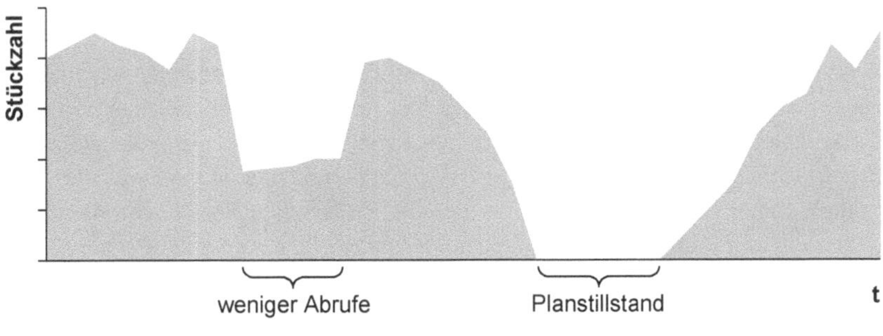

Abbildung 5-8 Zeitpunkte zur Substitutionsumsetzung bei Planstillstand

Steht kein ausreichendes Zeitfenster zur Verfügung ist im nächsten Schritt die Lagerhaltungsstrategie zu prüfen. Auch wenn eine Just-in-Time- oder Just-in-Sequence-Strategie zur Vermeidung von Lagerhaltungskosten verfolgt wird, kann ein langfristiger Stock-Aufbau ein Weg sein, den durch das Zeitfenster für den Umbau entstehenden Wertschöpfungsverlust bzw. Lieferengpässe zu vermeiden (vgl. Abbildung 5-9). Beim Stock-Aufbau sind geplante Einführungen neuer Produktgenerationen sowie zertifizierungsrelevante Bauteiländerungen zu berücksichtigen.

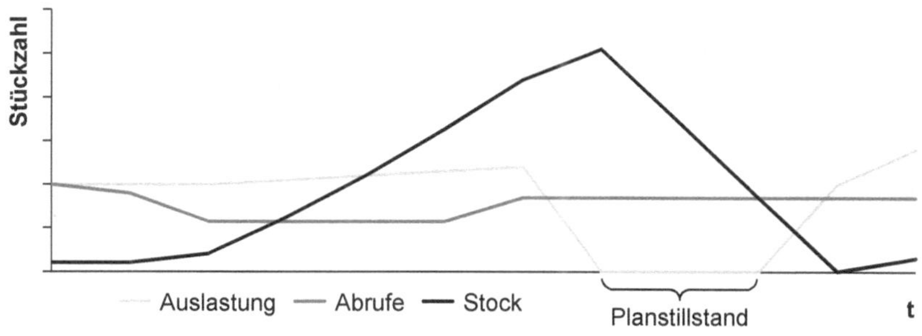

Abbildung 5-9 Lagerhaltungsstrategie zur Sicherstellung von Teileverfügbarkeit

Sind die Möglichkeiten der Nutzung geplanter Stillstände und die eines Stock-Aufbaus geprüft, erfolgt die Entwicklung von Fallback-Strategien. Diese dienen der Reduktion des prognostizierten Wertschöpfungsverlusts zum Zeitpunkt des Anlagenumbaus und stehen in direkter Abhängigkeit zum Produktionslayout und Materialfluss. Insbesondere in taktzeit-sensitiven Produktionssystemen kann es vorkommen, dass die Prozesszeiten von einzelnen Anlagen den Linientakt überschreiten. In solchen Fällen besteht die Möglichkeit, baugleiche Anlagen zu vervielfachen und den Prozess zu parallelisieren (vgl. Abbildung 5-10). Handelt es sich bei einer solchen Anlage um das Substitut kann durch einen sequenziellen Umbau (Anlage für Anlage) ein ganzheitlicher Stillstand des Produktionssystems vermieden werden. Da zu erwarten ist, dass die Substitution trotzdem mit einem Wertschöpfungsverlust einhergeht, ist das Zeitfenster des Umbaus auch in diesem Fall möglichst klein zu halten.

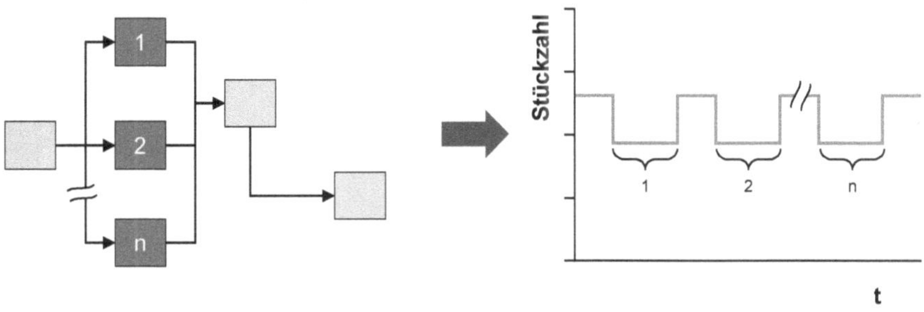

Abbildung 5-10 Auswirkungen von Fallbackstrategien auf die Verfügbarkeit

Handelt es sich beim Substitut um einen Engpass, ist zu prüfen, ob die Anlage parallel zum bestehenden Produktionssystem aufgebaut und in Betrieb genommen werden kann. Nach Fertigstellung und der Inbetriebnahme kann das Substitut durch eine Adaption des Transportsystems vergleichsweise aufwandsarm und ohne signifikanten Wertschöpfungsverlust in das Produktionssystem integriert werden. Darüber hinaus ermöglicht eine derartige Strategie im Fall unvorhergesehener Probleme durch eine erneute Anpassung des Transportsystems eine Wiedereinbindung der ursprünglichen Anlage, sodass bestehende Fehler behoben werden können. Ist keine der beschriebenen Strategien anwendbar, besteht für die Substitution das höchste technische Risiko. Das Ergebnis von SEL 1.2 besteht einerseits aus einer Übersicht möglicher Engpässe innerhalb des Produktionssystems und andererseits einer ersten Prognose über den erwarteten Wertschöpfungsverlust während der Substitution in Abhängigkeit des Produktionsprogramms. Diese Informationen dienen als Eingangsgrößen für die Bewertung von Lösungsalternativen (SEL 2.1) und das Kostenmodell zur Berechnung des Wertschöpfungsverlusts (SEL 5.2) im Rahmen von Teilmodell fünf.

5.1.3 Systemschnitt

Mit dem Systemschnitt wird der Betrachtungsbereich für die Substitution gegenüber dem Produktionssystem abgegrenzt. Erforderlich ist hierfür eine Berücksichtigung der Wirkzusammenhänge mit vor- oder nachgelagerten Prozessen (Ergebnis aus SEL 1.1) Der Betrachtungsbereich der Substitution ist nicht zwingend deckungsgleich mit dem Substitut. Der Systemschnitt erfolgt unter Berücksichtigung der Systemschnittstellen sowie der Halbzeugschnittstellen. Halbzeugschnittstellen werden hierbei als Schnittstellen innerhalb des Produktionssystems bezeichnet, die das Ein- oder Ausschleusen von Halbzeugen ermöglichen. Dem muss Rechnung getragen werden, damit einerseits die Funktionserfüllung des Substituts geprüft werden (SEL 3.2) und andererseits – sofern erforderlich – ein erneuter Designverfikationsprozess erfolgen kann. Die Systemschnittstellen dienen als Grundlage für SEL 2.2. Halbzeug- als auch Systemschnittstellen dienen darüber hinaus als Eingangsgröße für das Absicherungskonzept in der frühen Phase (SEL 2.3).

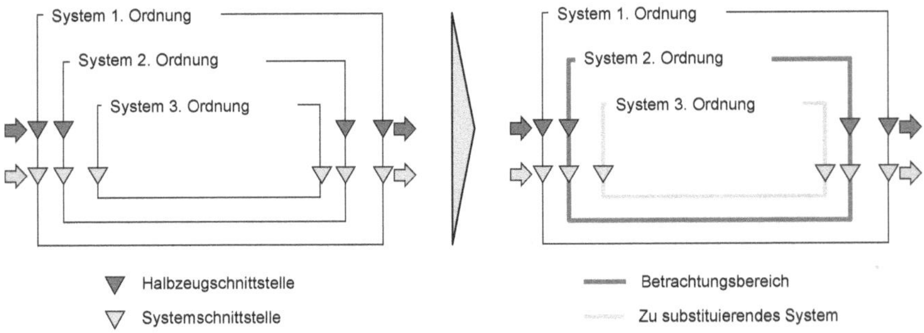

Abbildung 5-11 Systemschnitt

Abbildung 5-11 zeigt ein System mit seinen Subsystemen. Im vorliegenden Beispiel ist das System dritter Ordnung das zu substituierende Subsystem, welches über Systemschnittstellen, jedoch nicht über Halbzeugschnittstellen gegenüber dem System zweiter Ordnung verfügt. In diesem Fall liegt der Betrachtungsbereich auf dem System zweiter Ordnung, da dieses System über Halbzeugschnittstellen gegenüber dem nächsthöheren System verfügt. Zu berücksichtigen ist, dass technische Systeme für gewöhnlich über mehrere Subsysteme verfügen. Entsprechend kann die Betrachtung auf höherer Systemebene dazu führen, dass Eigenschaften in der Bewertung berücksichtigt werden, die nicht aus der Funktion des Substituts, sondern aus anliegenden Subsystemen gleicher Ebene resultieren.

5.2 Teilmodell II: Taktische Lösungsraumidentifikation

Teilmodell zwei dient der Identifikation und Bewertung möglicher technischer Lösungen für die Substitution und hat die Entscheidung über die Vorhabensrealisierung zum Ergebnis. Zu diesem Zeitpunkt erfolgt keine Entscheidung über die tatsächliche Realisierung bzw. den Umbau, sondern es wird eine technische Lösung identifiziert, die im Rahmen der folgenden Teilmodelle detailliert und kontinuierlich hinsichtlich ihres Umsetzungsrisikos bewertet wird. Teilmodell zwei ordnet sich zeitlich in die Phase von Auftragsklärung, Angebotserstellung und Teilrealisierung im zugrunde gelegten Prozess zur Anlagenentwicklung (vgl. Kapitel 4.2.2) ein. Die Realisierung erfolgt mit Auftragserteilung gegenüber dem Maschinen- und Anlagenhersteller und damit zum Startzeitpunkt von Teilmodell drei, Teilmodell vier und Teilmodell fünf. Abbildung 5-12 stellt die wesentlichen Eingangs- und Ausgangsgrößen des Teilmodells, das Vorgehen sowie die verwendeten Hilfsmittel dar.

Taktische Lösungsraumidentifikation			
Modul	*Initiierungsmodul*	Teilmodell	2
Zielsetzung	*Identifikation und Bewertung technischer Lösungen*		

Eingangsgröße	Vorgehen	Ausgangsgröße
• *Prozessinterdependenzen ausgehend vom zu substituierenden Prozess (TM 1)* • *Stillstandsszenarien (TM 1)* • *System- und Halbzeugschnittstellen (TM 1)*	• *Bewertung von Lösungskonzepten (SEL 2.1)* • *Schnittstellenprüfung (SEL 2.2)* • *Entwicklung eines ersten Absicherungskonzepts (SEL 2.3)*	• *Gewichtete Entscheidungskriterien (-)* • *Checkliste (TM 3)* • *Absicherungskonzept in der frühen Phase (TM 3)*

Hilfsmittel	*Paarweiser Vergleich; Morphologischer Kasten ; Nutzwertanalyse; Checkliste; FMEA*
Kernergebnis	*Entscheidung über Vorhabensrealisierung*

Abbildung 5-12 Taktische Lösungsraumidentifikation

In Abhängigkeit des Ergebnisses aus Teilmodell zwei (SEL 2.1) erfolgt die Entscheidung, ob zur Generierung weiterer Informationen, die der Auswahlentscheidung über eine zu realisierende technische Lösung zuträglich sind, eine Teilrealisierung (weiterhin im Rahmen von Teilmodell zwei) erfolgt oder mit der Realisierung (Teilmodell drei) begonnen werden kann. Die Entscheidung mit der Realisierung zu beginnen, impliziert dabei nicht, dass alle für eine Substitution relevanten Informationen vollständig vorliegen, da der eigentliche Entwicklungsprozess erst mit Teilmodell drei bzw. der Auftragserteilung gegenüber dem Maschinen- und Anlagenhersteller beginnt. Eine Teilrealisierung kann beispielsweise ein auf bestimmte Prüfzwecke hin entwickeltes

Funktionsmuster in Form eines Primotyps zum Ergebnis haben.[195] Abbildung 5-13 zeigt den Entscheidungsverlauf über eine Teilrealisierung (TM 2) bzw. den Beginn der Realisierung. Zur Sicherstellung der Effizienz sollten Umfänge von Teilrealisierungen nicht zu weit gefasst werden. Stattdessen ist eine iterative Konstitution in Form – bei Bedarf mehrerer – zeitlich eng aufeinander folgenden Teilrealsierungen zu bevorzugen.

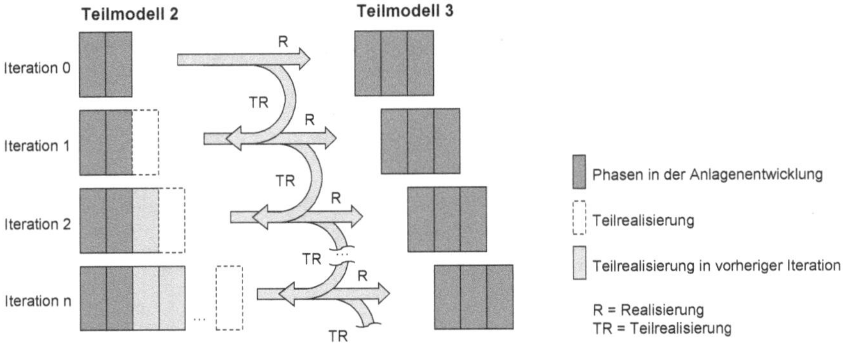

Abbildung 5-13 Iterativer Entscheidungsverlauf über Teilrealisierungen

5.2.1 Bewertung von Lösungsvorschlägen

Der Entscheidung über eine Realisierung bzw. eine Teilrealisierung liegt der Bewertung unterschiedliche technischer Lösungsvorschläge zugrunde. Die Lösungsvorschläge können von verschiedenen Maschinen- und Anlagenherstellern stammen. Hierzu sind in einem ersten Schritt einheitliche und überschneidungsfreie Bewertungskriterien zu definieren. Diese können von technischer, wirtschaftlicher wie auch organisatorischer Natur sein und ermöglichen die Berücksichtigung der in Teilmodell eins entwickelten Stillstandsszenarien (SEL 1.2). Anschließend sind die definierten Bewertungskriterien (hier 14) in ihrer Bedeutung für das Vorhaben zu gewichten (vgl. Abbildung 5-14 links). Dies erfolgt mittels eines paarweisen Vergleichs.

Daraufhin erfolgt je Kriterium eine Zuordnung der jeweils möglichen Ausprägungen (qualitativ oder quantitativ) zu einer Bewertungszahl (hier Punkte zwischen eins und fünf). Überschreitet die Anzahl möglicher Ausprägungen je Kriterium die Anzahl an Bewertungsalternativen, ist je Bewertungszahl ein Ausprägungsspektrum zu definieren. Unterschreitet die Anzahl möglicher Ausprägungen (bspw. aufgrund einer binären Ausprägung) die Anzahl der Bewertungsalternativen so ist eine individuelle Zuordnung zu wählen (siehe Kriterium zwei, vier, fünf, sieben und elf in Abbildung 5-14). Ist die Gewichtung der Kriterien und deren mögliche Ausprägung bestimmt, sind die technischen Lösungsvorschläge gemäß ihrer Ausprägung zu beschreiben. Dies kann unter

[195] Ein Primotyp ist ein vereinfachtes Funktionsmuster und grenzt sich gegenüber konventionellen Prototypen durch stringente Erkenntnis-, Schnittstellen-, Funktions- und Kommunikationsorientierung und eine schnellere Realisierung ab, vgl. Kampker et al. (Think Big Start Small) 2017.

Zuhilfenahme eines morphologischen Kastens (vgl. Abbildung 5-14 Mitte) erfolgen. Abschließend werden die Lösungsvorschläge auf Basis ihrer Ausprägung und der jeweiligen Gewichtung der Kriterien abschließend bewertet. Hierzu kann eine Nutzwertanalyse durchgeführt werden (vgl. Abbildung 5-14 rechts).

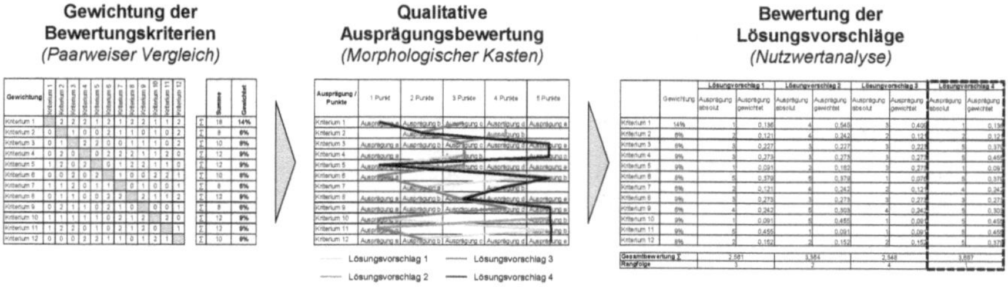

Abbildung 5-14 Vorgehen zur initialen Bewertung der Lösungsvorschläge

Zum Zeitpunkt der initialen Bewertung der Lösungsvorschläge ist zu berücksichtigen, dass etwaige relevante Kriterien unbekannt sein können. Zudem erfolgt die Bewertung in großen Teilen qualitativ, sodass keine absolute Aussage über die Kritizität bzw. den Erfolg eines technischen Lösungsvorschlags getroffen werden kann. Da zu diesem Zeitpunkt jedoch lediglich die Entscheidung über die grundsätzliche Realisierung im Rahmen von Teilmodell drei (Entwicklungsarbeiten und entsprechende Validierungs- und Verifikationsarbeiten berücksichtigend) anstelle einer weiteren Teilrealisierung getroffen wird, wird dieses Vorgehen als hinreichend erachtet. Zu berücksichtigen ist zudem, dass die Ergebnisse der Schnittstellenprüfung (SEL 2.2) und des Absicherungskonzepts (SEL 2.3) als Veto-Funktion in der Entscheidung über den Start der Realisierung (Teilmodell drei) fungieren. Ist ein Lösungsvorschlag aufgrund der initialen Bewertung zu präferieren, kann es trotzdem sein, dass bereits jetzt mögliche Schnittstellenprobleme oder Defizite im Absicherungskonzept identifiziert werden, die vor dem Start der Realisierung näher zu untersuchen sind. Ist dies der Fall, sollte eine weitere Teilrealisierung durchgeführt werden.

5.2.2 Schnittstellenprüfung

Basierend auf den Ergebnissen der Analyse von Wechselwirkungen (SEL 1.1) und des Systemschnitts (SEL 1.3), erfolgt die Prüfung der Schnittstellen zwischen Substitut (technischer Lösungsvorschlag) und Produktionssystem auf erster Ebene. Hierzu wird eine Checkliste mit Leitfragen basierend auf der Hauptmerkmalliste für mechatronische und cyber-physische gemäß VDI/VDE-Richtlinie 2206 formuliert. Die Nutzung einer Merkmalliste zur Erhebung von Anforderungen unterstützt dabei, „eine vollständige, eindeutige, richtige und widerspruchsfreie Spezifikation zu erarbeiten“[196], und geht auf die Arbeiten von PAHL und BEITZ zurück.[197]

---

[196] Verein Deutscher Ingenieure e.V. (VDI); Verband der Elektrotechnik Elektronik Informationstechnik e.V. (VDE) (VDI/VDE 2206) 2021, S. 39.
[197] vgl. Pahl et al. (Konstruktionslehre) 1977, S. 65 ff.

Jede Schnittstelle wird hinsichtlich ihrer Kompatibilität und Kritizität für das weitere Vorhaben bewertet. Das Ergebnis dieser Bewertung hat Einfluss auf die Entscheidung über den Start der Realisierung oder eine Teilrealisierung. In der Bewertung der Schnittstelle wird zwischen „Schnittstelle ist kompatibel", „Schnittstelle ist mit geringem Aufwand adaptierbar", „Schnittstelle ist mit großem Aufwand adaptierbar" und „Schnittstelle ist nicht kompatibel und adaptierbar" unterschieden. Ist eine Schnittstelle nur mit großem Aufwand adaptierbar kann eine Teilrealisierung in Betracht gezogen werden. Tabelle 5-1 zeigt die Checkliste zur Schnittstellenbewertung.

Tabelle 5-1 zur Bewertung der Schnittstellen des Substituts auf Grundlage der Hauptmerkmalliste mechatronischer und cyber-physischer Systeme (VDI/VDE 2206)[198]

Haupt- und Nebenmerkmale			**Leitfragen**
Funktion	Stoff	Eintretende Halbzeuge	Welche Halbzeuge treten in das System in welchem Zustand ein?
		Austretende Halbzeuge	Welche Halbzeuge treten dem System in welchem Zustand aus?
		Eintretende Halbzeuge	Handelt es sich bei den eintretenden Halbzeugen um Schad- oder Gefahrstoffe?
		Austretende Halbzeuge	Handelt es sich bei den austretenden Halbzeugen um Schad- oder Gefahrstoffe?
		Eintretende Hilfsstoffe	Welche Schmierstoffe werden in welchem Zustand eingeführt?
		Eintretende Hilfsstoffe	Welche Kühlmittel werden in welchem Zustand eingeführt?
		Eintretende Hilfsstoffe	Welche Schad- oder Gefahrstoffe werden in das System eingeführt?
		Eintretende Hilfsstoffe	Welche Gase oder Dämpfe werden in das System eingeführt?
		Eintretende Hilfsstoffe	Wird Wasser in das System eingeführt?
		Eintretende Hilfsstoffe	Wird Druckluft in das System eingeführt?
		Stoffspeicherung	Ist eine Stoffspeicherung vorgesehen? Wie erfolgt die Regulierung der Stoffspeicherung?
		Austretende Hilfsstoffe	Welche Schmierstoffe werden in welchem Zustand ausgeführt?
		Austretende Hilfsstoffe	Welche Kühlmittel werden in welchem Zustand ausgeführt?
		Austretende Hilfsstoffe	Welche Schad- oder Gefahrstoffe werden aus dem System ausgeführt?
		Austretende Hilfsstoffe	Welche Gase oder Dämpfe werden aus dem System ausgeführt?

[198] vgl. Verein Deutscher Ingenieure e.V. (VDI); Verband der Elektrotechnik Elektronik Informationstechnik e.V. (VDE) (VDI/VDE 2206) 2021, S. 45 ff.

	Austretende Hilfsstoffe	Wird Wasser aus dem System ausgeführt?
	Austretende Hilfsstoffe	Wird Druckluft aus dem System ausgeführt?
Energie	Eingangsenergie	Wie erfolgt die elektrische Energiezufuhr?
	Eingangsenergie	Wie erfolgt die pneumatische Energiezufuhr?
	Eingangsenergie	Wie erfolgt die mechanische Energiezufuhr?
	Eingangsenergie	Wird das System mit weiteren Energieformen versorgt? (z.B. thermisch, optisch, chemisch)
	Leistung	Welche Leistungen benötigt das System? (elektrisch, pneumatisch, mechanisch etc.)
	Energiespeicherung	Ist Energiespeicherung vorgesehen? Wie erfolgt die Regulierung der Energiespeicherung?
	Energiebilanz	In welchen Teilen des Systems entstehen energetische Verluste? Wie werden diese kontrolliert?
	Energiebilanz	Wie erfolgt die Einhaltung definierter energetischer Vorgaben? (z.B. Temperatur, Druck)
	Ausgangsenergie	Wie verlässt welche Energieform das System?
Signal	Eingangsinformationen	Welche Eingangsinformationen sollen in das System gelangen?
	Eingangsinformationen	Wie erfolgt die Eingabe von Befehlen?
	Ausgangsinformation	Welche Ausgangsinformationen sollen in das System gelangen?
	Ausgangsinformation	Wie erfolgt die Ausgabe von Befehlen?
	Überwachungsgeräte	Welche Sensoren oder Messysteme interagieren mit der Systemumgebung?
	Datenaustausch	Wie erfolgt der Datenaustausch im System?
	Datenaustausch	Wie erfolgt der Datenaustausch außerhalb des Systems?
	Datenspeicherung	Wie erfolgt die Datenspeicherung im System?
	Datenspeicherung	Wie erfolgt die Datenspeicherung außerhalb des Systems?
Software	Netzwerk	Welche Softwareschnittstellen bestehen zur Systemumgebung?
	Automatisierung	Welche ERP-Informationen werden eingegeben?
	Automatisierung	Welche ERP-Informationen werden ausgegeben?
	Automatisierung	Welche MES-Informationen werden eingegeben?
	Automatisierung	Welche MES-Informationen werden ausgegeben?

		Automatisierung	Welche SCADA-Informationen werden eingegeben?
		Automatisierung	Welche SCADA-Informationen werden ausgegeben?
		Automatisierung	Welche SPS-Informationen werden eingegeben?
		Automatisierung	Welche SPS-Informationen werden ausgegeben?
		Code	Welche Programmiersprachen werden verwendet?
		Code	Besteht ein Zugang zum Programmcode?
		Update	Welche Art der Datenübertragung wird zum Flashen verwendet?
		Update	Welche Art der Datenübertragung wird zum Update und zur Fernwartung verwendet?
Struktur	**Geometrie**	Abmessung	Werden die vorgegebenen, geometrischen Abmessungen eingehalten?
		Anordnung	Wird die vorgesehene Positionierung des Systems eingehalten?
		Anschluss	Sind die räumlichen Voraussetzungen zum Anschluss des Systems erfüllt?
	Mechanik	Lastverteilung	Sind Flächen- und Punktlasten zu berücksichtigen?
		Wärmeführung	Wie wird die thermische Energie aus dem System geleitet (Wärmeleitung, Gebläse etc.) oder wie verhalten sich thermische Anomalien?
		Kinematik	Welche Bewegungen werden im System mit Auswirkungen auf die Systemumgebung umgesetzt?
		Kinematik	Welche Geschwindigkeiten werden im System mit Auswirkungen auf die Systemumgebung umgesetzt?
		Kinematik	Welche Beschleunigungen werden im System mit Auswirkungen auf die Systemumgebung umgesetzt?
		Schwingungen	Verursacht das System Schwingungen, die zu Störungen innerhalb oder außerhalb des Systems führen?
	Elektrik	Nennspannung	Welche elektrischen Spannungen sind zu berücksichtigen?
		Nennströme	Welche Nennströme werden benötigt?
		Netz-schwankungen	Welche Auswirkungen haben Netzschwankungen auf das System?
		Sicherung	Ist ein unabhängiges Sicherungssystem vorgesehen?
		Schirmung	Sind Teile des Systems abzuschirmen?
		Filterung	Ist eine Filterung elektrischer Signale erforderlich?
		EMV	Haben systeminterne oder -externe induzierte Störungen Auswirkungen auf die Systemumgebung?
		Isolation	Sind Teile des Systems elektrisch zu isolieren?

		Integration	Welche Vorgaben zur Integration von Softwaretechnik sind zu berücksichtigen?
		Versionierung	Wie erfolgt die Versionierung des Systems?
		Schnittstellen	Welche systemexternen Datenschnittstellen sind zu berücksichtigen?
		Updates	Über welchen Weg gelangen Updates in das System?
		Hardware	Werden besondere Anforderungen an IT-Hardware-Schnittstellen gestellt?
		Testbarkeit	In welchem Umfang soll Testbarkeit gewährleistet werden?
		Entwicklungsumgebung	Welche Entwicklungsumgebung ist systemextern zu berücksichtigen?
		Programmiersprache	Welche Programmiersprachen werden verwendet?
		Datensicherung	Welcher Ort ist zur Datenverwaltung vorgesehen?
		Code	Wie soll die Wartbarkeit der Software erfolgen?
		Echtzeitanforderungen	Welche Elemente müssen echtzeitfähig sein? Wie sind die entsprechenden Schnittstellen beschrieben?
	Software	Datenschutz	Welche Maßnahmen sind zu treffen, um Daten vor unbefugtem Zugriff zu schützen?

Neben der Veto-Funktion in Bezug auf die Entscheidung zur Realisierung (SEL 2.1) dient das Ergebnis der Schnittstellenbewertung als Grundlage für die Entwicklung von Validierungsbausteinen zur Prüfung von Schnittstellen (SEL 3.3).

5.2.3 Absicherungskonzept in der frühen Phase

Im Rahmen des Absicherungskonzepts in der frühen Phase erfolgt eine erste Bewertung des technischen Risikos, das von dem Substitut ausgeht. Hierzu dienen Teile der Methode der Fehler-Möglichkeits- und Einfluss-Analyse (FMEA) als Grundlage. Das methodische Ziel einer FMEA liegt in der „Ermittlung und Bewertung potenzieller Fehler (Auftreten, Bedeutung und Entdeckung) und Festlegung von Maßnahmen zur Reduzierung von Risiken" und eignet sich zur Überprüfung der Einhaltung von Funktionsanforderungen sowie der Entdeckung von Fehlerursachen.[199] Da Ziel und Eignung deckungsgleich gegenüber der Zielsetzung dieses Systemelements sind und die FMEA breite Anwendung in der Automobil- und Zuliefererindustrie findet, eignet sie sich als Bestandteil der vorliegenden Methodik.
Es werden drei Fälle unterschieden, in denen FMEA angewendet werden. Darüber hinaus bestehen mit der Analyse von Produktfunktionen (Design-FMEA[200]) und der

[199] vgl. Verband der Automobilindustrie e.V. (VDA) (Qualität in der Prozesslandschaft) 2020, S. 8.
[200] Auch DFMEA

Analyse von Prozessschritten (Prozess-FMEA[201]) zwei Arten von FMEA-Ansätzen.[202] Abbildung 5-15 zeigt die gemäß FMEA-Handbuch unterschiedenen Fälle und Arten von FMEA sowie die Einordung des Anwendungsfalls im Kontext der vorliegenden Arbeit.

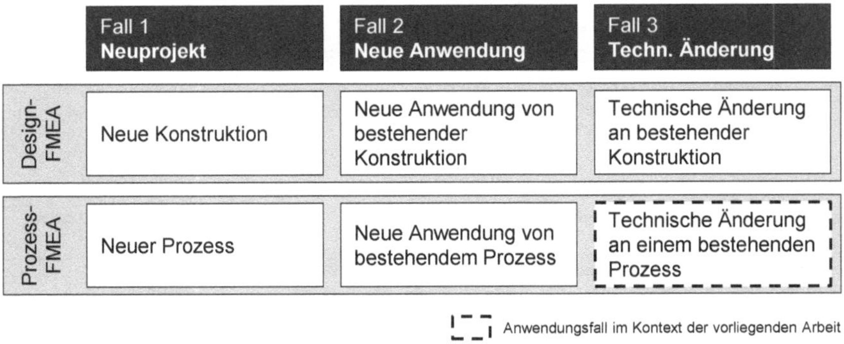

Abbildung 5-15 Einordnung der FMEA im Kontext der vorliegenden Arbeit[203]

Bei einer technischen Änderung an einem bestehenden Prozess wird gemäß FMEA-Ansatz eine Revision oder Überarbeitung einer bereits vorliegenden FMEA zugrunde gelegt.[204] Zur Wahrung der Handhabbarkeit (vgl. Kapitel 3.1.2) wird jedoch auch der Fall berücksichtigt, dass keine derartigen Vorarbeiten bestehen. In einer PFMEA werden mögliche Fehlerarten analysiert, „[...] um Prioritäten für Vermeidungsmaßnahmen festzulegen und, soweit nötig, Verbesserungsmaßnahmen“, wobei das Ziel „[...] die Prozessanalyse und Maßnahmenumsetzung vor Produktionsstart“ ist.[205] Das vorliegende SEL ist im zeitlichen Ablauf der Methodik vor der Vorhabensrealisierung (Beginn TM 3) verortet (vgl. Kapitel 4.4). Deshalb haben die im Rahmen dieses SEL entwickelten Vermeidungs- und Verbesserungsmaßnahmen direkten Einfluss auf die Bewertung der Lösungskonzepte (SEL 2.1) und dienen – sofern die technologische Lösung ausgewählt und realisiert wird – als Grundlage für das Absicherungskonzept in der Realisierung (SEL 3.4). Die Maßnahmenumsetzung kann in Form einer Teilrealisierung erfolgen oder wird als Entwicklungsaufgabe in der Realisierung berücksichtigt. Entsprechend berücksichtigt das Absicherungskonzept in der frühen Phase lediglich die ersten vier Schritte des FMEA-Vorgehens. Abbildung 5-16 zeigt die sieben allgemeinen Schritte der FMEA nach der Harmonisierung durch VDA und AIAG im Jahr 2019.[206]

---

[201] Auch PFMEA
[202] vgl. Automotive Industry Action Group (AIAG) et al. (FMEA-Handbuch) 2019, 20f.
[203] Eigene Darstellung
[204] vgl. Automotive Industry Action Group (AIAG) et al. (FMEA-Handbuch) 2019, S. 20.
[205] Automotive Industry Action Group (AIAG) et al. (FMEA-Handbuch) 2019, S. 22.
[206] Im Jahr 2019 erfolgte die Harmonisierung des FMEA-Vorgehens durch den Verband der Automobilindustrie (VDA) und die Automotive Industry Action Group (AIAG) mit dem Ziel der Schaffung einer gemeinsamen, übergreifenden Basis für FMEA in der Automobilindustrie. Das hieraus entstandene

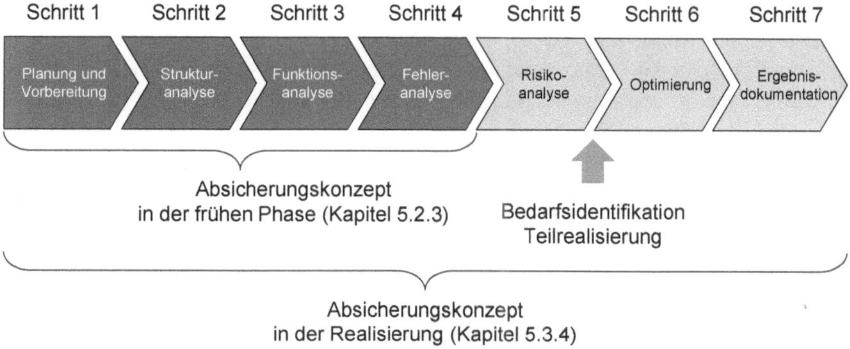

Abbildung 5-16 Fehler-Möglichkeits- und -Einfluss-Analyse (FMEA)

Schritt eins ist die Planung und Vorbereitung der FMEA. Dieser Schritt dient als Grundlage für die Strukturanalyse (Schritt zwei) und beinhaltet insbesondere die Definition der Analysegrenzen.[207] In der Strukturanalyse erfolgt eine Aufgliederung des Produktionssystems in Prozesselemente, Prozessschritte und (Prozess-)Ursachenelemente.[208] Die Analysegrenzen basieren auf dem Systemschnitt (SEL 1.3) und damit unter Berücksichtigung von System- und Halbzeugschnittstellen. Bestehen nach Erachten des Planenden Risiken in der Schnittstelle zwischen Substitut und Systemen höherer oder niedrigerer Ordnung sind diese Systeme ebenfalls zu berücksichtigen. Besteht eine hohe Anzahl an Wechselwirkungen zwischen Prozessergebnis des Substituts und dem Prozessergebnis vor- oder nachgelagerte Prozesse, sind diese ebenso zu berücksichtigen (SEL 1.1). Die Beziehung aus Prozesselementen, Prozessschritten und Prozessursachenelementen können beispielsweise mittels eines Strukturbaums dargestellt werden. Beim Prozesselement handelt es sich um die höchste Integrationsebene im Rahmen des Analyseumfangs.[209] Im vorliegenden Fall kann hierunter das Teilsystem, also die von der Substitution betroffenen Maschinen und Anlagen, des Produktionssystems verstanden werden. Der Prozessschritt ist das Element, welches im Rahmen der Untersuchung im Fokus steht und ist „das Betrachtungsthema der Fehlerfolgenkette“[210]. Entsprechend handelt es sich hierbei um einen durch die betrachtete Maschine durchgeführten Prozess, der die Substitution erforderlich macht oder durch die Substitution vor- oder nachgelagert beeinflusst wird. Auf niedrigster Ebene steht das Prozessursachenelement. Es werden bis zu sechs Kategorien potenzieller Ursachen unterschieden: Maschine, Mensch, Material (indirekt), Mitwelt,

FMEA-Handbuch ersetzt die 4. Ausgabe des AIAG FMEA-Handbuchs und das Kapitel „Produkt- und Prozess-FMEA“ der VDA-Ausgabe. (vgl. Automotive Industry Action Group (AIAG) et al. (FMEA-Handbuch) 2019)

[207] vgl. Automotive Industry Action Group (AIAG) et al. (FMEA-Handbuch) 2019, S. 30.

[208] vgl. Automotive Industry Action Group (AIAG) et al. (FMEA-Handbuch) 2019, S. 85.

[209] vgl. Automotive Industry Action Group (AIAG) et al. (FMEA-Handbuch) 2019, S. 89.

[210] vgl. Automotive Industry Action Group (AIAG) et al. (FMEA-Handbuch) 2019, S. 89.

Methode und Messung. Die Anzahl der tatsächlich berücksichtigten Kategorien unterscheidet sich in Abhängigkeit des Unternehmens.[211]
In Schritt drei folgt die Funktionsanalyse zur Sicherstellung, dass Funktionen des und Anforderungen an den Prozess korrekt zugeordnet werden. Es werden sowohl Prozesselementen, Prozessschritten und Prozessursachenelementen Funktionen zugeordnet. Anforderungen werden in Form von Produkt- oder Prozessmerkmalen beschrieben und ergeben sich beispielsweise aus Kundenanforderungen, Normen oder gesetzlichen und behördlichen Vorgaben.[212]
Ist die Definition der Prozessfunktionen erfolgt, erfolgt in Schritt vier die Fehleranalyse, deren Zweck die Identifikation von Fehlerfolgen, Fehlerarten und Fehlerursachen sowie die Darstellung derer Beziehung für die Risikobewertung ist. Fehlerfolgen stehen in Bezug zur Funktion der Prozesselemente, Fehlerarten stehen in Korrelation zur Funktion der Prozessschritte und Fehlerursachen stehen mit der Funktion der Prozessursachenelemente in Zusammenhang.[213] In Ergänzung erfolgt bereits an dieser Stelle die Bewertung der Bedeutung je Fehlerfolge.[214] Hierbei werden die schwerwiegendsten Fehlerfolgen hinsichtlich ihrer Bedeutung für das Produktionssystem bewertet. Die Bewertung erfolgt gemäß der Bewertungstabelle von AIAG und VDA.[215]
Teilmodell zwei und damit auch das vorliegende SEL dienen in aller erster Linie der Identifikation einer möglichen technischen Lösung zur Substitution und der Entscheidung darüber, ob mit der Realisierung (Teilmodell drei) begonnen wird oder im Rahmen weiterer Untersuchungen (Teilrealisierungen) mehr Information gesammelt werden, die eine Entscheidung ermöglichen. Es muss zu diesem Zeitpunkt davon ausgegangen werden, dass viele zur tatsächlichen Umsetzung relevanten Informationen, aus denen Risiken abgeleitet werden können, nicht oder nur unvollständig vorliegen. Entsprechend muss davon ausgegangen werden, dass zu diesem Zeitpunkt keine vollständige Risikoanalyse durchgeführt werden kann.
Die Ergebnisse aus SEL 2.3 dienen als Grundlage für das Absicherungskonzept in der Realisierung (SEL 3.4).

---

[211] vgl. Automotive Industry Action Group (AIAG) et al. (FMEA-Handbuch) 2019, S. 88.
[212] vgl. Automotive Industry Action Group (AIAG) et al. (FMEA-Handbuch) 2019, S. 90 f.
[213] vgl. Automotive Industry Action Group (AIAG) et al. (FMEA-Handbuch) 2019, S. 102.
[214] Beim allgemeinen FMEA-Vorgehen erfolgt die Bewertung der Bedeutung in Schritt 5
[215] vgl. Automotive Industry Action Group (AIAG) et al. (FMEA-Handbuch) 2019, S. 110 ff.

5.3 Teilmodell III: Technische Lösungsdetaillierung

Teilmodell drei hat das Ziel der Überprüfung der Erfüllung des Zielreifegrads des Substituts aus Sicht des Planenden. Das Ergebnis aus Teilmodell drei besteht aus kontinuierlichem Engineering Feedback für Teilmodell vier. Teilmodell drei ordnet sich zeitlich in die Phase von Realisierung und Vorinbetriebnahme bis hin zur Auslieferung im zugrunde gelegten Prozess zur Anlagenentwicklung (vgl. Kapitel 4.2.2) ein. Die im Rahmen des Teilmodells entwickelten Systemelemente sind als die Entwicklung durch den Maschinen- und Anlagenhersteller begleitende Tätigkeiten charakterisiert, aus denen neue Entwicklungsaufgaben entstehen können und die der Absicherung des Entwicklungsvorhabens aus Perspektive des Planenden dienen. Abbildung 5-17 stellt die wesentlichen Eingangs- und Ausgangsgrößen des Teilmodells, das Vorgehen sowie die verwendeten Hilfsmittel dar. Teilmodell drei ist ebenso wie Teilmodell vier und Teilmodell fünf iterativ ausgeführt.

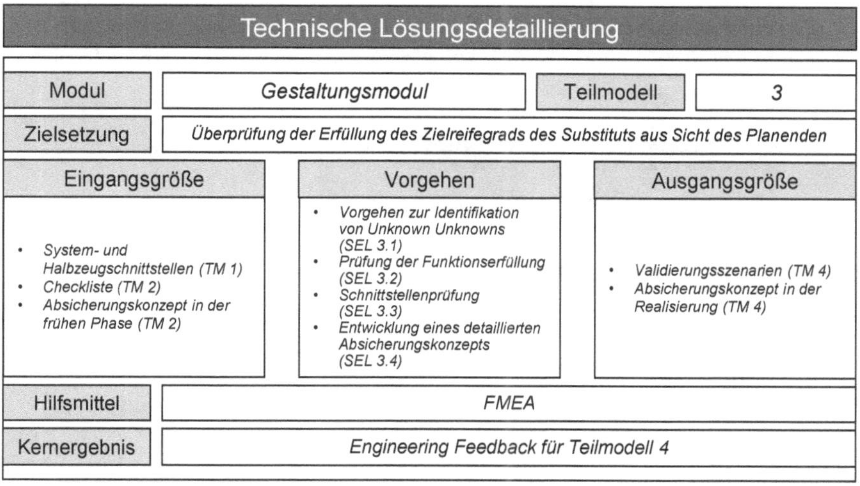

Abbildung 5-17 Technische Lösungsdetaillierung

Teilmodell drei endet mit dem Aufbau und der im Rahmen des Vorhabens erforderlichen Prüfung der Funktionserfüllung des Substituts und damit zum Zeitpunkt der Substitutionsentscheidung. Die Durchführung von Teilmodell drei erfolgt zeitlich parallel zur Durchführung von Teilmodell vier (vgl. Kapitel 5.4) und Teilmodell fünf (vgl. Kapitel 5.5).

5.3.1 Identifikation von unbekannten Unbekannten

Bei der Entwicklung von Sondermaschinen erstreckt sich die Aktivität der Klärung und Präzisierung des Problems bzw. der Aufgabe oftmals über die Phase der

Angebotserstellung hinaus bis in die Phase der Realisierung.[216] SEL 3.1 ordnet sich inhaltlich in diese Aktivität des Maschinen- und Anlagenherstellers ein (vgl. Kapitel 4.2.2). Die Klärung und Präzisierung des Problems bzw. der Aufgabe erfordert unter Umständen die Änderung von technischen Spezifikationen und Anforderungen im Realisierungsprozess. Gemäß VDI-Richtlinie 2221 sind Anforderungen eine „für alle folgenden Aktivitäten [...] begleitende, weiter zu verfeinernde und stets auf dem aktuellen Stand zu haltende Informationsbasis."[217] Das bedeutet, dass eine kontinuierliche Überprüfung bestehender Anforderungen und die Ergänzung neuer Anforderungen erfolgen muss. Im vorliegenden Betrachtungsfall ist davon auszugehen, dass der Anteil neuer Anforderungen, die im Laufe der Realisierung zu beachten sind, jedoch weder dem Planenden noch dem Maschinen- und Anlagenhersteller bewusst sind, größer als bei konventionellen Entwicklungsprojekten ist. KLEINE BÜNING spricht in diesem Zusammenhang von der Kenntnis (bzw. Unkenntnis) von Unwissen, SUTCLIFFE und SAWYER von „Unknown Unknowns" („unbekannten Unbekannten").[218] Somit ist ein Vorgehen zu berücksichtigen, welches die Aufdeckung von unbekannten Unbekannten ermöglicht. Abbildung 5-18 stellt den Wissensraum und mögliche Kognitionsoperatoren und die Einordnung unbekannter Unbekannten dar.

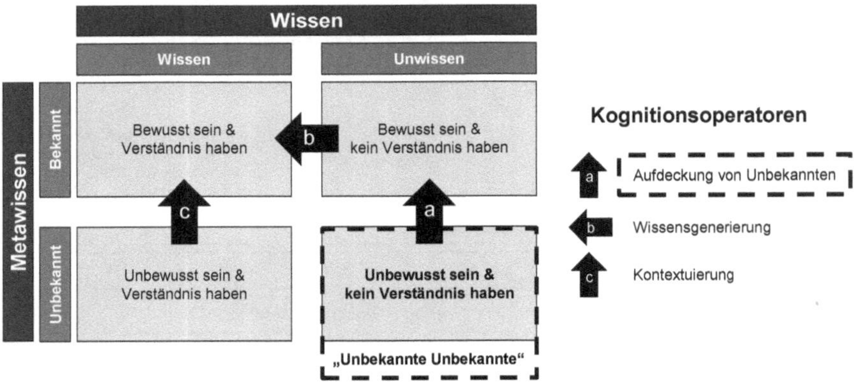

Abbildung 5-18 Wissensraum und Kognitionsoperatoren i. A. a. KLEINE BÜNING[219]

Zur Aufdeckung unbekannter Unbekannten wird die Nutzung von Prototypen oder einer Abwandlung von Prototypen empfohlen. SUTCLIFFE und SAWYER empfehlen Prototypen und Pilotanwendungen in Kombination mit der Verwendung von Kreativitätstechniken.[220] JENSEN et al. führen in ihren Arbeiten den Begriff des „Prototrials" ein – ein

[216] vgl. Verein Deutscher Ingenieure e.V. (VDI) (VDI 2221 (Blatt 2)) 2019, S. 33.
[217] vgl. Verein Deutscher Ingenieure e.V. (VDI) (VDI 2221 (Blatt 1)) 2019, S. 36.
[218] vgl. Kleine Büning (Informationsorientierte Prototypenplanung) 2019, S. 141; Sutcliffe et al. (Requirements Elicitation) 2013, S. 9393
[219] vgl. Kleine Büning (Informationsorientierte Prototypenplanung) 2019, S. 141.
[220] vgl. Sutcliffe et al. (Requirements Elicitation) 2013, S. 101.

funktionaler Prototyp, der bereits in der frühen Phase des Entwurfsprozesses eingesetzt werden kann und zur Identifikation unbekannter Unbekannten beiträgt.[221]
Ein konkretes Vorgehen zur Identifikation von unbekannten Unbekannten aus Sicht des Planenden wird jedoch nicht benannt. Es erfolgt die Darstellung möglicher Hilfswerkzeuge für die Identifikation unbekannter Unbekannten im vorliegenden Anwendungsfall.[222] Diese sind in Abbildung 5-19 zusammenfassend dargestellt.

Tätigkeit	Tätigkeitsgrund	*Beispiel*	Werkzeuge [Auszug]
Vergleich geplanter und notwendiger Aktivitäten im Entwicklungsprozess	Ungeplante Aktivitäten können auf unbekannte Unbekannte hinweisen	*Ungeplante Integration eines zusätzlichen Reglers*	- BOM-Vergleich - SOLL-/IST Abgleich Tätigkeiten (qualitativ & quantitativ)
Mentaler Transfer von Beobachtungen in der Erprobung auf die industrielle Anwendung	Kann auf Auswirkungen von potenzieller Störgröße auf Produktionssystem hinweisen	*Manuelle Tätigkeiten im Laborumfeld*	- Simulation unter Berücksichtigung potenzieller Störgröße - PFMEA für das Produktionssystem
Nutzung von Data-Analytics-Methoden (Unsupervised Learning)	Kann auf nicht durch Menschen beobachtbare mögliche Störgrößen hinweisen	*Mustererkennung in Versuchsdatensätzen*	- Unsupervised Software - Software zur Versuchs-dokumentation

Abbildung 5-19 Hilfswerkzeuge zur Identifikation unbekannter Unbekannten[223]

Der Abgleich zwischen geplanten und durchgeführten Tätigkeiten im Entwicklungsprozess kann im Fall von Abweichungen ein Indikator für unbekannte Unbekannte sein. Hierbei ist weniger die Größe der Abweichung entscheidend als vielmehr der Inhalt der Aktivität. Eine große Abweichung kann beispielsweise aus der Entstehung einer neuen Entwicklungsaktivität resultieren. Ist diese jedoch aus Perspektive der Funktionalität und des mit ihr einhergehenden technischen Risikos unkritisch, impliziert dies nicht gleichzeitig die Existenz unbekannter Unbekannten. Vielmehr kann es vorkommen, dass Probleme, die im Entwicklungsprozess entstehen, kurzfristig auf Basis von Erfahrungswerten durch den Entwickelnden gelöst werden, bevor der Planende hiervon Kenntnis erlangt. Dies ist insbesondere dann zu erwarten, wenn der Planende mit den Entwicklungsverantwortlichen in einer Kunde-Lieferanten-Beziehung steht. Daher kann es sinnvoll sein, bereits vor Beauftragung einen Kommunikationsweg zu bestimmen, mithilfe dessen der Planenden auch Zugriff auf Informationen des Entwicklungsverlaufs erhält, die gegebenenfalls im ersten Moment irrelevant erscheinen. Eine weitere Möglichkeit besteht in dem mentalen Transfer von Beobachtungen und Sachverhalten in der Erprobung auf die finale (Großserien-)Anwendung. Besteht der Verdacht, dass eine Störgröße existiert, die Auswirkungen auf das gesamte Produktionssystem haben könnte, aber nicht näher quantifiziert werden kann, ist dies ebenfalls ein

---

221 vgl. Jensen et al. (Unknown Unknowns) 2017, S. 1.
222 Die erste und zweite Tätigkeit basiert auf den Richtlinien für den Prototypenbau und die Informationsbedarfsexploration (vgl. Kleine Büning (Informationsorientierte Prototypenplanung) 2019, S. 194)
223 Eigene Darstellung

Indikator für die Existenz einer unbekannten Unbekannten. Darüber hinaus bietet sich die Nutzung von Data-Analytics-Methoden, insbesondere nach dem Unsupervised-Learning-Ansatz, an, um Phänomene und Störgrößen sichtbar zu machen, die aufgrund ihrer Auftretensverteilung oder unvorhergesehener Wirkzusammenhänge bestehen. Prämisse hierfür ist jedoch die Verfügbarkeit und Qualität der zugrunde gelegten Datenbasis. Wurde eine bis dahin unbekannte Unbekannte identifiziert, kann diese zu einer neuen Entwicklungsaufgabe für weitere Untersuchungen führen. Identifizierte Unbekannte werden darüber hinaus als mögliche Risiken im Rahmen des Absicherungskonzepts in der Realisierung (SEL 3.4) berücksichtigt.

5.3.2 Prüfung der Funktionserfüllung

Die Prüfung der Funktionserfüllung ordnet sich inhaltlich in die Aktivität „Ermitteln von Funktionen und deren Struktur" des Maschinen- und Anlagenherstellers ein (vgl. Kapitel 4.2.2). Eine funktionsorientierte Herangehensweise in der Entwicklung und in der Lösung grundsätzlicher Problemstellungen unterstützt bei der Erweiterung des Suchraums und der Identifikation alternativer Lösungsprinzipien. In der Betrachtung soziotechnischer Systeme wird zwischen Geltungs- und Gebrauchsfunktionen unterschieden.[224] Die weitere Betrachtung fokussiert die Erfüllungsprüfung von Gebrauchsfunktionen. Grundlage für die Betrachtung der Funktionserfüllung sind die im Rahmen von SEL 1.3 definierten Halbzeugschnittstellen. Die Prüfung der Funktionserfüllung aus Sicht des Planenden dient der Sicherstellung, ob das Substitut seinen Zweck hinsichtlich des geplanten Prozessergebnisses erfüllt. Hierzu werden drei Möglichkeiten aufgezeigt:

(1) Prüfung der Funktionserfüllung auf Basis produktions-historischer Daten

Folgt dem zu substituierenden System innerhalb des Produktionssystems ein Inline-Test, der einen eindeutigen Rückschluss auf die Funktionalität des Prozesses in Form eines definierten Halbzeug-Zustands zulässt, können diese Testdaten als Grundlage zur Prüfung der Funktionserfüllung herangezogen und mit im Labor erhobenen Testdaten verglichen werden. Hierbei ist zu beachten, dass die Messverfahren im Labor und im Produktionssystem gleichermaßen qualifiziert sind. Außerdem sollten Umwelteinflüsse (bspw. Umgebungstemperatur, Luftfeuchtigkeit etc.) aus Labor und Produktionsumfeld hinsichtlich ihrer möglichen Ergebnisbeeinträchtigung geprüft werden. Zudem kann diese Art der Prüfung nur herangezogen werden, wenn eine hinreichende Datengrundlage der Soll-Ergebnisse vorliegt. Erfolgt die Substitution aufgrund einer Nicht-Erfüllung der notwendigen Prozessqualität, ist die Nutzung produktions-historischer Daten zu hinterfragen.

---

[224] vgl. Verein Deutscher Ingenieure e.V. (VDI) (VDI 2221 (Blatt 1)) 2019, S. 36.

(2) Prüfung der Funktionserfüllung durch unabhängige Tests

Eine weitere Möglichkeit der Prüfung der Funktionserfüllung besteht in der unabhängigen Durchführung von Labortests am Halbzeug. Insbesondere wenn keine das Substitut betreffenden Inline-Tests im Produktionssystem erfolgen, ist dies eine Möglichkeit die Funktionserfüllung des Substituts zu prüfen. Zu berücksichtigen ist, dass zur Durchführung unabhängiger Tests Referenzwerte erforderlich sind.

(3) Prüfung der Funktionserfüllung durch Einschleusen in das Produktionssystem

Die Prüfung durch Einschleusen des Halbzeugs in das Produktionssystem ermöglicht ein ganzheitliches Feedback über die Funktionserfüllung. Hierbei werden durch das Substitut bearbeitete Halbzeuge aus dem Labor in das bestehende Produktionssystem eingeschleust. Auf diese Weise kann zudem ein erneuter Designverfikationsprozess unter der Berücksichtigung aller verwendeten Serienanlagen durchlaufen werden. Gleiches gilt für weitere zum Erhalt von Lieferfreigaben erforderlichen Qualifizierungen wie PPF[225] oder PPAP[226]. Zu berücksichtigen ist, dass die Prüfung mittels Einschleusens nur an Halbzeugschnittstellen (siehe SEL 1.3) erfolgen kann. Zeigt das Einschleusen von Halbzeugen schnittstellenbedingte Probleme auf, ist dies im Rahmen von SEL 4.2 zu berücksichtigen. Im Rahmen von SEL 3.2 identifizierte Risiken werden im Absicherungskonzept in der Realisierung (SEL 3.4) berücksichtigt.

5.3.3 Entwicklung von Validierungsbausteinen zur Prüfung von Schnittstellen

Bei der Substitution einer Technologie innerhalb eines verketteten Produktionssystems liegt ein besonderes Augenmerk auf den durch die Substitution betroffenen Schnittstellen. Hierzu wurde in SEL 1.3 eine Unterscheidung von Halbzeugschnittstellen und Systemschnittstellen eingeführt.[227] Eine Prüfung der Schnittstellen zwischen Substitut und Produktionssystem auf erster Ebene erfolgte im Rahmen von SEL 2.2 (vgl. Kapitel 5.2.2). Die Ergebnisse dieser auf Checklisten basierenden Prüfung dient als Entscheidungsgrundlage über den Start der Realisierungsphase oder einer Teilrealisierung. In der Realisierungsphase steht die Prüfung und Validierung identifizierter Schnittstellen im Vordergrund. Eine Validierung innerhalb des Realsystems (hier das Produktionssystem) ist im vorliegenden Anwendungsfall aufgrund des Umstands, dass es sich um eine kurzfristige Veränderung des Produktionssystems unter der Prämisse eines schnellen Wiederanlauf handelt, nicht möglich. Zudem sollte das Verhältnis von Risikoreduktion durch eine Vielzahl an Vorversuchen im Verhältnis zum hiermit verbundenen (Mehr-)aufwand angemessen gewählt sein.

Eine entscheidende Rolle bei der Prüfung des Verhaltens eines Subsystems innerhalb eines Systems sind die zugrunde gelegten Rahmenbedingungen. In Bezug auf ein Produktionssystem können neben technischen (bspw. mechanischen, elektrischen,

---

[225] Produktionsprozess- und Produktfreigabe
[226] Production Part Approval Process
[227] Siehe Kapitel 5.1.3

chemischen) Schnittstellen ebenso Umweltfaktoren (bspw. Hallentemperatur, Luftfeuchtigkeit, Beschaffenheit des Hallenbodens) eine wesentliche Rolle bei der Prüfung spielen. Theoretisch müsste zur Gewährleistung eines minimalen Risikos bei der Substitution eines Produktionsprozesses innerhalb eines Produktionssystems Rahmenbedingungen geschaffen werden, die genaustens dem von der Substitution betroffenen Produktionssystem entsprechen. Dies steht jedoch in keinem Fall in einem angemessenen Kosten-Nutzen-Verhältnis. Diese Problematik in Form von Zeit- und Kostenrestriktionen trifft auf viele andere Entwicklungsprojekte, unabhängig des vorliegenden Anwendungsfalls, zu.[228] Die Problematik, dass ein System innerhalb eines Entwicklungsprozesses aufgrund unterschiedlicher Reifegrade der Teilsysteme nicht im Ganzen getestet werden kann, beschreiben ALBERS ET AL. am Beispiel einer Fahrzeugentwicklung und führen mit dem „IPEK-XiL-Ansatz" ein Konzept ein, mit dem Validierungen von Teilsystemen unterschiedlicher Ebenen rein virtuell, physisch oder gemischt physisch-virtuell durchgeführt werden können.[229] BUCHHOLZ ET AL. entwickeln mit dem Hybrid Prototype-in-the-Loop (HPiL)-Ansatz ein Vorgehen, dass die frühzeitige Absicherung von Montageprozessen in der Anlagenplanung unter Einbindung mechatronischer Komponenten und damit der Interaktion mit Menschen erlaubt.[230] Für den vorliegenden Anwendungsfall werden Validierungsbausteine entwickelt, welche für unterschiedliche Systemebenen verwendet werden können[231] und physische Rahmen- und Umweltbedingungen möglichst realitätsnah abbilden. Es wird in den Dimensionen „Substitut", „vor- und nachgelagerte Prozesse" und „Umweltfaktoren und Rahmenbedingungen" unterschieden. Jede Dimension kann virtuell, hybrid oder physisch ausgeprägt sein. Aus den Validierungsbausteinen je Dimension ergeben sich Validierungsszenarien, die gemeinsam mit dem Absicherungskonzept in der Realisierung (SEL 3.4) als Input für die Kostenschätzung zur Risikoreduktion (SEL 4.2) dienen. Abbildung 5-20 zeigt die Validierungsbausteine entlang der Dimensionen und in ihren unterschiedlichen Ausprägungen.

Entspricht der Betrachtungsbereich der Substitution dem Substitut (vgl. Kapitel 5.1.3) sind Halbzeug- und Systemschnittstelle auf Systemebene gleicher Ordnung verortet. Hieraus folgt, dass Halbzeuge in der Validierung definiert ein- und ausgeschleust werden können. Es müssen eindeutige Übergabepunkte definiert sein, die im Optimalfall einer bereits bestehenden Schnittstelle im Produktionssystem entsprechen. Stimmen darüber hinaus Software- und Steuerungsanbindung mit der des Produktionssystems überein, ist eine nahezu vollständige Schnittstellenprüfung möglich (Physisch). Zeigt

---

[228] vgl. Albers et al. (Verifikation und Validierung) 2016, S. 541.
[229] vgl. Albers et al. (Verifikation und Validierung) 2016, S. 560 Weitere Ansätze zur Auswahl bzw. Klassifizierung von Prototypen u.a. in Filippi et al. (Prototyping Activities) 2012; Liker et al. (Prototyping Practices) 2018; Riesener et al. (Dependency-oriented Prototyping) 2019.
[230] vgl. Buchholz et al. (Hybrid Prototype-in-the-Loop) 2018, S. 240.
[231] Siehe Kapitel 5.1.3

die Steuerungsanbindung geringe Abweichungen gegenüber der des Produktionssystems auf (Hybrid), sollte dies explizit berücksichtigt werden.

	Validierungsbausteine entlang der Dimensionen		
	Substitut	Vor- & nachgelagerte Prozesse	Umweltfaktoren und Rahmenbedingungen
Virtuell	Simulation	Datenbasierter Soll-/Ist-Vergleich	Simulation
Hybrid	Validierung mit ähnlichen Schnittstellen	Anlagenperipherie mit teilweisem Funktionsumfang	Kopplung mechanischer Bedienelemente und virtuellem System
Phys.	Validierung mit baugleichen Schnittstellen	Anlagenperipherie mit vollständigem Funktionsumfang	Reallabor

Abbildung 5-20 Validierungsbausteine zur Erstellung von Validierungsszenarien[232]

Variieren Halbzeug- und Systemschnittstelle in ihrer Ordnung bedeutet dies, dass der Betrachtungsbereich weiter gefasst ist als das Substitut. Es besteht die Gefahr, dass die Funktionserfüllung des Substituts nicht vollumfänglich validiert werden kann. Umfasst der Betrachtungsbereich (vgl. Kapitel 5.1.3) mehr als das Substitut selbst, muss diesem Umstand deshalb auch in der Validierung Rechnung getragen werden. In Abhängigkeit der Anlagenbeschaffenheit kann dies beispielsweise erfolgen, indem vorbearbeitete Halbzeuge in der Validierung genutzt werden und das Prozessergebnis mit Soll-Daten abgeglichen wird (Virtuell). Ist dies nicht möglich, kann eine Lösung im Aufbau zusätzlicher Anlagenperipherie liegen, die Umfänge vor- oder nachgelagerter Prozesse abbildet. Hieraus resultiert ein erhöhter Mehraufwand in der Anlagenentwicklung – sofern das Verhalten der zusätzlich aufgebauten Anlagenperipherie jedoch deckungsgleich oder in Teilen ähnlich mit dem des entsprechenden Teils im Produktionssystem ist, können somit zusätzliche wichtige Erkenntnisse erhoben werden. Der Funktionsumfang der zusätzlichen Anlagenperipherie sollte aus Effizienzgründen möglichst zielgerichtet gewählt werden. Auch hier besteht die Möglichkeit einer hybriden Ausgestaltung – entsprechend können weniger relevante Funktionen oder Funktionen, deren Verhalten mittels Software-technischer Lösungen abgebildet werden kann, virtuell gestaltet sein (Hybrid). Auch der Einbezug von Maschinen und Anlagen, die baugleich zu denen im Produktionssystem sind, kann ein sinnvoller Bestandteil des Validierungskonzepts sein (Physisch). Zu berücksichtigen ist jedoch insbesondere bei

[232] Eigene Darstellung

Sondermaschinen, dass eine genaue Reproduktion des Systemverhaltens nur selten erfolgreich ist. Dies sollte bei der Entscheidung über die Einbeziehung von Maschinen und Anlagen außerhalb des Produktionssystems Berücksichtigung finden.

Die dritte Dimension zur Bestimmung von Validierungsszenarien besteht in der Berücksichtigung von Umweltfaktoren und weiteren Rahmenbedingungen. Unter Umweltfaktoren fallen beispielsweise Reinraumanforderungen, Temperaturbeschaffenheit, Luftfeuchtigkeit und alle weiteren Faktoren, die am Ort des Produktionssystems indirekten oder direkten Einfluss auf den Prozess haben können, aber nicht explizit von der Maschine, dem Bedienenden oder dem Material ausgehen. Weitere zu berücksichtigende Rahmenbedingungen können beispielsweise chargenbedingte Schwankungen im verarbeiteten Material oder die Art und Weise der Maschinenbedienung sein. Somit sollte unter anderem dafür Sorge getragen werden, dass die im Rahmen der Validierung verwendeten Materialien dem gesamten Toleranzbereich entsprechen und – sofern erforderlich – möglichst gleiche Raumbedingungen wie am Ort des Produktionssystems vorliegen. Zur systematischen Einbeziehung von Bedienpersonal kann in Anlehnung an BUCHHOLZ ET AL.[233] eine Kopplung mechanischer Bedienelemente mit virtuellen Teilsystemen sinnvoll sein (Hybrid). Aus den vorgestellten neun Validierungsbausteinen ergeben sich folglich 27 mögliche Validierungsszenarien je Schnittstelle.

5.3.4 Absicherungskonzept in der Realisierung

Eine wesentliche Aktivität in der Entwicklung von Sondermaschinen gemäß VDI 2221 liegt im Absichern der Anforderungserfüllung.[234] Hierunter fallen aus Perspektive des Anlagenherstellers „alle Aktivitäten der Analyse, die zum Abgleich von Ergebnis und Ziel (bzw. den Anforderungen) kontinuierlich als einer der wesentlichen Bestandteile der Produktentwicklung durchgeführt werden."[235] Ein kontinuierlicher Abgleich von Ergebnis und Anforderung im Sinne der technischen Funktionserfüllung erfolgt im Rahmen von SEL 3.2 (vgl. Kapitel 5.3.2). Hierbei liegt der Fokus jedoch mehr auf der Prüfung der Zweckerfüllung als auf der systematischen Identifikation von Risiken und Entwicklung von Gegenmaßnahmen. Dem soll das Systemelement „Absicherungskonzept in der Realisierung" (SEL 3.4) Rechnung tragen.

Das Absicherungskonzept in der Realisierung basiert auf den Ergebnissen aus SEL 2.3, SEL 3.1 sowie SEL 3.2 und ist als Fehler-Möglichkeits- und -Einfluss-Analyse (FMEA) ausgeführt.

---

[233] vgl. Buchholz et al. (Hybrid Prototype-in-the-Loop) 2018, S. 242.
[234] vgl. Verein Deutscher Ingenieure e.V. (VDI) (VDI 2221 (Blatt 2)) 2019, S. 33.
[235] Verein Deutscher Ingenieure e.V. (VDI) (VDI 2221 (Blatt 1)) 2019, S. 41.

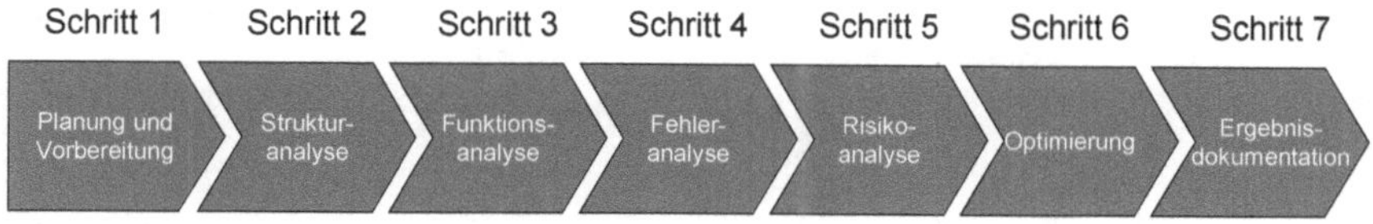

Abbildung 5-21 Fehler-Möglichkeits- und -Einfluss-Analyse (FMEA)

In der Planung und Vorbereitung (Schritt eins) werden Analyseumfang und -grenzen festgelegt sowie mögliche Basis-FMEAs und deren Lessons Learned ermittelt.[236] Analog SEL 2.3 basieren die Analysegrenzen auf dem Systemschnitt (SEL 1.3). Hierbei ist zwingend ein Abgleich des ursprünglichen Systemschnitts mit dem beim Maschinen- und Anlagenhersteller beauftragten Arbeitsumfang vorzunehmen. Ein besonderes Augenmerk sollte hierbei auf den Schnittstellenverantwortungen zwischen Maschinen- und Anlagenhersteller des Substituts, Maschinen- und Anlagenhersteller des ursprünglichen Produktionssystems und Betreiber (Verantwortungsbereich des Planenden) gelegt werden. Aus einer Verschiebung der Verantwortlichkeiten gegenüber dem Zeitpunkt des Absicherungskonzepts in der frühen Phase können ein veränderter Analyseumfang und veränderte Analysegrenzen resultieren. Als Basis-FMEA kann in jedem Fall die FMEA aus SEL 2.3 inklusive der durchgeführten Teilrealisierungen und deren Ergebnisse dienen. In der Strukturanalyse (Schritt zwei) erfolgt analog zu SEL 2.3 die Aufgliederung des Produktionssystems in Prozesselemente, Prozessschritte und Prozessursachenelemente unter Berücksichtigung von Systemen höherer oder niedrigerer Ordnung, sofern erforderlich. Abbildung 5-22 zeigt beispielhaft eine Strukturanalyse unter Berücksichtigung von Prozesselementen niedrigerer und höherer Ordnung. Analog zu Kapitel 5.2.3 werden unter Prozesselementen die von der Substitution betroffenen Maschinen- und Anlagen des Produktionssystems verstanden.

[236] vgl. Automotive Industry Action Group (AIAG) et al. (FMEA-Handbuch) 2019, S. 81.

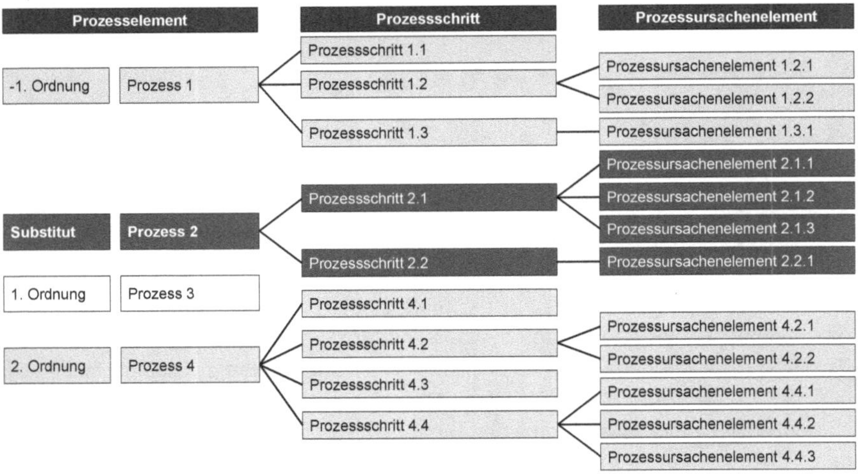

Abbildung 5-22 Adaptierte Strukturanalyse mittels Strukturbaum

In diesem Beispiel handelt es sich bei dem Substitut um ein Subsystem von Prozess zwei. Betroffen sind der Prozess minus erster Ordnung (Prozess eins) und der Prozess zweiter Ordnung (Prozess vier). Prozess drei ist nicht betroffen und ist daher nicht Teil des Analyseumfangs der FMEA. Die im Rahmen der FMEA zu berücksichtigen Prozessschritte und Prozessursachenelemente sind gekennzeichnet und sollten entsprechend im weiteren Analyseverlauf berücksichtigt werden. In der Funktionsanalyse erfolgt zunächst die Zuschreibung von Funktionen der Prozesselemente, -schritte und -ursachenelemente. Den Funktionen wiederum werden Anforderungen in Form von Produkt- oder Prozessmerkmalen zugeordnet.[237] Gemäß FMEA-Handbuch bezieht sich ein Produktmerkmal „auf die Leistung einer Prozessfunktion und kann beurteilt oder gemessen werden“[238]. Produktmerkmale stellen im vorliegenden Fall die Gesamtheit aus Funktionalität (i.O.-Test) des finalen Produkts und Halbzeugmerkmalen (entsprechend der Halbzeugschnittstellen gemäß SEL 1.3) dar. Dies ist zwingend erforderlich, um die Schnittstellen zu Prozessen niedrigerer oder höherer Ordnung im Projektverlauf stetig prüfen zu können. Möglichkeiten zur Prüfung der Funktionserfüllung von Produkt- bzw. Halbzeugmerkmalen sind in Kapitel 5.3.2 beschrieben. „Ein Prozessmerkmal ist die Prozesssteuergröße, die sicherstellt, dass der Prozess das Produktmerkmal herstellt.“[239] Hierdurch wird der Bezug zwischen Prüfung der Funktionserfüllung des Substituts aus Sicht des Planenden (Erfüllung von Anforderungen an das Produkt bzw. Halbzeug)[240] und Prozesssteuergrößen der betroffenen Maschinen- und

---

237 Produkt- und Prozessmerkmale ergeben sich unter anderem aus Kundenanforderungen, Normen oder gesetzlichen und behördlichen Vorgaben (vgl. Kapitel 5.2.3).
238 Automotive Industry Action Group (AIAG) et al. (FMEA-Handbuch) 2019, S. 92.
239 Automotive Industry Action Group (AIAG) et al. (FMEA-Handbuch) 2019, S. 92.
240 Siehe Kapitel 5.3.2

Anlagenumfänge hergestellt. Es folgt die Fehleranalyse (Schritt vier) mit der Identifizierung von Fehlerfolgen, Fehlerarten und Fehlerursachen sowie die Darstellung deren Beziehung zueinander.[241] Gemäß FMEA-Handbuch bezieht sich die Beschreibung von Fehlerfolgen insbesondere darauf, was der Kunde wahrnimmt bzw. erleben könnte.[242] Im vorliegenden Anwendungsfall besteht das größte Risiko in einem ungeplanten bzw. verlängerten Produktionsstillstand und einem hiermit einhergehenden Wertschöpfungsverlust. Es ist zwar davon auszugehen, dass ein hieraus resultierender langfristiger Versorgungsengpass wie auch das Versagen von Produktfunktionen (beispielsweise aufgrund von Nichteinhaltung von Prozessmerkmalen) Auswirkungen für den Endnutzer haben kann. Es besteht jedoch die Gefahr, dass weitere Einflüsse im Wertschöpfungsprozess, die außerhalb des Betrachtungsbereichs des vorliegenden Anwendungsfalls stehen, Scheinkorrelationen entstehen lassen. Um dies zu vermeiden werden Fehlerfolgen ausschließlich zwischen Prozesselementen, also einzelnen Prozessen innerhalb des Produktionssystems, betrachtet. Es wird die Annahme zugrunde gelegt, dass mit einer Vermeidung von Fehlerfolgen innerhalb des Produktionssystems, die zu einem Produktausfall beim End-of-Line-Test führen, somit den Anforderungen gemäß FMEA-Handbuch Rechnung getragen wird. Demnach wird für den vorliegenden Anwendungsfall eine Fehlerfolge als Nichterfüllung der Funktion eines Prozesselementes (Maschine und Anlage im Produktionssystem) mit Auswirkung auf vor- oder nachgelagerte Prozesselemente verstanden. Die Zuordnung von Fehlerarten und Fehlerursachen zu Prozessschritten bzw. Prozessursachenelementen erfolgt gemäß FMEA-Handbuch[243]. Anschließend erfolgt die Risikoanalyse (Schritt fünf) mit dem Ziel der Priorisierung von Handlungsbedarfen durch die Bewertung von Bedeutung, Auftreten und Entdeckung jeder identifizierten Fehlerfolgenkette. Im Rahmen von SEL 2.3 wird für Maßnahmen mit hoher Aufgabenpriorität die Prüfung der Durchführung von Teilrealisierungen empfohlen (vgl. Kapitel 5.2.3). Wird dem Folge geleistet, ist davon auszugehen, dass zum aktuellen Zeitpunkt etwaige Risiken reduziert oder deren Auswirkungen besser eingeschätzt werden können und diesen somit im Absicherungskonzept in der Realisierung eine geringere Aufgabenpriorität zukommt. Trotzdem sollten diese ursprünglichen Risiken weiterhin Berücksichtigung finden. Teilrealisierungen können im Sinne des FMEA-Vorgehens als vorhandene Vermeidungsmaßnahmen verstanden werden. Vorhandene Entdeckungsmaßnahmen sind gemäß FMEA-Vorgehen unter anderem Sichtprüfung, optische Prüfung, attributive Prüfung, Maßprüfung oder Stichprobenprüfungen.[244] Anschließend werden Bedeutung, Auftreten und Entdeckung für jede Fehlerfolgenkette auf einer Bewertungsskala zwischen eins und zehn

---

[241] vgl. Automotive Industry Action Group (AIAG) et al. (FMEA-Handbuch) 2019, S. 94.
[242] vgl. Automotive Industry Action Group (AIAG) et al. (FMEA-Handbuch) 2019, S. 96
[243] vgl. Automotive Industry Action Group (AIAG) et al. (FMEA-Handbuch) 2019, S. 98 ff.
[244] vgl. Automotive Industry Action Group (AIAG) et al. (FMEA-Handbuch) 2019, S. 107.

bewertet, wobei zehn den höchsten Risikobeitrag darstellt.[245] Wichtig ist an dieser Stelle zu berücksichtigen, dass auch für Fehlerfolgenketten, die aus SEL 2.3 übernommen wurden, eine neue Bewertung erfolgt. Grund hierfür ist die Subjektivität in der Bewertung und die Tatsache, dass sich das FMEA-Team zur Erstellung des Absicherungskonzepts in der Realisierung von dem in der frühen Phase unterscheiden sollte.[246]

Gemäß FMEA-Vorgehen werden mittels Aufgabenpriorität (AP) identifizierte Maßnahmen zur Risikoreduzierung priorisiert.[247] Hohe, mittlere und niedrige Review- und Maßnahmenpriorität sind in Tabelle 5-2 dargestellt.

Tabelle 5-2 Hohe, mittlere und niedrige Review- und Maßnahmenpriorität gemäß FMEA-Handbuch[248]

Priorität Hoch (H)	*Hohe Review- und Maßnahmenpriorität* Das Team muss entweder eine angemessene Maßnahme festlegen, um das Auftreten und/oder die Entdeckung zu verbessern, oder begründen und dokumentieren, warum die getroffenen Maßnahmen ausreichend sind.
Priorität Mittel (M)	*Mittlere Review- und Maßnahmenpriorität* Das Team sollte angemessene Maßnahmen identifizieren, um das Auftreten und/oder die Entdeckung zu verbessern oder nach Ermessen des Unternehmens begründen und dokumentieren, warum die getroffenen Maßnahmen ausreichend sind.
Priorität Niedrig (N)	*Niedrige Review- und Maßnahmenpriorität* Das Team kann Maßnahmen identifizieren, um Vermeidungs- und Entdeckungsmaßnahmen zu verbessern.

Unter der dem vorliegenden Anwendungsfall zugrunde liegenden Annahme geringen Erfahrungswissens der Planenden[249] sollten Fehlerfolgen mit hoher und mittlerer Review- und Maßnahmenpriorität im Rahmen der Ermittlung des Ausfallrisikos des Substituts (SEL 4.1) weiter berücksichtigt werden. Da eine weitere Prämisse des vorliegenden Anwendungsfalls darin besteht, dass die Stillstandzeit des Produktionssystems bei der Substitution so gering wie möglich sein soll[250], liegt zudem ein besonderes

---

[245] vgl. Automotive Industry Action Group (AIAG) et al. (FMEA-Handbuch) 2019, S. 108 Die Tabellen zur Bewertung des Auftretens (Tabelle 9-3) und der Entdeckung (Tabelle 9-4) sind im Anhang dargestellt.

[246] Siehe Kapitel 5.2.3. Bei der Durchführung des Absicherungskonzepts in der Realisierung sollte unter anderem der ausgewählte Maschinen- und Anlagenhersteller, der das Substitut liefert, berücksichtigt werden. In der frühen Phase muss zudem davon ausgegangen werden, dass Teilnehmer in der Bewertung involviert sind, die zum Zeitpunkt der Realisierung nicht mehr im Projektteam sind (bspw. technischer Einkauf).

[247] Die Bewertungstabelle zur Bestimmung der Aufgabenpriorität ist im Anhang dargestellt (Tabelle 9-5)

[248] vgl. Automotive Industry Action Group (AIAG) et al. (FMEA-Handbuch) 2019, S. 117.

[249] Siehe Kapitel 3.1.1

[250] Siehe Kapitel 3.1.1 und Kapitel 5.1.2

Augenmerk auf der Auswirkung der Fehlerfolgen auf das eigene Werk und damit die Bewertung der Bedeutung. Tabelle 5-3 zeigt einen Ausschnitt der PFMEA-Bewertung nach AIAG und VDA.

Tabelle 5-3 Bewertung der Bedeutung innerhalb einer Prozess-FMEA[251] (Ausschnitt)

Bewertung der Bedeutung (B) – Prozess-FMEA		
Bewertung der potenziellen Fehlerfolgen nach den untenstehenden Kriterien		
B	**Auswirkung**	**Auswirkung auf eigenes Werk**
10	*Hoch*	Fehler kann Gesundheits- und/oder Sicherheitsrisiken für das Produktions- oder Montagepersonal zur Folge haben
9		Fehler kann zu betriebsinterner Nichteinhaltung der Vorgaben führen
8	*Mäßig hoch*	100% des betroffenen Produktionslaufs müssen möglicherweise entsorgt werden
7		Produkt könnte möglicherweise sortiert und ein Teil (unter 100%) entsorgt werden; Abweichung vom Primärprozess; geringere Produktionsgeschwindigkeit oder zusätzliches Personal
6	*Mäßig niedrig*	100% des Produktionslaufes müssen möglicherweise offline nachbearbeitet und abgenommen werden
5		Ein Teil des Produktionslaufes könnte möglicherweise offline nachbearbeitet und abgenommen werden
4		100% des Produktionslaufes müssen vor Weiterverarbeitung an den Stationen nachbearbeitet werden
3	*Niedrig*	Ein Teil des Produktionslaufes könnte möglicherweise vor Weiterverarbeitung an den Stationen nachbearbeitet werden
2		Geringere Schwierigkeiten für den Prozess, den Betrieb oder den Bediener
1	*Sehr niedrig*	Keine wahrnehmbare Auswirkung

Aus der Bewertungstabelle geht hervor, dass selbst Fehlerfolgen mit einer Bewertung von drei für den vorliegenden Anwendungsfall (hoher Automatisierungsgrad, hohe Stückzahlen, Qualitätsanforderungen nach Automobilstandard) als kritisch betrachtet werden müssen. Daher sollten neben Fehlerfolgen mit einer hohen und mittleren Aufgabenpriorität auch alle Fehlerfolgen mit einer Bewertung von mindestens drei in der Bedeutung (B) im Rahmen von SEL 4.1 Berücksichtigung finden. Die ermittelten Fehlerfolgen sind zudem Eingangsinformation für die Kostenschätzung zur Risikoreduktion (SEL 4.2).

Die Optimierung (Schritt sechs) folgt in Form weiterer Iterationen. Wird die Substitutionsentscheidung basierend auf SEL 4.2 und SEL 5.2 vertagt, erfolgen weitere

[251] vgl. Automotive Industry Action Group (AIAG) et al. (FMEA-Handbuch) 2019, S. 110.

Maßnahmen, die wiederum anhand des Vorgehens von SEL 3.2 geprüft werden und im Absicherungskonzept berücksichtigt werden. Hierzu müssen die Ergebnisse bewertet (Schritt fünf) und neue Aufgabenprioritäten definiert werden. Schritt sieben einer PFMEA umfasst die Dokumentation der Ergebnisse in Form eines Berichts. Die Ziele der Dokumentation liegen unter anderem in der Kommunikation der Ergebnisse und Maßnahmen.[252] Im vorliegenden Anwendungsfall dient der Bericht neben der Projektdokumentation als inhaltliche Grundlage für mögliche weitere Entwicklungsaufgaben für den Maschinen- und Anlagenhersteller, die mit einer weiteren Beauftragung einhergehen können.

5.4 Teilmodell IV: Kontinuierliche Planungsrisikobewertung

Teilmodell vier hat das Ziel der Ermittlung der Ausfallwahrscheinlichkeit des Substituts im Verhältnis zum Mehraufwand, der mit einer relativen Risikoreduktion einhergehen würde. Das Ergebnis ist Informationsgrundlage für die Substitutionsentscheidung in Abhängigkeit von SEL 5.2. Teilmodell vier ordnet sich analog zu Teilmodell drei und Teilmodell fünf zeitlich in die Phase von Realisierung und Vorinbetriebnahme bis hin zur Auslieferung im zugrunde gelegten Prozess zur Anlagenentwicklung (vgl. Kapitel 4.2.2) ein und erfolgt iterativ. Abbildung 5-23 stellt die wesentlichen Eingangs- und Ausgangsgrößen des Teilmodells sowie das Vorgehen dar.

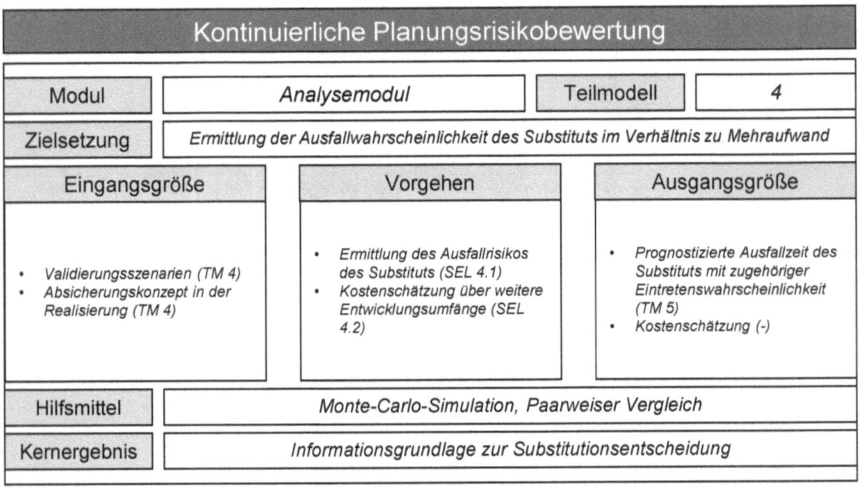

Abbildung 5-23 Kontinuierliche Planungsrisikobewertung

SEL 4.1 dient der Ermittlung des Ausfallrisikos des Substituts in Form einer Prognose darüber, mit welcher Wahrscheinlichkeit (Auftretenswahrscheinlichkeit) das Substitut über welchen Zeitraum (Schaden) ausfallen kann. Das Ergebnis geht in die

---

[252] vgl. Automotive Industry Action Group (AIAG) et al. (FMEA-Handbuch) 2019, S. 125.

Szenarioanalyse (SEL 5.1) aus Teilmodell fünf ein. SEL 4.2 zielt auf die Prognose des zu erwartenden Mehraufwands ab, der mit einer Maßnahme zur relativen Risikoreduktion einhergeht.

5.4.1 Ermittlung des Ausfallrisikos des Substituts

Ein Ausfall ist als „Beendigung der Funktionsfähigkeit [...] einer materiellen Einheit im Rahmen der zugelassenen Beanspruchung“[253] definiert. Der Prozess der Risikobeurteilung erfolgt in den Schritten der Risikoidentifikation, Risikoanalyse und Risikobewertung.[254] Zur Risikoidentifikation bestehen eine Vielzahl weit verbreiteter Methoden und Werkzeuge[255], von denen einige in den bereits beschriebenen Teilmodellen genutzt werden. Die Risikoidentifikation in der Phase der Realisierung erfolgt insbesondere in Teilmodell drei. Teilmodell vier fokussiert die Risikoanalyse und -bewertung – hierbei wird nicht zwischen Methoden der Risikoanalyse und -bewertung unterschieden, da sich diese gegenseitig bedingen.[256] Zusammenfassend wird von der Risikobeurteilung gesprochen.

Die Ergebnisse aus SEL 3.4 werden vor allem qualitativ erhoben und dienen als Grundlage der Bewertung des Ausfallrisikos. Eine Bewertung des Ausfallrisikos des Substituts ist jedoch nur dann im Sinne der Arbeit hinreichend, wenn diese hinsichtlich Auftretenswahrscheinlichkeit und Schadenhöhe quantifizierbar ist. Deshalb erfolgt zunächst eine Übertragung von qualitativen in quantitative Risiken. Auf Grundlage dessen erfolgt die Auswahl einer geeigneten Methode zur Risikobewertung. RÖPKE klassifiziert die Methoden zur Risikobewertung hinsichtlich ihres Vorgehens (induktiv, deduktiv), ihrer Ausgangsgrößen (quantitativ, qualitativ, semiqualitativ, Aggregation), ihrem gegebenenfalls zugrunde gelegten mathematischen Modell (probabilistisch, stochastisch) und ihrer Zeitvarianz (statisch, dynamisch).[257] Zur Lösung der vorliegenden Problemstellung ist ein induktives, auf quantitativen Ausgangsgrößen basierendes Vorgehen mit dynamischer Zeitvarianz zu wählen. Dieser Anforderung wird die Monte-Carlo-Simulation gerecht. Mithilfe von Monte-Carlo-Methoden werden Ereignisse mittels einfacher Zufallsereignisse simuliert.[258] Die Monte-Carlo-Simulation basiert auf dem Gesetz der großen Zahlen wobei hinreichend viele (Pseudo-)Zufallszahlen[259] genutzt werden, um basierend auf einer zu wählenden Verteilung eine Aussage über einen mit einer bestimmten Wahrscheinlichkeit eintretenden Zustand treffen zu können. Somit kann die Monte-Carlo-Simulation als Hilfsmittel genutzt werden eine Aussage über die Auftretenswahrscheinlichkeit eines Ausfalls des Substituts mittels Drei-Punkt-Schätzung zu treffen. GILLEN zeigt, dass sich die Monte-Carlo-Simulation für die

253 Deutsches Institut für Normung (DIN 40041:1990-12) 1990, S. 4.
254 vgl. Deutsches Institut für Normung (DIN ISO 31000) 2018, S. 16.
255 Eine Übersicht von Methoden liefert beispielsweise Röpke (Risikobeurteilung) 2019, S. 54.
256 vgl. Röpke (Risikobeurteilung) 2019, S. 55.
257 vgl. Röpke (Risikobeurteilung) 2019, S. 60 f.
258 vgl. Barbu et al. (Monte Carlo Methods) 2020, S. 1.
259 vgl. Nahrstedt (Monte-Carlo-Methode) 2015, S. 2.

Planung mit unscharfen Informationen grundsätzlich eignet.[260] Die Ermittlung des Ausfallrisikos des Substituts erfolgt in fünf Schritten (vgl. Abbildung 5-24).

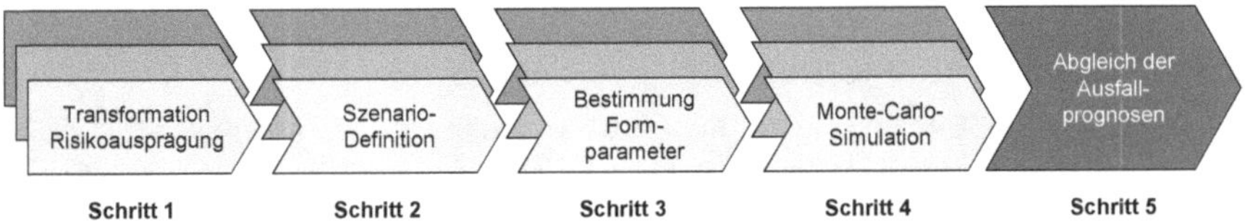

Abbildung 5-24 Ermittlung des Ausfallrisikos des Substituts

In Schritt eins werden die qualitativ bewerteten Risiken (SEL 3.4) quantifiziert. Jede relevante Fehlerfolge mit einer mittleren oder hohen Aufgabenpriorität oder eine Bedeutung mit einem Wert von drei oder höher stellt hierbei ein Risiko dar. Dem gegenüber stehen Gegenmaßnahmen, die in diesem Fall die Behebung der Fehlerfolge nach der Substitution beinhalten und in Stillstandszeit (z.B. Stunden) angegeben werden. Als Verteilung wird eine modifizierte PERT[261]-Verteilung gewählt. Eine PERT-Verteilung basiert auf einer Drei-Punkt-Schätzung. Sie betont im Vergleich zur Dreiecksverteilung weniger stark die Ränder und ist um den wahrscheinlichsten Wert verdichtet.[262] Sie ist insbesondere für Nutzerinnen und Nutzer geeignet, die über wenig Erfahrung in der Parametrisierung von Wahrscheinlichkeitsverteilungen verfügen und ermöglicht die Festlegung der Eckdaten über drei Fragen:[263]

1) „In welchem Bereich liegen die Schäden minimal?" (Best Case)
2) „In welchem Bereich liegen die Schäden maximal?" (Worst Case)
3) „In welchem Bereich rechnen wir am ehesten damit Schäden zu sehen?" (Most-Likely Case)

Bezogen auf den vorliegenden Anwendungsfall bedeutet das, dass für jedes betrachtet Risiko unter Einbezug des Maschinen- und Anlagenherstellers eine Schätzung darüber getroffen wird, mit welcher Ausfallszeit je Risiko im optimalen, wahrscheinlichen und schlechtesten Fall zu rechnen ist (Schritt zwei). Bei der modifizierten PERT-Verteilung besteht die darüber hinaus die Möglichkeit den Formparameter jeder Verteilung zu variieren (Schritt drei). Der Formparameter vier ergibt eine normale PERT-Verteilung. Liegt der Formparameter unter vier verteilt sich die Wahrscheinlichkeit in Richtung der Extreme. Ist der Formparameter größer vier konzentriert sich die Wahrscheinlichkeitsmasse um den wahrscheinlichsten Wert. Somit bildet die modifizierte PERT-Verteilung das gesamte Spektrum zwischen Gleichverteilung und Punktverteilung um den wahrscheinlichsten Wert ab.[264]

---

260 vgl. Gillen (Produktanforderungen) 2019, S. 82.
261 Program Evaluation and Review Technique
262 vgl. Daume et al. (Monte-Carlo-Simulation) 2022, S. 59.
263 vgl. Wehrspohn et al. (Verteilungen) 2022, S. 17.
264 vgl. Wehrspohn et al. (Verteilungen) 2022, S. 19.

Tabelle 5-4 zeigt exemplarisch die prognostizierte Ausfallzeit zur Behebung der Fehlerfolge je Risiko sowie gewählte Formparameter.

Tabelle 5-4 Prognostizierte Ausfallzeit zur Behebung der Fehlerfolge je Risiko (Beispiel)

	Prognostizierte Ausfallzeit zur Behebung der zugehörigen Fehlerfolge (in Stunden)			Form-parameter
	Best Case	Most-Likely Case	Worst Case	
Risiko 1	25	72	100	4
Risiko 2	0	3	10	4
Risiko 3	0	4	12	4
Risiko 4	20	56	70	4
Risiko 5	10	34	60	4
Risiko 6	110	200	300	4

Im Anschluss daran erfolgt die Simulation je Risiko (Schritt vier). Im aufgeführten Beispiel werden Auftretenswahrscheinlichkeit und Schadensausmaß für sechs Risiken bestimmt. Abbildung 5-25 zeigt die Wahrscheinlichkeitsverteilung je Risiko.

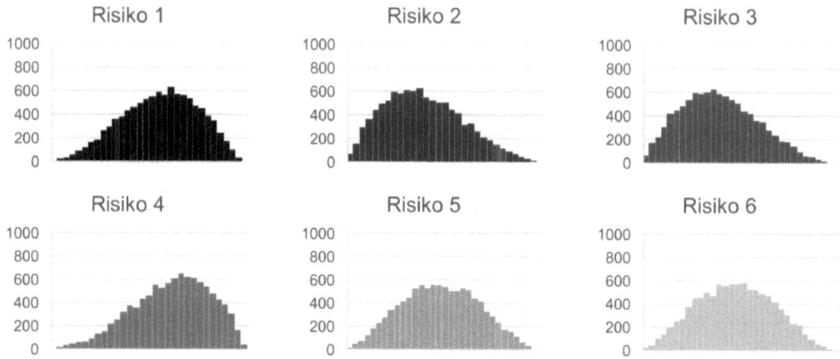

Abbildung 5-25 Ergebnisse der Monte-Carlo-Simulation (Beispiel)

Die Simulation erlaubt schließlich eine Aussage über die Auftretenswahrscheinlichkeit eines Risikos, welches zu einer prognostizierten Ausfallzeit des Substituts führt. Da die Risiken über unterschiedliche Bandbreiten im Schadensausmaß verfügen, werden diese gegeneinander verglichen (Schritt fünf). Am angeführten Beispiel wird ersichtlich, dass Risiko sechs das größte Schadensausmaß impliziert (vgl. Abbildung 5-26). Tritt der durch das Risiko bedingte Schadensfall auf, ist davon auszugehen, dass die Stillstandszeit zu 90% mehr als 155 Stunden beträgt. Mit einer Wahrscheinlichkeit von 10% beträgt die Stillstandszeit mehr als 250 Stunden. Alle weiteren betrachteten

Risiken führen zu einer deutlich geringeren Ausfallzeit. Tabelle 5-5 zeigt je Risiko das erste und neunte Dezil des angeführten Beispiels.

Tabelle 5-5 Erstes und neuntes Dezil je betrachtetem Risiko (Beispiel)

	Risiko 1	Risiko 2	Risiko 3	Risiko 4	Risiko 5	Risiko 6
1. Dezil [Std.]	49,1 Std	1,4 Std	1,8 Std	40,1 Std	21,6 Std	155,5 Std
9. Dezil [Std.]	86,9 Std	6,2 Std	7,7 Std	63,9 Std	46,9 Std	250,4 Std

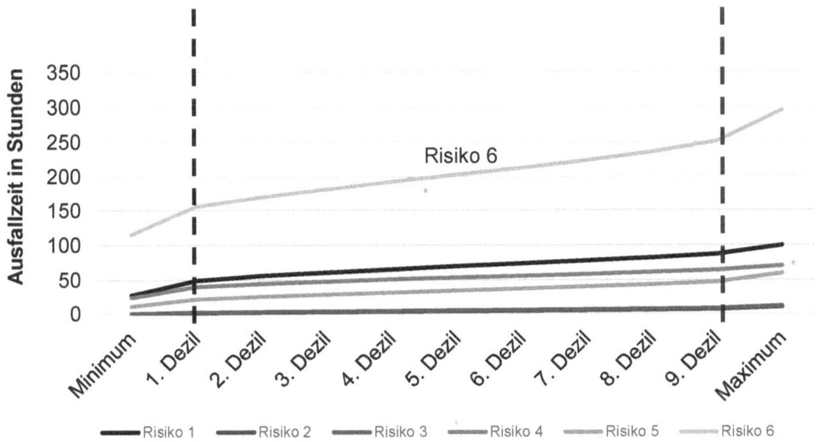

Abbildung 5-26 Vergleich Risiko-bedingter Ausfallzeiten

Die im Rahmen von SEL 4.1 berechneten Ausfallzeiten und -wahrscheinlichkeiten gehen in die deterministische Szenarioanalyse (SEL 5.1) ein.

5.4.2 Kostenschätzung zur Risikoreduktion

Die Substitutionsentscheidung erfolgt in Abhängigkeit des prognostizierten Wertschöpfungsverlusts bedingt durch Ausfallwahrscheinlichkeiten des Produktionssystems im Falle einer Substitution zu einem bestimmten Zeitpunkt und einer bestimmten Risikosituation. Dem prognostizierten Wertschöpfungsverlust (SEL 5.2) in einer bestimmten Risikosituation steht die Möglichkeit der systematischen Risikoreduktion durch weitere Validierungsschleifen oder Entwicklungsprojekte gegenüber. Auf Basis des Absicherungskonzepts in der Realisierung (SEL 3.4) und der im Rahmen von SEL 3.3 abgeleiteten Validierungsszenarien werden im Rahmen von SEL 4.2 Umfänge für ergänzende Entwicklungsprojekte festgelegt, die identifizierte Risiken systematisch reduzieren sollen und nicht Teil des ursprünglich festgelegten Aufgabenumfangs des Maschinen- und Anlagenhersteller sind. Anschließend erfolgt gemeinsam mit den beteiligten Maschinen- und Anlagenherstellern eine Kostenschätzung für die Umsetzung entsprechender Entwicklungsprojekte.

Abbildung 5-27 zeigt das Vorgehen zur Bestimmung ergänzender Entwicklungsprojekte basierend auf den in SEL 3.3 entwickelten Validierungsszenarien und dem Absicherungskonzept in der Realisierung aus SEL 3.4.

Schritt 1	Filterung der Fehlerfolgen nach Aufgabenpriorität und Bedeutung
Schritt 2	Bestimmung der Schnittstellenrelevanz je Fehlerfolge
Schritt 3	Bestimmung von Validierungsbausteinen je Fehlerfolge
Schritt 4	Clustern der Fehlerfolgen nach Validierungsbausteinen und Schnittstellen
Schritt 5	Bestimmung des Validierungssetups

Abbildung 5-27 Vorgehen zur Bestimmung ergänzender Entwicklungsprojekte

Im ersten Schritt erfolgt eine Filterung der identifizierten Fehlerfolgen aus der FMEA (vgl. Kapitel 5.3.4) nach Aufgabenpriorität und Bedeutung. Äquivalent der bereits gegebenen Empfehlung sollten neben Fehlerfolgen hoher und mittlerer Aufgabenpriorität (AP) aufgrund des zugrundeliegenden Anwendungsfalls auch Fehlerfolgen mit niedriger Aufgabenpriorität berücksichtigt werden, deren Bewertung der Bedeutung (B) größer oder gleich drei ist (vgl. Kapitel 5.3.4). Anschließend werden die Fehlerfolgen hinsichtlich ihrer Schnittstellenrelevanz bewertet. Hierbei wird zwischen Halbzeug- und Systemschnittstellen unterschieden. Eine explizite Bestimmung der Schnittstellenrelevanz erfolgt an dieser Stelle aufgrund der Annahme, dass jegliche Fehlerfolgenkette, die ausschließlich innerhalb des Substituts auftritt, ohnehin Teil des Aufgabenumfangs des Maschinen- und Anlagenherstellers ist und deshalb an dieser Stelle aus Sicht des Planenden nicht weiter aufgeführt werden muss. Grundsätzlich besteht jedoch die Möglichkeit – sofern erforderlich – auch solche Fehlerfolgenketten weiterhin zu berücksichtigen. Abbildung 5-28 zeigt exemplarisch zehn Fehlerfolgen wobei Fehlerfolge fünf und Fehlerfolge zehn eine zur weiteren Betrachtung zu niedrige Aufgabenpriorität bzw. Bedeutung haben. Fehlerfolge sieben hat keine Schnittstellenrelevanz und ist somit nicht Teil der weiteren Betrachtung. Hinsichtlich Fehlerfolge sechs und Fehlerfolge acht sind die gleichen Halbzeug- und Systemschnittstellen betroffen. Dies gilt ebenso für Fehlerfolge eins und Fehlerfolge zwei, wobei mit Schnittstelle zwei mit Blick auf Fehlerfolge zwei eine zusätzliche Schnittstelle betroffen ist.

	Schritt 1		Schritt 2		Schritt 3 & Schritt 4			Schritt 5
FF	AP	B	HZS	SS	Sub.	VN	U & R	Set.
FF 1	Hoch	7	HZS 1	SS 1 & 2	H	H	V	1
FF 2	Mittel	8	HZS 1	SS 1	H	V	V	1
FF 3	Hoch	10	HZS 2	SS 3	P	H	V	2
FF 4	Hoch	7	-	SS 4	P	-	-	3
FF 5	Niedrig	2						
FF 6	Mittel	3	HZS 2	SS 1	P	H	V	2
FF 7	Hoch	6	-	-				
FF 8	Mittel	9	HZS 2	SS 1	P	H	V	2
FF 9	Niedrig	6	HZS 2	SS 2	H	H	V	4
FF 10	Niedrig	1						

FF = Fehlerfolge
AP = Aufgabenpriorität
B = Bedeutung
HZS = Halbzeugschnittstelle
SS = Systemschnittstelle
Set. = Validierungssetup
Sub. = Substitut
VN = Vor- & nachgelagerte Prozesse
U&R = Umweltfaktoren & Rahmenbed.
V = Virtuell
H = Hybrid
P = Physisch

Abbildung 5-28 Fehlerfolgen und Bestimmung von Validierungssetups

In Schritt drei erfolgt die Bestimmung geeigneter Validierungsbausteine je Fehlerfolge auf Basis von SEL 3.3. Hierbei wird zwischen drei Validierungsdimensionen (Substitut, vor- und nachgelagerte Prozesse sowie Umweltfaktoren und Rahmenbedingungen) in jeweils drei Ausprägungen (virtuell, hybrid, physisch) unterschieden. Aus Gründen der Kosteneffizienz ist es sinnvoll, jeweils Validierungsbausteine zu wählen, die den Mindestanforderungen an die Fehlerfolge entsprechen. Aus der Zuordnung der Validierungsbausteine je Fehlerfolge resultiert, dass für Fehlerfolge drei, Fehlerfolge sechs und Fehlerfolge acht die gleichen Validierungsbausteine nutzbar sind. Unter der Prämisse, dass hybride Validierungsbausteine eine genauere oder mindestens äquivalente Aussage ermöglichen, wie virtuelle und physische Validierungsbausteine die genauste Aussage möglich machen, wird ein Clustern von Fehlerfolgen hinsichtlich ihrer Ausprägung als sinnvoll erachtet. Dies ermöglicht die Nutzung von Synergieeffekten, sodass mehrere Fehlerfolgen mit demselben Validierungssetup untersucht werden können. Ein Validierungssetup ist als ein explizites Validierungsszenario zu verstehen, das eine definierte Anzahl an Fehlerfolgen unter der Berücksichtigung einer definierten Anzahl an Halbzeug- und Systemschnittstellen untersucht. Im vorliegenden Beispiel ergeben sich vier unterschiedliche Validierungssetups, die in Abbildung 5-29 zusammenfassend dargestellt sind.

	Setup 1	Setup 2	Setup 3	Setup 4
Relevante Fehlerfolgen	FF1; FF2	FF 3; FF 6; FF 8	FF 4	FF 9
Betroffene HZS	HZS 1	HZS 2	-	HZS 2
Betroffene SS	SS 1; SS 2	SS 1; SS 3	SS 4	SS 2
Substitut	Hybrid	Physisch	Physisch	Hybrid
Vor- und nachgelagerte Prozesse	Hybrid	Hybrid	-	Hybrid
Umweltfaktoren und Rahmenbedingungen	Virtuell	Virtuell	-	Virtuell

FF = Fehlerfolge HZS = Halbzeugschnittstelle SS = Systemschnittstelle

Abbildung 5-29 Exemplarische Validierungssetups

Im beschriebenen Beispiel dient Setup eins der weiteren Untersuchung von Fehlerfolge eins und Fehlerfolge zwei. Halbzeugschnittstelle eins und die Systemschnittstellen eins und zwei sind von den zu untersuchenden Fehlerfolgen betroffen. Die Validierung erlaubt im Hinblick auf das Substitut die Nutzung ähnlicher Schnittstellen. Die Auswirkungen der Fehlerfolgen erfordern weitere Anlagenperipherie mit teilweisem Funktionsumfang und Umweltfaktoren und weitere Rahmenbedingungen können anhand von Simulation erfolgen. Setup zwei dient den weiteren Untersuchungen von Fehlerfolge drei, Fehlerfolge sechs und Fehlerfolge acht. Halbzeugschnittstelle zwei und die Systemschnittstellen eins und drei sind von den zu untersuchenden Fehlerfolgen betroffen. Die Validierung erfordert im Hinblick auf das Substitut die Nutzung baugleicher Schnittstellen. Die Auswirkungen der Fehlerfolgen erfordern weitere Anlagenperipherie mit teilweisem Funktionsumfang und Umweltfaktoren und weitere Rahmenbedingungen können anhand von Simulation erfolgen. Setup drei dient der weiteren Untersuchung von Fehlerfolge. Es sind keine Halbzeugschnittstellen aber Systemschnittstelle vier betroffen. Die Validierung erfordert im Hinblick auf das Substitut die Nutzung baugleicher Schnittstellen. Es bestehen keine Auswirkungen auf vor- und nachgelagerte Prozesse. Auch die Umweltfaktoren und weitere Rahmenbedingungen können unberücksichtigt bleiben. Setup vier dient der weiteren Untersuchung von Fehlerfolge neun. Betroffene Schnittstellen sind Halbzeugschnittstelle zwei und Systemschnittstelle zwei. Die Validierung erlaubt im Hinblick auf das Substitut die Nutzung ähnlicher Schnittstellen. Die Auswirkungen der Fehlerfolgen erfordern weitere Anlagenperipherie mit teilweisem Funktionsumfang, Umweltfaktoren und weitere Rahmenbedingungen können anhand von Simulation erfolgen.

Auf Grundlage solcher individuell entwickelten Validierungssetups erfolgt gemeinsam mit den beteiligten Maschinen- und Anlagenherstellern eine Kostenschätzung für die

Umsetzung weiterer Entwicklungsprojekte. Diese ist gemeinsam mit den Ergebnissen aus SEL 5.2 Grundlage für die Substitutionsentscheidung.

5.5 Teilmodell V: Kontinuierliches Planungswertcontrolling

Teilmodell fünf hat das Ziel der Berechnung des Wertschöpfungsverlusts im Falle einer Substitutionsumsetzung. Das Ergebnis ist Informationsgrundlage zur Substitutionsentscheidung in Abhängigkeit von SEL 4.2. Teilmodell fünf ordnet sich analog zu Teilmodell drei und Teilmodell vier zeitlich in die Phase von Realisierung und Vorinbetriebnahme bis hin zur Auslieferung im zugrunde gelegten Prozess zur Anlagenentwicklung (vgl. Kapitel 4.2.2) ein und erfolgt iterativ. Abbildung 5-30 stellt die wesentlichen Eingangs- und Ausgangsgrößen des Teilmodells sowie das Vorgehen dar.

Kontinuierliches Planungswertcontrolling		
Modul	*Analysemodul*	Teilmodell: 5
Zielsetzung	*Berechnung des Wertschöpfungsverlusts bei Substitutionsrealisierung*	
Eingangsgröße	**Vorgehen**	**Ausgangsgröße**
• *Prozessinterdependenzen ausgehend vom zu substituierenden Prozess (TM 1)* • *Stillstandsszenarien (TM 1)* • *Prognostizierte Ausfallzeit des Substituts mit zugehöriger Eintretenswahrscheinlichkeit (TM 4)*	• *Szenarioanalyse der Auswirkungen eines Substitutsausfalls auf das Produktionssystem (SEL 5.1)* • *Kostenmodell zur Berechnung des Wertschöpfungsverlusts (SEL 5.2)*	• *Prognostizierter Wertschöpfungsverlust im Fall einer Integration (-)*
Hilfsmittel	*(deterministische) Szenarioanalyse*	
Kernergebnis	*Informationsgrundlage zur Substitutionsentscheidung*	

Abbildung 5-30 Kontinuierliche Planungswertcontrolling

Im Rahmen von SEL 5.1 wird eine deterministische Szenarioanalyse der Auswirkungen eines Substitutionsausfalls (Ergebnis aus SEL 4.1) auf das Produktionssystem durchgeführt. Die Ergebnisse fließen anschließend in ein Kostenmodell zur Ermittlung des Wertschöpfungsverlusts im Falle einer Substitutionsumsetzung ein.

5.5.1 Deterministische Szenarioanalyse

Bei der klassischen Szenarioanalyse handelt es sich um ein etabliertes Instrument der Entscheidungsvorbereitung und -unterstützung, das insbesondere bei zukunftsorientierten Fragestellungen eingesetzt wird.[265] Somit bietet sich die Nutzung der Szenarioanalyse in ihrer Konstitution als ein geeignetes Hilfsmittel für die Entwicklung eines Vorhersagemodells an. ROMEIKE beschreibt ein Vorgehensmodell bestehend aus acht

[265] vgl. Romeike et al. (Risiko-Management) 2020, S. 233.

Schritten zur Durchführung einer Szenarioanalyse, die als Grundlage des im Folgenden beschriebenen Vorgehens dient (vgl. Abbildung 5-31).[266]

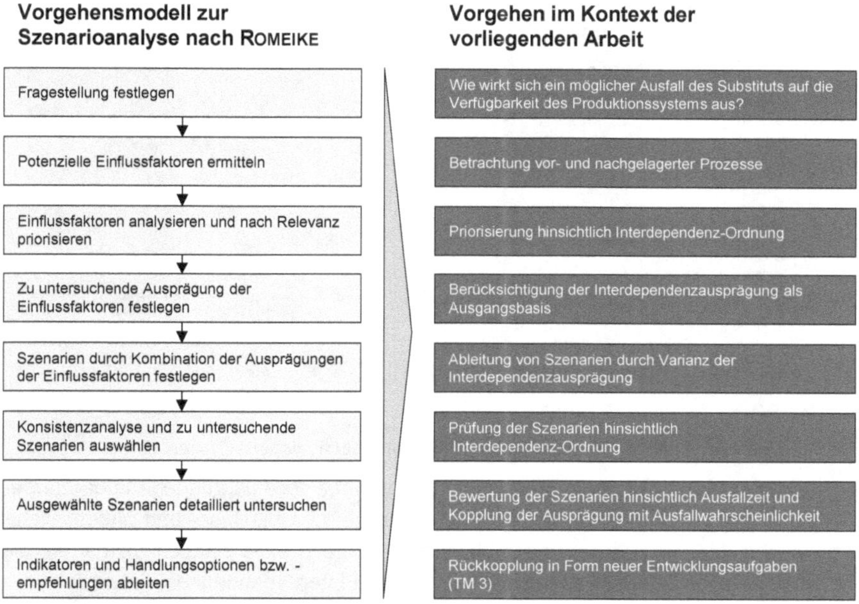

Abbildung 5-31 Vorgehen zur Durchführung der Szenarioanalyse

Potenzielle Einflussfaktoren, die im Rahmen der Szenarioanalyse betrachtet werden sollen, ergeben sich aus den vor- und nachgelagerten Prozessen des Substituts (SEL 1.1). Dem dort genannten Beispiel folgend sind die Prozesse eins bis drei und die Prozesse fünf bis zehn zu betrachten, wenn Prozess vier substituiert wird. Es ist davon auszugehen, dass Prozesse, bei denen ein direkter Wirkzusammenhang zum Substitut besteht, höher zu priorisieren sind als Prozesse, bei denen eine Wirkbeziehung n-ter Ordnung vorliegt. Deshalb erfolgt die Priorisierung der Einflussfaktoren gemäß der jeweils vorliegenden Interdependenz-Ordnung. Einflussfaktoren mit hoher Priorisierung sind demnach Prozess fünf, Prozess sechs und Prozess sieben (vorwärtsgerichtet) sowie Prozess eins, Prozess zwei und Prozess drei (rückwärtsgerichtet). Einflussfaktor mit mittlerer Priorisierung ist Prozess acht (vorwärtsgerichtet). Die rückwärtsgerichtete Interdependenzanalyse zweiter Ordnung berücksichtigt lediglich Prozess eins, Prozess zwei und Prozess drei, die bereits eine hohe Priorisierung erhalten. Eine niedrige Priorisierung besteht für Prozess neun und Prozess zehn (vorwärtsgerichtet). Für die Untersuchung der Ausprägung der Einflussfaktoren wird die jeweilige Interdependenzausprägung herangezogen. Abbildung 5-32 zeigt die Prozesse in Abhängigkeit

[266] vgl. Romeike (Risikomanagement) 2018, S. 168.

ihrer Beeinflussung auf folgende Prozesse und der Beeinflussung durch vorgelagerte Prozesse.

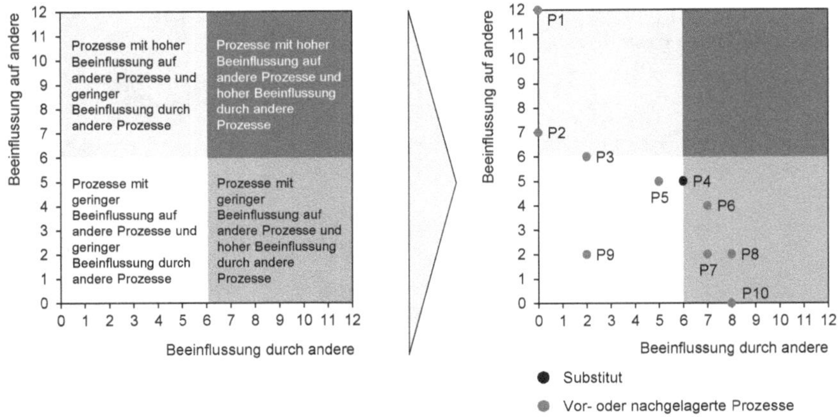

Abbildung 5-32 Analyse der Einflussfaktoren (vor- und nachgelagerte Prozesse)

Die Ableitung von Szenarien erfolgt durch die Varianz der Ausprägungen der Interdependenzen. Hierbei wird werden ein Best-Case-, ein Worst-Case- und andere wahrscheinliche Szenarien entworfen. Abbildung 5-33 zeigt exemplarisch Szenarien, die durch Varianz der Ausprägungen der betrachteten Interdependenzen, entworfen wurden.

	Szenario 1 Most Likely	**Szenario 2** Best Case	**Szenario 3** Worst Case	Szenario 4 Alternative	**Szenario 5** Alternative	**Szenario 6** Alternative
Prozess 1	2	0	2	1	2	2
Prozess 2	2	0	2	2	2	2
Prozess 3	2	0	2	1	1	2
Prozess 4	**Substitut**					
Prozess 5	2	0	2	2	2	1
Prozess 6	2	0	2	1	2	1
Prozess 7	1	0	2	1	2	1
Prozess 8	0	0	0	0	0	0
Prozess 9	0	0	0	0	0	0
Prozess 10	0	0	0	0	0	0

2	starker Einfluss
1	mittlerer Einfluss
0	kein Einfluss

Abbildung 5-33 Ableitung von Szenarien

Anschließend erfolgt eine Konsistenzanalyse der betrachteten Szenarien. Im vorgestellten Beispiel sind die Wirkzusammenhänge von Prozess fünf und Prozess sechs auf ähnliche technische Randbedingungen zurückzuführen. Deshalb führt eine unterschiedliche Ausprägung der beiden Interdependenzen zur Inkonsistenz der Bewertung und wird im weiteren Verlauf nicht betrachtet. Als letzter Schritt erfolgt eine

Verknüpfung der vorliegenden Ausprägungen der Interdependenzen mit einer Ausfallwahrscheinlichkeit und -zeit. Die Schätzung der Ausfallzeit steht in Abhängigkeit des zu behebenden Mangels und sollte gemeinsam mit dem Anlagenhersteller durchgeführt werden. Für die Schätzung des Ausfallrisikos dient das ermittelte Ausfallrisiko des Substituts als Grundlage. Dieses kann mittels Faktoren auf die vor- und nachgelagerten Prozesse übertragen werden. Besteht eine starke Interdependenz sollte der Faktor eins gewählt werden. Für Interdependenzen mit mittlerem Einfluss wird ein Faktor größer null und kleiner eins empfohlen. Prozesse, die das Substitut nicht beeinflussen oder nicht beeinflusst werden, werden nicht weiter betrachtet. Die entwickelten Szenarien dienen als Eingangsgröße für das Kostenmodell zur Berechnung des Wertschöpfungsverlusts (SEL 5.2).

5.5.2 Kostenmodell zur Berechnung des Wertschöpfungsverlusts

Basierend auf den ermittelten Ausfallwahrscheinlichkeiten und -zeiten aus SEL 5.1 sowie unter Berücksichtigung des Stillstandplans aus SEL 1.2 erfolgt die Berechnung des erwarteten Wertschöpfungsverlusts im Fall einer Substitutionsumsetzung. Der erwartete Wertschöpfungsverlust wird anhand der Verfügbarkeit des Produktionssystems vor dem Hintergrund der Substitution ermittelt. In Kapitel 5.1.2 wurde bereits die Möglichkeit eines sequenziellen Umbaus bei parallel angeordneten Anlagen erläutert. Außerdem wurde beschrieben, dass das höchste technische Risiko besteht, wenn das Substitut ein Engpass im Produktionssystem darstellt.

Diesem Verständnis folgend werden Grundfunktionen in Abhängigkeit der Beziehung zwischen Substitut und vor- bzw. nachgelagertem Prozess formuliert. Die Grundfunktionen sind in Abbildung 5-34 dargestellt. In der weiteren Beschreibung erfolgt zur Komplexitätsreduktion keine explizite Berücksichtigung von Hochlaufkurven zwischen einzelnen Umbauzeiträumen. Es wird angenommen, dass der Umbau des Substituts zeitlich vor oder gleichzeitig mit dem Umbau des relationalen Prozesses erfolgt, nicht aber zeitlich folgend.

Neben der Beziehung zwischen Substitut und vor- bzw. nachgelagertem Prozess (im Folgenden „relationaler Prozess") ist der Umstand zu berücksichtigen, ob Parallelarbeit an Substitut („S") und relationalem Prozess („X") möglich ist oder nicht. Sind sowohl Substitut als auch relationaler Prozess als parallel angeordnete Anlagen (n-fach) ausgeführt, reduziert sich die Verfügbarkeit des Produktionssystems um 1/n während des Umbauzeitraums. Ist Parallelarbeit möglich, entspricht der Umbauzeitraum dem größten Zeitaufwand zwischen Umbauzeitraum des Substituts und des relationalen Prozesses. Ist Parallelarbeit nicht möglich, entspricht der Umbauzeitraum der Summe aus Umbauzeitraum des Substituts und Umbauzeitraum des relationalen Prozesses. Eine parallele Anordnung impliziert, dass ein Stillstand des gesamten Produktionssystems – zumindest theoretisch – ausbleibt. Bildet das Substitut einen Engpass und der relationale Prozess ist parallel angeordnet (n-fach), ergibt sich hieraus zwingend ein Zeitraum, in dem das Produktionssystem stillsteht. Ist Parallelarbeit möglich und der Umbauzeitraum des Substituts länger als der des relationalen Prozesses, entspricht der Stillstandszeitraum des Produktionssystems dem Umbauzeitraum des Substituts. Der Umbauzeitraum des relationalen Prozesses hat keine expliziten Auswirkungen auf den Stillstand des Produktionssystems. Ist Parallelarbeit möglich und der Umbauzeitraum des Substituts kürzer als der des relationalen Prozesses, entspricht der Stillstandszeitraum des Produktionssystems ebenfalls dem Umbauzeitraum des Substituts. Für den verbleibenden Umbauzeitraum des relationalen Prozesses jedoch ergibt sich eine theoretische Verfügbarkeit des Produktionssystems in Abhängigkeit der Anzahl parallel angeordneter Anlagen. Ist Parallelarbeit nicht möglich, erfolgt ein Stillstand des Produktionssystems über den Umbauzeitraum des Substituts. Der zeitlich folgende Umbau des relationalen Prozesses resultiert in einer verminderten Verfügbarkeit des Produktionssystems.

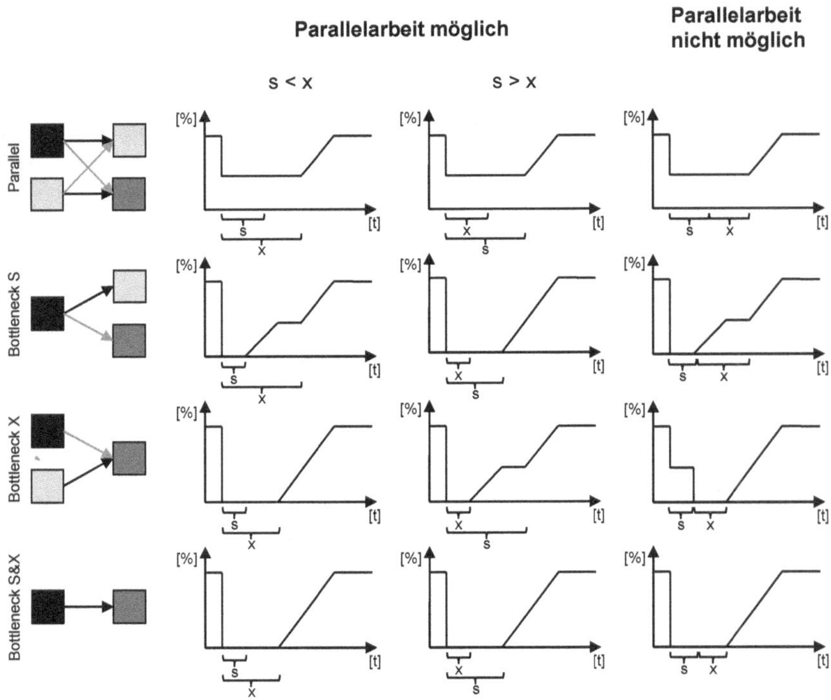

Abbildung 5-34 Grundfunktionen zur Beschreibung des Wertschöpfungsverlusts

Ist das Substitut als parallel angeordnete Anlage (n-fach) ausgeführt und der relationale Prozess als Engpass, ergeben sich ebenso zwingend Stillstandszeiträume des Produktionssystems. Ist Parallelarbeit möglich und der Umbauzeitraum des relationalen Prozesses länger als der Umbauzeitraum des Substituts, entspricht der Stillstandszeitraum des Produktionssystems dem Umbauzeitraum des relationalen Prozesses. Der Umbauzeitraum des Substituts hat somit keine expliziten Auswirkungen auf den

Stillstand des Produktionssystems. Ist Parallelarbeit möglich und der Umbauzeitraum des relationalen Prozesses kürzer als der des Substituts, entspricht der Stillstandzeitraum des Produktionssystems ebenfalls dem Umbauzeitraum des relationalen Prozesses. Für den verbleibenden Umbauzeitraum des Substituts jedoch ergibt sich eine theoretische Verfügbarkeit des Produktionssystems in Abhängigkeit der Anzahl parallel angeordneter Anlagen. Ist Parallelarbeit nicht möglich resultiert der Umbau des Substituts in einer verminderten Verfügbarkeit des Produktionssystems. Anschließend erfolgt ein Stillstand des Produktionssystems über den Umbauzeitraum des relationalen Prozesses.

Bilden sowohl Substitut als auch relationaler Prozess einen Engpass, resultiert dies in einem Stillstand des Produktionssystems. Der Stillstandszeitraum entspricht bei möglicher Parallelarbeit der jeweils längeren Umbauzeit. Ist Parallelarbeit nicht möglich, entspricht der Stillstandszeitraum des Produktionssystems der Summe aus Umbauzeitraum des Substituts und Umbauzeitraum des relationalen Prozesses.

Aus SEL 5.1 geht hervor, dass es der Logik der Grundfunktionen folgend mehrere relationale Prozesse bei einer Substitution geben kann. Entsprechend kann die Ermittlung der Verfügbarkeit des Produktionssystems gemäß voriger Beschreibung für mehrere unterschiedliche Szenarien gleichzeitig erfolgen. Basisszenario zur Bewertung der Szenarien hinsichtlich des zu erwartenden Wertschöpfungsverlusts ist der Stillstandsplan aus SEL 1.2. Anschließend wird der prognostizierte Wertschöpfungsverlust ins Verhältnis zu erwartetem Mehraufwand aufgrund weiterer Entwicklungsumfänge (SEL 4.2) gesetzt und auf Basis dessen die Substitutionsentscheidung getroffen. Unterschreitet der prognostizierte Wertschöpfungsverlust die erwarteten Mehraufwände weiterer Entwicklungsaufwände zur systematischen Risikoreduktion, erfolgt die Substitutionsumsetzung.

5.6 Zwischenfazit

Gemäß der Zielsetzung der vorliegenden Arbeit[267] und der hieraus abgeleiteten Forschungsfrage und den Nebenforschungsfragen wurde in Kapitel 5 eine Methodik entworfen, die für die Planung von Technologiesubstitutionen in bestehenden Produktionssystemen herangezogen werden kann. Die wesentliche der Methodik zugrundeliegende Prämisse besteht in mangelndem Erfahrungswissen des Planenden bedingt durch den Umstand, dass das bestehende Produktionssystem und das zu produzierende Produkt eines der ersten seiner Art im Unternehmen ist. Dargelegt wurde die dieser Arbeit zugrundeliegende Ausgangssituation am Beispiel der Produktion elektrischer Antriebe[268] - es besteht jedoch der Anspruch auf Allgemeingültigkeit und damit

[267] Siehe Kapitel 1.2
[268] Vergleiche den Handlungsbedarf aus der Praxis (vgl. Kapitel 2.6)

auf die grundsätzliche Eignung für andere Branchen und Anwendungsfälle.[269] Die Methodik soll ein vollumfängliches Hilfsmittel für den Planenden darstellen, um Risiken einer Substitutionsumsetzung sukzessive zu reduzieren und vor dem Hintergrund der Wirtschaftlichkeit des Vorhabens zu bewerten. Der Leitgedanke der Substitutionsentscheidung – der Entscheidung über die Substitutionsumsetzung – besteht darin, dass es einen Zeitpunkt gibt, an dem Kosten für weitere Entwicklungs- und Validierungsumfänge zur Reduktion des Ausfallrisikos den prognostizierten Wertschöpfungsverlust des Produktionssystems im Falle einer Substitutionsumsetzung übersteigen.

Die Methodik ist in drei Phasen, fünf Teilmodelle und 14 Systemelemente unterteilt. Sie soll damit den Grundprinzipien des SE-Vorgehensmodells nach HABERFELLNER ET AL.[270] sowie den formalen Anforderungen[271] gerecht werden. In Teilmodell eins erfolgt die Bewertung der Vorhabenskomplexität und damit die Abgrenzung des individuellen Betrachtungsgegenstands in Abhängigkeit des jeweiligen Vorhabens. Somit wird den beschriebenen Anforderungen der Allgemeingültigkeit und Übertragbarkeit Rechnung getragen. Zudem erhält der Planende einen ersten Überblick über den geplanten Umfang des Vorhabens, womit die Berücksichtigung geringen Erfahrungswissens in erster Instanz erfolgt. Das Ergebnis aus Teilmodell eins besteht aus einer Interdependenzanalyse, der Definition von Stillstandszenarien sowie System- und Halbzeugschnittstellen. Alle drei Systemelemente aus Teilmodell eins adressieren die Anforderung der Berücksichtigung von Limitation bedingt durch das Bestandssystem[272]. Durch SEL 1.3 wird die Möglichkeit geschaffen Halbzeuge ein- und auszuschleusen. Hierdurch können Auswirkungen auf das Produkt untersucht und erneute Produktfreigaben durchlaufen werden. Außerdem erfolgt der Systemschnitt in Abhängigkeit des individuellen Änderungsumfangs (Berücksichtigung unterschiedlicher Systemebenen[273]), wodurch der formalen Anforderung der Skalierbarkeit Rechnung getragen wird. Im Rahmen von Teilmodell eins wird die Design Structure Matrix (DSM) als Hilfsmittel herangezogen. Teilmodell zwei ist als Entscheidungsmodell ausgeführt und zielt auf die Entscheidung über die Vorhabensrealisierung ab. Hierzu werden Lösungskonzepte von Maschinen- und Anlagenherstellern bewertet und ein erstes Absicherungskonzept, basierend auf dem FMEA-Vorgehen, entworfen. Die Bewertungskriterien können individuell festgelegt werden (Anforderung der Allgemeingültigkeit und Übertragbarkeit). Durch die initiale Bewertung möglicher Risiken im Projektverlauf wird die Anforderung der Berücksichtigung einer multilateralen Projektkonstitution bestehend aus Maschinen- und Anlagenhersteller(n) und Auftraggeber adressiert. Ein möglicher Ergebnispfad aus Teilmodell zwei liegt in einer oder mehreren Teilrealisierungen zur

[269] Formale Anforderungen an die Methodik liegen unter anderem in der Allgemeingültigkeit und Übertragbarkeit der Methodik (vgl. Kapitel 3.1.2)
[270] Siehe Kapitel 4.1.1
[271] Siehe Kapitel 3.1
[272] Siehe Kapitel 3.1.1
[273] Siehe Kapitel 5.1.3

Reduktion des Risikos vor der Realisierung des eigentlichen Vorhabens und damit der Festlegung auf einen Technologielieferanten. Die Entscheidung über eine oder mehrere Teilrealisierungen erfolgt iterativ in Abhängigkeit der Ergebnisse der einzelnen Systemelemente. Als Hilfsmittel werden paarweiser Vergleich, morphologische Kästen, Nutzwertanalyse, Checkliste und Teile des FMEA-Vorgehens herangezogen.

Teilmodell drei, Teilmodell vier und Teilmodell fünf erfolgen zeitlich parallel und sind in ihrer Gesamtheit iterativ ausgestaltet. Die Ergebnisse aus Teilmodell drei dienen als Input für Teilmodell vier, in dem die Ausfallwahrscheinlichkeit des Substituts ermittelt (Input für Teilmodell fünf) und eine Kostenschätzung über weitere Validierungsaktivitäten getroffen wird. Mit Teilmodell vier und Teilmodell fünf wird der Anforderung an aufwandorientierte Messbarkeit von Kosten im Verhältnis zur weiteren Risikoreduktion Rechnung getragen. Durch Dreipunktschätzungen von Ausfallzeiten (SEL 4.1) gemeinsam mit dem Maschinen- und Anlagenhersteller werden abermals die Anforderungen an die Berücksichtigung von geringem Erfahrungswissen durch den Planenden und einer multilateralen Projektkonstitution adressiert. Als Hilfsmittel werden Teile des FMEA-Vorgehens (Teilmodell drei), Monte-Carlo-Simulation, paarweiser Vergleich (Teilmodell vier) und deterministische Szenarioanalyse (Teilmodell fünf) herangezogen. Zur Wahrung der Handhabbarkeit werden innerhalb der Methodik ausschließlich Hilfsmittel verwendet, die bereits heute breite Anwendung in der Industrie finden oder aufwandsarm implementiert werden können. Die Unterteilung in Phasen, Teilmodelle und Systemelemente ermöglicht grundsätzlich die Nutzung einzelner Methodikbestandteile (Anforderung an Modularität). Es ist jedoch individuell zu prüfen, ob und inwiefern einzelne Bestandteile der Methodik losgelöst aus dem Gesamtzusammenhang ihren Zweck erfüllen. Es wurde gezeigt, dass die entwickelte Methodik in ihrer Konstitution den inhaltlichen und formalen Anforderungen gerecht wird. Es folgt die Anwendung der Methodik im folgenden Kapitel.

6 Anwendung der Methodik

Die Strategie zur angewandten Forschung nach ULRICH erfordert eine Prüfung der entwickelten Methodik im Anwendungszusammenhang.[274] Insbesondere zur Prüfung der Handhabbarkeit und Übertragbarkeit[275] wird ein Anwendungsfall ausgewählt (vgl. Kapitel 6.1). Dieser wird anschließend beschrieben und die Methodik anhand des ausgewählten Beispiels angewendet. Ergebnisse und Anwendung werden anschließend vor dem Hintergrund der inhaltlichen und formalen Anforderungen (vgl. Kapitel 3.1) kritisch reflektiert (vgl. Kapitel 6.3).

6.1 Auswahl des Anwendungsfalls

Der Betrachtungsbereich der vorliegenden Arbeit liegt in der Industrialisierung und Produktion elektrischer Antriebe. Bei der Produktion elektrischer Antriebe gilt der Stator mit Hairpin-Wicklung als eine Komponente mit komplexen Wirkzusammenhängen in der Herstellung. Die Produktion von Hairpin-Statoren ist durch eine Vielzahl unterschiedlicher Fertigungsprozesse, wie auch die Verwendung unterschiedlicher Materialien geprägt, die für die Automobilindustrie bis zu Beginn der Elektrifizierung weitestgehend unbekannt waren. Das im Anwendungsfall betrachtete Produktionssystem ist das erste seiner Art im Unternehmen (Großserie, Stator mit Hairpin-Wicklung). Die Spezifikation des Produktionssystems ist eher produkt- als prozessorientiert erfolgt (vgl. Kapitel 2.5.2). Das Produktionssystem wurde durch einen Maschinen- und Anlagenhersteller entwickelt und aufgebaut, der als Generalunternehmer bis zur Serienfreigabe die Prozessverantwortung innehat. Die Vergabe erfolgte geschlossen. In Kapitel 5.1.2 wurde beschrieben, dass eine wesentlicher Einflussfaktor auf das technische Risiko bei einer Technologiesubstitution darin besteht, ob das Substitut einen Engpass innerhalb des Produktionssystem darstellt, oder ob der zu substituierende Prozess durch mehrere baugleiche Anlagen durchgeführt wird. Im vorliegenden Fall besteht die Möglichkeit eines sequenziellen Umbaus.

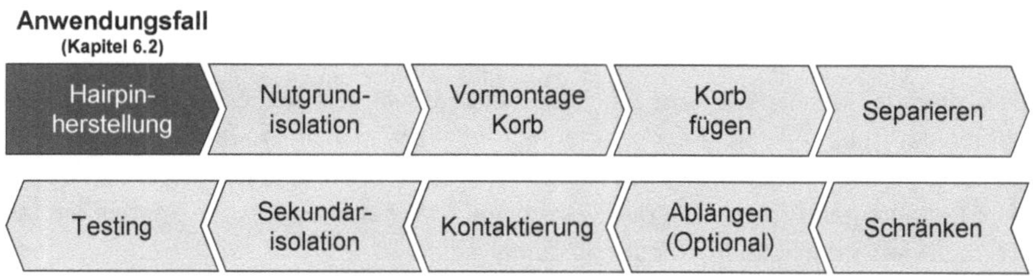

Abbildung 6-1 Betrachteter Prozessschritt für die Anwendung der Methodik

[274] vgl. Ulrich (Management) 1984, S. 193.
[275] Formale Anforderungen an die entwickelte Methodik (vgl. Kapitel 3.1)

Im Anwendungsfall handelt es sich um eine tatsächlich erfolgte Technologiesubstitution in der industriellen Praxis anhand derer die Methodik retrospektiv angewendet und validiert wird. Die Anwendung und deren Ergebnis wurde mit den Projektbeteiligten kritisch reflektiert. Zur Wahrung der Anonymität wurden die verwendeten Daten verändert, sodass keine Rückschlüsse auf das beschriebene Unternehmen gezogen werden können.

6.2 Anwendungsfall

Der Anwendungsfall bezieht sich auf das Produktionssystems eines Premium-Fahrzeugherstellers. Ziel der Substitution ist der Tausch der Richteinheiten in den Anlagen zur Hairpinherstellung. Im Folgenden wird die Methodik bis zur Substitutionsentscheidung durchlaufen. Abbildung 6-2 zeigt das Layout für den Anwendungsfall.[276]

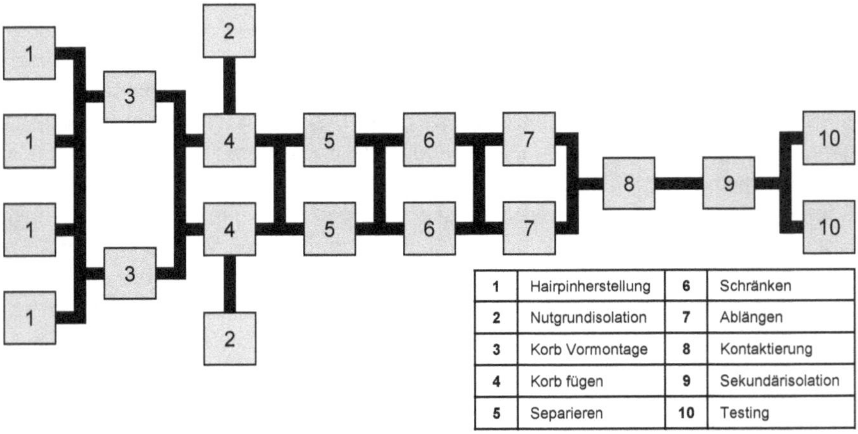

Abbildung 6-2 Layout des Produktionssystems

6.2.1 Teilmodell 1: Klassifizierung der Technologiesubstitution

SEL 1.1: Iterative Analyse der Prozesswechselwirkungen

Die vorwärts gerichtete Interdependenzanalyse ergibt in erster Stufe, dass mit Ausnahme der Nutgrundisolation alle folgenden Prozesse in mittlerer oder starker Ausprägung durch die Hairpinherstellung (Prozess eins) beeinflusst werden. Da es sich bei dem betrachteten Prozess um den ersten innerhalb der Prozesskette handelt, entfällt die rückwärts gerichtete Interdependenzanalyse.

276 Aus Gründen der Geheimhaltung wurden Layout und Anzahl der Anlagen je Prozessschritt verändert.

Beeinflussender Prozessschritt	Wechselwirkungen	1 Hairpinherstellung	2 Nutgrundisolation	3 Korb Vormontage	4 Korb fügen	5 Separieren	6 Schränken	7 Ablängen	8 Kontaktierung	9 Sekundärisolation	10 Testing
1	Hairpinherstellung		0	2	2	2	2	1	1	1	2
2	Nutgrundisolation			0	2	0	0	0	1	2	2
3	Korb Vormontage				2	1	1	1	1	0	0
4	Korb fügen					2	2	1	0	0	0
5	Separieren						2	2	1	0	0
6	Schränken							2	2	0	0
7	Ablängen								2	0	0
8	Kontaktierung									0	2
9	Sekundärisolation										2
10	Testing										

(Spaltenüberschrift: Beeinflusster Prozessschritt)

Legende:
- 2 starker Einfluss
- 1 mittlerer Einfluss
- 0 kein Einfluss

Abbildung 6-3 Prozesswechselwirkungen (Anwendungsfall 1)

Auf Basis des Systemschnitts (SEL 1.3) wird ersichtlich, dass es sich beim Substitut um ein Subsystem (Richteinheit) handelt. Dies grenzt die im weiteren betrachteten nachgelagerten Prozessschritte weiter ein. Außerhalb der weiteren Betrachtung liegen die Prozesse Schränken, Ablängen und Kontaktierung.

SEL 1.2: Stillstandsplanung

Gemäß der in Kapitel 5.1.2 formulierten Leitfragen erfolgt die Analyse der Stillstandssituation. Im angeführten Fall ist kein Planstillstand vorgesehen. Es kann lediglich ein in Anbetracht der Vorhabensdauer zu vernachlässigender Stock aufgebaut werden. Es wird in der Folge damit gerechnet, dass kein Stockaufbau möglich ist. Das Produktionssystem erlaubt einen sequenziellen Umbau der Linie. Insgesamt acht Anlagen zur Hairpinherstellung befinden sich im Produktionssystem. Diese werden, sofern die Erst-Substitution erfolgreich verläuft, nacheinander realisiert.

SEL 1.3: Systemschnitt

Im vorliegenden Anwendungsfall soll die Richteinheit substituiert werden. Diese stellt ein Subsystem der Anlage zur Hairpinherstellung dar. Vor den eigentlichen Biegeoperationen (hier Schwenk- und Gesenkbiegen) wird der Draht von einem Coil mittels Haspel abgerollt. Anschließend erfolgt der Richtprozess, um Eigenspannungen und Krümmung zu reduzieren. Der Draht wird partiell abisoliert, in Stücke geschnitten und schließlich in Form gebracht.[277] Zwischen den beschriebenen Sub-Prozessen besteht eine hohe Interdependenz. Eine Ausschleusung des Halbzeugs zwischen den Subprozessen zur Funktionsprüfung ist technisch schwer umsetzbar und bietet nicht die

[277] Zur detaillierten Beschreibung der Prozesskette siehe Kapitel 2.4

notwendige Informationsgrundlage, um adäquate Entscheidungen im Verlauf des Vorhabens treffen zu können. Entsprechend liegt der Betrachtungsbereich in der gesamten Anlage zur Hairpinherstellung. Abbildung 6-4 zeigt den Systemschnitt im betrachteten Anwendungsfall.

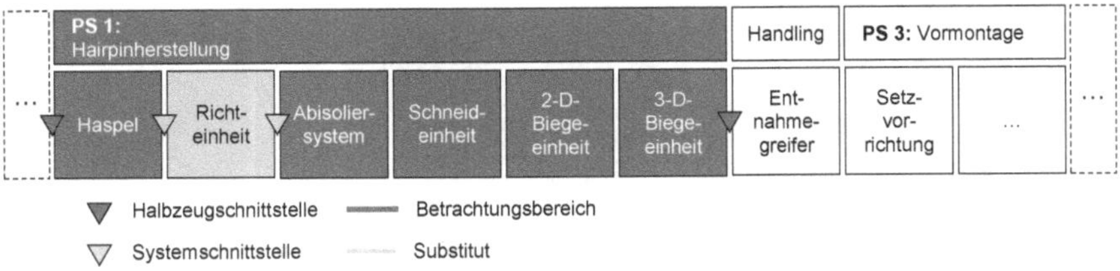

Abbildung 6-4 Systemschnitt (Anwendungsfall 1)

6.2.2 Teilmodell 2: Taktische Lösungsraumidentifikation

SEL 2.1: Bewertung von Lösungsvorschlägen

Es folgt im Rahmen von SEL 2.1 die Definition von ersten Bewertungskriterien. Im Anwendungsfall hat das Vorhaben keine Auswirkungen auf das bestehende Layout. Die Investitionskosten variieren nur in begrenztem Umfang. Von hoher Wichtigkeit sind Kriterien wie das technische Prozessergebnis, Bedienbarkeit, Einstellbarkeit, mechanische Schnittstellen, Erfahrung des Anlagenherstellers mit dem Lieferanten der Richteinheit, Referenzen vergangener Projekte und die Lieferzeit.

SEL 2.2: Schnittstellenprüfung

Anhand der Checkliste aus SEL 2.2 (vgl. Tabelle 5-1) erfolgt eine erste Bewertung der Systemschnittstellen, die zeigt, dass eine Hauptherausforderung in der Berücksichtigung mechanischer Schnittstellen besteht. Zudem wird eine unregelmäßige Varianz im Eingangszustand des Halbzeugs beobachtet. Jegliche zu berücksichtigenden Schnittstellen entsprechen branchenüblichen Standards und erfordern keine gesonderte Betrachtung in Form einer Teilrealisierung vor Vorhabensrealisierung.

SEL 2.3: Absicherungskonzept in der frühen Phase

Basierend auf bekannten Fehlerbildern verursacht durch den Richtprozess wird im Rahmen von SEL 2.3 eine Funktions- und Fehleranalyse durchgeführt.[278] Der Richtprozess hat signifikanten Einfluss auf die Funktionserfüllung von Hairpins und damit auch auf die Produktfunktionalität. Ein falsch parametrisierter Prozess kann beispielsweise in einer geringeren HV-Festigkeit resultieren. Dies wiederum erhöht die Ausfallwahrscheinlichkeit des Stators. Die Bedeutung einer solchen Fehlerfolge wird als mäßig hoch bewertet. Es werden keine Fehlerfolgen identifiziert, die nach Einschätzung der Planenden im Rahmen einer separaten Teilrealisierung weiter untersucht werden

[278] Ausschnitte hiervon siehe Abbildung 9-9 im Anhang

müssen. Es wird sich für ein Lösungskonzept entschieden, sodass mit der Vorhabensrealisierung begonnen werden kann.

6.2.3 Teilmodell 3: Technische Lösungsdetaillierung

Die Phase der Vorhabensrealisierung (Durchführungszeitraum der Teilmodelle drei, vier und fünf) ist iterativ ausgeführt. Im Folgenden erfolgt die Beschreibung der ersten Iterationsstufe je SEL. Die Auswirkungen weiterer Iterationsstufen werden in Kapitel 6.2.6 (Substitutionsentscheidung) beschrieben.

SEL 3.1: Identifikation unbekannter Unbekannten

Im Zuge erster Erprobungen der Richteinheit im Labor wird eine geringe Streuung des Richtergebnisses festgestellt. Diese steht in Zusammenhang mit vorher nicht beobachtbaren Schwingungen des Drahtes beim Einführen in die Richteinheit. Die Schwingungen korrelieren aller Voraussicht nach mit der Vorschubgeschwindigkeit. Es erfolgt der Transfer des Fehlerbildes in die industrielle Anwendung mit dem Ergebnis, dass Gegenmaßnahmen getroffen werden sollten. Hieraus ergibt sich ein Risiko, welches im Rahmen von SEL 3.4 als Fehlerfolge berücksichtigt wird (R9 in Abbildung 9-11).

SEL 3.2: Prüfung der Funktionserfüllung

Zur Prüfung der Funktionserfüllung liegen keine produktionshistorischen Daten in ausreichender Menge vor, die ein Gegenüberstellung mit den Ergebnissen der Laborversuche erlauben. Deshalb erfolgt für den ersten Moment ein Soll-Ist-Abgleich auf Basis technischer Zeichnungen. Eine Prüfung der Funktionserfüllung durch Einschleusen in das Produktionssystem ist nicht ohne weiteres möglich, da die Richteinheit über keine Halbzeugschnittstellen verfügt (vgl. Abbildung 6-4). Um das Richtergebnis ganzheitlich beurteilen zu können, müsste die Entscheidung getroffen werden die Richteinheit in eine (vergleichbare) Anlage zur Hairpinherstellung im Laborumfeld einzubauen (SEL 3.4). Dies würde die Fertigung ganzer Hairpins, welche anschließend in das Produktionssystem eingeschleust werden, ermöglichen. Ein derartiges Vorgehen wird im Zuge möglicher weiterer Iterationsschleifen berücksichtigt. Hieraus ergeben sich die Risiken R1 bis R8, R10 und R12 in Abbildung 9-11.

SEL 3.3: Auswahl von Validierungsbausteinen zur Schnittstellenprüfung

Im vorliegenden Anwendungsfall variieren Halbzeug- und Systemschnittstellen in ihrer Ordnung (vgl. Kapitel 5.3.3 sowie Abbildung 6-4). Hinsichtlich des Substituts ist eine Validierung mit ähnlichen Schnittstellen ebenso denkbar wie eine Validierung mit baugleichen Schnittstellen. Da der Draht einen großen Einfluss auf den Richtprozess hat und in seiner Beschaffenheit stark variiert, wird von einer reinen Simulation abgesehen. Hinsichtlich der Untersuchung von Auswirkungen auf vor- und nachgelagerte Prozesse ist eine virtuelle, hybride und physische Validierung als zielführend zu betrachten. Umweltfaktoren und weitere Randbedingungen finden keine Berücksichtigung. Es ergibt sich eine theoretische Anzahl von sechs Validierungssetups je Schnittstelle.

Abbildung 6-5 zeigt die im Rahmen von Anwendungsfall eins ausgewählten Validierungsbausteine.

	Validierungsbausteine entlang der Dimensionen		
	Substitut	Vor- & nachgelagerte Prozesse	Umweltfaktoren und Rahmenbedingungen
Virtuell	Simulation	Datenbasierter Soll-/ Ist-Vergleich	Simulation
Hybrid	Validierung mit ähnlichen Schnittstellen	Anlagenperipherie mit teilweisem Funktionsumfang	Kopplung mechanischer Bedienelemente und virtuellem System
Phys.	Validierung mit baugleichen Schnittstellen	Anlagenperipherie mit vollständigem Funktionsumfang	Reallabor

[grau hinterlegt] = mögliche Validierungsbausteine für Anwendungsfall 1

Abbildung 6-5 Anwendungsfall: Auswahl von Validierungsbausteinen

SEL 3.4: Absicherungskonzept in der Realisierung

Im Zuge von SEL 3.4 erfolgt die Entwicklung eines Absicherungskonzepts basierend auf dem PFMEA-Ansatz.[279] Die Strukturanalyse (Schritt zwei) erfolgt mittels Strukturbaum und ist im Anhang dargestellt.[280] Basierend auf den Ergebnissen aus SEL 1.1 und SEL 2.3 werden sowohl das Substitut als auch Prozesse berücksichtigt, die in Wechselwirkung mit dem Substitut stehen. Diese sind im vorliegenden Anwendungsbeispiel alle weiteren Subprozesse der Hairpinherstellung (Abisolieren, Schneiden, Biegen) sowie die Prozesse Vormontage, Korb fügen und Separieren.[281] Das Absicherungskonzept mit insgesamt 30 möglichen Fehlerfolgen bzw. Risiken ist in Abbildung 9-11 dargestellt. Im Anschluss an die Strukturanalyse erfolgt die Funktionsanalyse (Schritt drei), Fehleranalyse (Schritt vier) und Risikoanalyse (Schritt fünf). Aus dem Absicherungskonzept geht hervor, dass ein besonderes Risiko in der Synchronisation der Steuerungen (Risiko R1 bis R6) besteht. Hinsichtlich der Auswirkungen auf weitere Prozessschritte wird deutlich, dass eine unzureichende Prozessqualität zum Ausfall weiterer Anlagen führen kann (Risiko R25 bis R30). Gemäß der Beschreibung in Kapitel 5.3.4 erfolgt die Optimierung (Schritt sechs) iterativ in Abhängigkeit der

[279] Siehe Kapitel 5.3.4

[280] Siehe Abbildung 9-10 im Anhang

[281] Anmerkung: das Ergebnis des Richtprozesses kann Auswirkungen auf weitere Prozesse innerhalb der Stator-Produktion haben. Diese sind Produktionssystem-spezifisch und in jedem Anwendungsfall neu zu prüfen. Zur Komplexitätsreduktion im vorliegenden Anwendungsfall wird sich auf die genannten Prozesse beschränkt.

Substitutionsentscheidung. Das entsprechende Vorgehen für den vorliegenden Anwendungsfall wird in Kapitel 6.2.6 beschrieben.

6.2.4 Teilmodell 4: Kontinuierliche Planungsrisikobewertung

SEL 4.1: Ermittlung des Ausfallrisikos des Substituts

Im ersten Schritt von SEL 4.1 erfolgt die Transformation der qualitativen Risikoausprägung der Fehlerfolgen bzw. Risiken in quantitativ messbare Ausfallzeiten (hier in Stunden). Betrachtet werden gemäß Kapitel 5.4.1 alle Risiken mit einer mittleren oder hohen Aufgabenpriorität sowie Risiken mit einer Bedeutung (B) von drei oder größer. Im vorliegenden Anwendungsfall trifft dies auf alle identifizierten Risiken zu. Bis auf Risiko R13, R14 und R15 sind alle Risiken mindestens mit einer mittleren Aufgabenpriorität bewertet. Die Risiken R13, R14 und R15 sind jeweils mit einer Bedeutung von fünf (mögliche Offline-Nachbearbeitung) bewertet. Die zur Simulation herangezogene Verteilung[282] erlaubt die Festlegung des Worst, Best und Most-Likely Cases mittels Dreipunktschätzung. Hierfür ist die Einschätzung des Maschinen- und Anlagenherstellers zwingend erforderlich. Um der der Methodik zugrundeliegenden Prämisse geringen Erfahrungswissens der Planenden gerecht zu werden, sind die Beteiligten dazu angehalten, die möglichen Ausfallzeiten konservativ zu schätzen. Zudem wird durch die Wahl des Formparameters dem Umstand Rechnung getragen, wie sicher sich die Beteiligten in ihrer Schätzung sind. Ist der Formparameter kleiner vier gewählt, besteht in der Schätzung eine größere Unsicherheit. Besteht bei der Schätzung größere Sicherheit, beispielsweise aufgrund von vorhandenen Erfahrungen in ähnlichen Anwendungsfällen des Maschinen- und Anlagenherstellers wird ein Formparameter von sechs gewählt. Alle anderen Formparameter nehmen im vorliegenden Fall den Wert vier an. Abbildung 9-12 zeigt die identifizierten Risiken, die hieraus resultierende prognostizierte Ausfallzeit des Substituts sowie der zugehörige Formparameter. Abbildung 9-13 zeigt die Ergebnisse der Monte-Carlo-Simulation. Aus Abbildung 9-14 wird ersichtlich, dass Risiko R3[283] voraussichtlich den schwerwiegendsten Ausfall darstellt. Die maximale Schadensausprägung von Risiko R3 ist jedoch eher unwahrscheinlich. Über den gesamten Wahrscheinlichkeitsbereich betrachtet, stellen Risiko R27[284] und Risiko R24[285] die möglichen Störungen mit der höchsten Ausfallzeit für das Produktionssystem dar. Zur weiteren Anwendung der Methodik (Teilmodell fünf) werden in der Folge lediglich die drei genannten Risiken weiterhin betrachtet.[286]

---

[282] Modifizierte PERT-Verteilung

[283] Zu schneller Transport des Drahtes aufgrund unzureichender Synchronisation von Vorschub- und Biegeeinheit

[284] Greifer der Fügestation verfehlt Korb aufgrund unzureichender Geradheit der Einzelpins

[285] Biegewerkzeug verfehlt Draht aufgrund unzureichender Geradheit des Drahtes

[286] Grundsätzlich besteht die Möglichkeit alle weiteren Risiken gemäß des weiteren Vorgehens ebenfalls zu berücksichtigen.

SEL 4.2: Kostenschätzung zur Risikoreduktion

Im Rahmen der Bestimmung der Validierungssetups werden analog zu SEL 4.1 alle 30 identifizierten Risiken berücksichtigt. Es erfolgt die Bestimmung der Schnittstellenrelevanz und der mindestens erforderlichen Validierungsbausteine je Risiko.[287] Eine Clusterung der Risiken ergibt insgesamt sieben mögliche Validierungssetups:

Validierungssetup 1	
• Aufbau der finalen Richteinheit mit ähnlichen Schnittstellen • Manuelle Zu- und Abfuhr des Drahtes • Abgleich von Prozessergebnisses mit Soll-Werten • Keine Prüfung der Funktionserfüllung durch Einschleusen möglich da keine HZS betroffen	
Adressierte Risiken: R7, R8, R10, R11, R13-R18	Richtpreis: 10.000€

Validierungssetup 2	
• Aufbau der finalen Richteinheit mit gleichen Schnittstellen • Aufbau von baugleicher Haspel und baugleichem Vorschub • Abgleich des Prozessergebnisses mit Soll-Werten • Keine Prüfung der Funktionserfüllung durch Einschleusen möglich da keine HZS betroffen	
Adressierte Risiken: R1, R2, R7, R8, R10, R11, R13-R18	Richtpreis: 45.000€

Validierungssetup 3	
• Aufbau der finalen Richteinheit mit gleichen Schnittstellen • Integration in baugleiche Anlage zur Hairpinherstellung im Labor ohne Abisoliereinheit • Abgleich des Prozessergebnisses mit Soll-Werten • Prüfung der Funktionserfüllung durch Einschleusen möglich	
Adressierte Risiken: R1 – R19, R23, R24, R26, R 28, R30	Richtpreis: 120.000€

[287] Siehe Abbildung 9-15

<table>
<tr><td colspan="2">Validierungssetup 4</td></tr>
<tr><td colspan="2"><ul><li>Aufbau der finalen Richteinheit mit gleichen Schnittstellen</li><li>Integration in baugleiche Anlage zur Hairpinherstellung im Labor mit Abisoliereinheit</li><li>Abgleich des Prozessergebnisses mit Soll-Werten</li><li>Prüfung der Funktionserfüllung durch Einschleusen möglich</li></ul></td></tr>
<tr><td>Adressierte Risiken:
R1 – R24, R26, R 28, R30</td><td>Richtpreis:
160.000€</td></tr>
</table>

<table>
<tr><td colspan="2">Validierungssetup 5</td></tr>
<tr><td colspan="2"><ul><li>Aufbau der finalen Richteinheit mit gleichen Schnittstellen</li><li>Integration in baugleiche Anlage zur Hairpinherstellung im Labor mit Abisoliereinheit</li><li>Abgleich des Prozessergebnisses mit Soll-Werten</li><li>Zusätzlicher Aufbau eines Greifersystems (Vormontage) analog zum Bestand im Produktionssystem und anschließende Kopplung der Systeme</li><li>Prüfung der Funktionserfüllung durch Einschleusen möglich</li></ul></td></tr>
<tr><td>Adressierte Risiken:
R1 – R26, R 28, R30</td><td>Richtpreis:
450.000€</td></tr>
</table>

<table>
<tr><td colspan="2">Validierungssetup 6</td></tr>
<tr><td colspan="2"><ul><li>Aufbau der finalen Richteinheit mit gleichen Schnittstellen</li><li>Integration in baugleiche Anlage zur Hairpinherstellung im Labor mit Abisoliereinheit</li><li>Abgleich des Prozessergebnisses mit Soll-Werten</li><li>Zusätzlicher Aufbau eines Greifersystems (Vormontage) analog zum Bestand im Produktionssystem und anschließende Kopplung der Systeme</li><li>Zusätzlicher Aufbau eines Greifersystems (Korb fügen) analog zum Bestand im Produktionssystem und anschließende Kopplung der Systeme</li><li>Prüfung der Funktionserfüllung durch Einschleusen möglich</li></ul></td></tr>
<tr><td>Adressierte Risiken:
R1 – R28, R30</td><td>Richtpreis:
800.000€</td></tr>
</table>

<table>
<tr><th colspan="2">Validierungssetup 7</th></tr>
<tr><td colspan="2">

- Aufbau der finalen Richteinheit mit gleichen Schnittstellen
- Integration in baugleiche Anlage zur Hairpinherstellung im Labor mit Abisoliereinheit
- Abgleich des Prozessergebnisses mit Soll-Werten
- Zusätzlicher Aufbau eines Greifersystems (Vormontage) analog zum Bestand im Produktionssystem und anschließende Kopplung der Systeme
- Zusätzlicher Aufbau eines Greifersystems (Korb fügen) analog zum Bestand im Produktionssystem und anschließende Kopplung der Systeme
- Zusätzlicher Aufbau eines Greifersystems (Separieren) analog zum Bestand im Produktionssystem und anschließende Kopplung der Systeme
- Prüfung der Funktionserfüllung durch Einschleusen möglich

</td></tr>
<tr><td>Adressierte Risiken:
R1 – R30</td><td>Richtpreis:
1.100.000€</td></tr>
</table>

6.2.5 Teilmodell 5: Kontinuierliches Planungswertcontrolling

SEL 5.1: Deterministische Szenarioanalyse

Basierend auf den Ergebnissen aus SEL 4.1 erfolgt eine Analyse hinsichtlich der Auswirkungen des Stillstands des Produktionssystems auf nachfolgende Prozesse.[288] Ziel ist es zu bewerten, welcher Wertschöpfungsverlust im Falle dessen, dass aufgrund der Substitution weitere Prozesse verändert werden müssen, zu erwarten ist. Im vorliegenden Anwendungsfall werden drei mögliche Szenarien betrachtet (vgl. Abbildung 6-6).

Im Best-Case-Szenario muss nach der Substitution kein weiterer Prozess verändert werden. Wahrscheinlich ist, dass die Prozesse „Korb Vormontage“, „Korb fügen“ und „Separieren“ mit geringem Aufwand nachjustiert werden müssen (Most-Likely Case). Hierfür wird eine Ausfallzeit von acht Stunden angenommen. Im Worst-Case-Szenario sind darüber hinaus die Prozesse „Schränken“ und „Ablängen“ betroffen. Es wird davon ausgegangen, dass hieraus eine Ausfallzeit von sieben Stunden resultiert. Für die Veränderungen an den Prozessen „Korb Vormontage“, „Korb fügen“ und „Separieren“ wird im Wort-Case-Szenario eine Ausfallzeit von zwölf Stunden angenommen. Darüber hinaus können alle Prozesse zur gleichen Zeit angepasst werden.

---

[288] Zum Vorgehen im Rahmen von SEL 5.1 siehe Kapitel 5.5.1

Hairpinherstellung	Szenario 1 Most Likely	Szenario 2 Best Case	Szenario 3 Worst Case
	Substitut		
Nutgrundisolation	0	0	0
Korb Vormontage	1	0	2
Korb fügen	1	0	2
Separieren	1	0	2
Schränken	0	0	1
Ablängen	0	0	1
Kontaktierung	0	0	0
Sekundärisolation	0	0	0
Testing	0	0	0

2	starker Einfluss
1	mittlerer Einfluss
0	kein Einfluss

Abbildung 6-6 Anwendungsfall: Ableitung von Ausfallszenarien

SEL 5.2: Berechnung des möglichen Wertschöpfungsverlusts

Die Berechnung des Wertschöpfungsverlusts erfolgt basierend auf Output-Verlusten des Produktionssystems bedingt durch die Substitution und die Auswirkungen auf nachgelagerte Prozesse (siehe SEL 5.1). Zur Berechnung der Output-Verluste in Abhängigkeit der jeweiligen Szenarien wird das Produktionssystem mittels der Software TECNOMATIX PLANT SIMULATION nachgebildet. Es wird angenommen, dass eine Verkettung zwischen allen Prozessen, die mehrfach ausgeführt sind, besteht. Abbildung 6-7 zeigt das Simulationssetup für den vorliegenden Anwendungsfall.

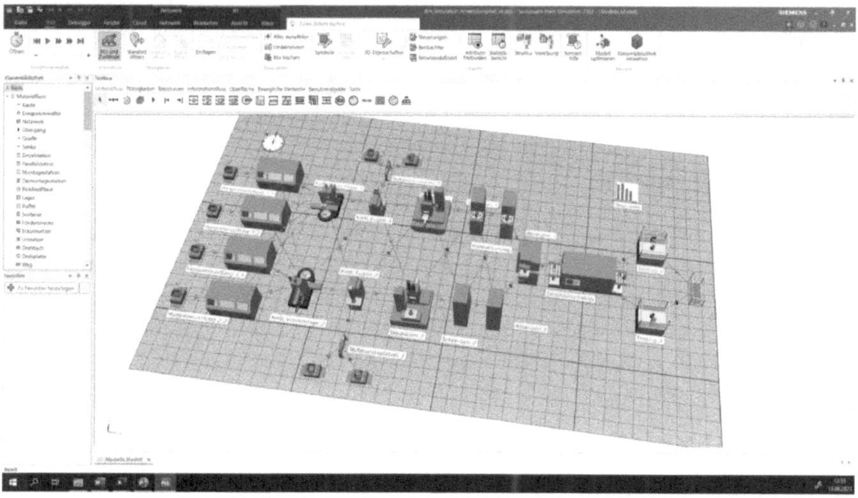

Abbildung 6-7 Anwendungsfall: Simulationssetup (TECNOMATIX PLANT SIMULATION)

Für die Simulation werden folgende Randbedingungen zugrunde gelegt:

- Anlagen in einfacher Ausführung verfügen über eine Bearbeitungszeit von 60 Sekunden
- Anlagen in zweifacher Ausführung verfügen über eine Bearbeitungszeit von 120 Sekunden
- Anlagen in vierfacher Ausführung verfügen über eine Bearbeitungszeit von 240 Sekunden
- Ist eine mehrfach ausgeführte Anlage belegt, wird die jeweils andere versorgt
- Der Wiederanlauf von Anlagen, die verändert werden, erfolgt binär

Der Simulationszeitraum beträgt jeweils acht Tage. Es werden elf Simulationen durchgeführt (Tabelle 6-1).

Tabelle 6-1 Anwendungsfall: Simulationsszenarien

Simulation Nr.	Simulationsszenario	Ausfallzeitraum Substitut		Ausfallzeitraum nachfolgende Prozesse			
				Anlage 3.1, 4.1, 5.1		Anlage 6.1, 7.1	
		Start	Ende	Start	Ende	Start	Ende
1	Kein Stillstand	-	-	-	-	-	-
2	Planstillstand	01:00:00:00	02:00:00:00	-	-	-	-
3	Risiko 27 BC	01:00:00:00	03:12:47:58	-	-	-	-
4	Risiko 27 MLC	01:00:00:00	04:14:59:54	04:14:59:54	04:22:59:54	-	-
5	Risiko 27 WC	01:00:00:00	05:22:46:12	05:22:46:12	06:10:46:12	05:22:46:12	06:05:46:12
6	Risiko 24 BC	01:00:00:00	03:01:00:48	-	-	-	-
7	Risiko 24 MLC	01:00:00:00	04:02:29:28	04:02:29:28	04:10:29:28	-	-
8	Risiko 24 WC	01:00:00:00	05:10:27:02	05:10:27:02	05:22:27:02	05:10:27:02	05:17:27:02
9	Risiko 3 BC	01:00:00:00	03:00:09:59	-	-	-	-
10	Risiko 3 MLC	01:00:00:00	03:15:16:08	03:15:16:08	03:23:16:08	-	-
11	Risiko 3 WC	01:00:00:00	06:05:05:34	06:05:05:34	06:17:05:34	06:05:05:34	06:12:05:34

In Simulation eins wird das Produktionssystem ohne Stillstand simuliert, in Simulation zwei wird der Planstillstand (in diesem Fall ein Tag) für die Substitution berücksichtigt. Hieraus ergibt sich der theoretische Output ohne Stillstand (in diesem Fall 10.080 Einheiten) sowie der prognostizierte Output-Verlust aufgrund der Substitution (in diesem Fall 360 Einheiten). Tabelle 6-2 zeigt die Simulationsergebnisse in Bezug auf Output und Output-Verluste.

Tabelle 6-2 Output und Output-Verluste nach Simulation

Nr.	Simulationsszenario	Output	Output-Verluste	Nr.	Simulationsszenario	Output	Output-Verluste
1	Kein Stillstand	10080	0	7	Risiko 24 MLC	8722	1358
2	Planstillstand (Soll)	9720	360	8	Risiko 24 WC	8123	1957
3	Risiko 27 BC	9168	912	9	Risiko 3 BC	9357	723
4	Risiko 27 MLC	8535	1545	10	Risiko 3 MLC	8891	1189
5	Risiko 27 WC	7938	2142	11	Risiko 3 WC	7843	2237
6	Risiko 24 BC	9345	735				

Die zugehörige Ressourcenstatistik der Simulationen ist in Abbildung 9-17 im Anhang dargestellt.

6.2.6 Substitutionsentscheidung

Die Substitutionsentscheidung basiert auf dem Grundgedanken, dass die Substitutionsdurchführung dann erfolgen soll, wenn der Aufwand eines Validierungssetups zur Reduzierung von adressierten Risiken den prognostizierten Wertschöpfungsverlust (Outputverlust der adressierten Risiken abzüglich des Outputverlusts des Planstillstands) übersteigt. Im vorliegenden Beispiel wird ein Verrechnungspreis in Höhe von 400€ / Einheit angenommen. Für den wirtschaftlichen Vergleich können Validierungssetups mit allen Risiken abgeglichen werden oder, wie im vorliegenden Beispiel, lediglich mit ausgewählten. Für den vorliegenden Anwendungsfall ergibt sich folgende Entscheidungssituation:

Validierungssetup eins und Validierungssetup zwei adressieren die wesentlichen technischen Risiken (R3, R24 und R 27) nicht. Der prognostizierte Wertschöpfungsverlust im Worst Case (in diesem Fall 1.877 Einheiten mehr als bei Planstillstand) übersteigt die angesetzten Kosten für die jeweiligen Validierungssetups. Validierungssetup drei adressiert mit Risiko R3 und Risiko R24 zwei der drei Risiken mit der größten Schadensausprägung. Durch die Validierung der Richteinheit in einer baugleichen Anlage zur Hairpinherstellung im Labor (hier ohne Abisoliersystem) besteht die Möglichkeit der Prüfung der Funktionserfüllung durch Einschleusen. Validierungssetup vier bringt im Verhältnis zum Mehraufwand gegenüber Validierungssetup drei nur wenig neue Erkenntnisse. Validierungssetups, die den Aufbau weiterer Anlagenperipherie über die Anlage zur Hairpinherstellung selbst bedingen, übersteigen den prognostizierten Mehrverlust des Produktionssystems.

Demnach sollte im vorliegenden Anwendungsfall Validierungssetup drei verfolgt werden. Ein sequenzieller Durchlauf von Validierungssetup eins, Validierungssetup zwei und Validierungssetup drei ist ebenfalls möglich. Ergeben sich aus den Validierungen keine neuen relevanten Risiken kann die Entscheidung über die Substitutionsumsetzung mithilfe der entwickelten Methodik bejaht werden.

6.3 Kritische Reflektion

Das in Kapitel 6.2 beschriebene Fallbeispiel zeigt, dass die entwickelte Methodik in der Praxis angewendet werden kann. Es erfolgt eine Prüfung der formalen und inhaltlichen Anforderungserfüllung in Bezug auf den beschriebenen Anwendungsfall[289] sowie eine kritische Reflexion vor dem Hintergrund des Ziels und der formulierten Forschungsfrage der vorliegenden Arbeit.

Die Berücksichtigung von Limitationen bedingt durch das Bestandssystem und dessen Auswirkungen auf die Erprobung ist durch die Unterscheidung von Halbzeug- und Systemschnittstellen gegeben. Eine aufwandsorientierte Messbarkeit von Kosten im Verhältnis zur Risikoreduktion ergibt sich aus der Zusammenführung von adressierten Risiken und Validierungsbausteinen, die wiederum zu monetär quantifizierbaren Validierungssetups zusammengefasst werden. Die für die Durchführung der Validierungssetups erforderlichen finanziellen Aufwände lassen sich direkt mit dem prognostizierten Wertschöpfungsverlust im Falle einer Substitutionsumsetzung vergleichen. Technische Risiken und mögliche Fehlerfolgen werden auf Basis von produktionshistorischen Daten oder basierend auf Versuchsergebnissen durch den Maschinen- und Anlagenhersteller identifiziert und gemeinsam bewertet. Somit wird sowohl einer multilateralen Projektkonstitution als der Berücksichtigung von geringem Erfahrungswissen durch den Planenden Rechnung getragen. Sowohl die Ausgestaltung der Phase der Vorhabensrealisierung (Teilmodell drei, vier und fünf) als auch die Berücksichtigung von Teilrealisierungen im Rahmen von Teilmodell zwei tragen der Anforderung an eine iterative Konstitution Rechnung. Sowohl Fertigungs- als auch Montageprozesse werden im Anwendungsfall berücksichtigt. Sämtliche Berechnungen werden vor dem Hintergrund der Handhabbarkeit mit Software durchgeführt, welche frei am Markt verfügbar ist und als branchenüblich erachtet werden kann. Im Anwendungsfall wird mit der Richteinheit ein Sub-System innerhalb einer bestehenden Maschine substituiert, wodurch die Anforderung der Skalierbarkeit ebenfalls gezeigt wurde. Methodikbestandteile, wie die Interdependenzanalyse oder das im Rahmen der Berechnung des Wertschöpfungsverlusts entwickelte Simulationsmodell, können unabhängig des Anwendungsfalls genutzt werden, sodass die Anforderung an Modularität ebenfalls als erfüllt erachtet werden kann. Die Bewertungskriterien im Rahmen von Teilmodell zwei sind ein Beispiel dafür, dass die Methodik übertragbar ist. Zusammenfassend werden die an die Methodik formulierten inhaltlichen und formalen Anforderungen als erfüllt erachtet.

Das übergeordnete Ziel der Arbeit besteht in der Entwicklung einer Methodik zur Planung von Technologiesubstitutionen in bestehenden Produktionssystemen unter Berücksichtigung mangelnden Erfahrungswissens des Planenden. Die hieraus abgeleitete übergeordnete Forschungsfragestellung lautet, wie die Planungsphase für die

[289] Eine allgemeine Prüfung der Anforderungserfüllung erfolgt bereits in Kapitel 5.6

Substitution einer Technologie innerhalb eines bestehenden Produktionssystems unter Berücksichtigung mangelnden Erfahrungswissens des Planenden gestaltet sein muss, um das mit einer Produktionsunterbrechung einhergehende technisch-wirtschaftliche Risiko möglichst gering zu halten. Die im Rahmen der Arbeit entwickelte Methodik liefert einen Vorschlag hierzu, bei dem die finale Substitutionsentscheidung durch den Vergleich von prognostizierten Wertschöpfungsverlusten und finanziellen Aufwänden für die Erschließung neuer Erkenntnisse zur Reduktion des Substitutionsrisikos erfolgt. Es wurde gezeigt, dass die Methodik ohne wesentliches Erfahrungswissen durch den Anwender genutzt werden kann.

7 Zusammenfassung und Ausblick

Die zunehmende Etablierung elektrisch betriebener Fahrzeuge im Automobilmarkt erfordert den Aufbau großserieller Produktionssysteme durch OEM und Zulieferer. Elektrofahrzeuge unterscheiden sich in ihrer Konstitution grundlegend von Fahrzeugen mit verbrennungsmotorischem Antrieb. Dies erfordert den Umgang mit für Produzenten grundlegend neuen Produkt- und Produktionstechnologien, in Bezug auf die keine oder nur wenig unternehmenseigene Erfahrung vorhanden ist. Im Bereich der Herstellung elektrischer Antriebe ist zu beobachten, dass aus Gründen der Risikoreduktion ganze Produktionssysteme oder Produktionssystemabschnitte geschlossen an einzelne Maschinen- und Anlagenhersteller vergeben werden, wobei dem Maschinen- und Anlagenhersteller ein gewisser Freiraum zur technischen Lösungsfindung eingeräumt wird. In einer solchen Kunden-Lieferanten-Beziehung trägt der Maschinen- und Anlagenhersteller die Prozessverantwortung bis zu einem Zeitpunkt, der in der industriellen Praxis teilweise den SOP überdauert. Es besteht in einer solchen Konstellation die Gefahr, dass sich Produzenten in die technologische Abhängigkeit gegenüber Maschinen- und Anlagenherstellern begeben, die sich im Falle der Veränderung eines bestehenden Produktionssystems nochmals drastisch verstärkt. Im Rahmen der vorliegenden Arbeit wurde deshalb der Fall einer Technologiesubstitution innerhalb eines bestehenden Produktionssystems und die Rolle verantwortlicher Planender auf Seiten der Produzenten analysiert.

Der Handlungsbedarf aus der industriellen Praxis hat gezeigt, dass zum Zeitpunkt der Entstehung dieser Arbeit das Prozesswissen zur Herstellung elektrischer Antriebe zu großen Teilen beim Maschinen- und Anlagenhersteller liegt. Zudem besteht eine hohe Änderungswahrscheinlichkeit bei bestehenden Produktionssystemen im Laufe des ursprünglich geplanten Lebenszyklus. Hieraus resultiert, neben der beschriebenen Gefahr technologischer Abhängigkeit gegenüber Maschinen- und Anlagenherstellern, der Umstand, dass Produktionssystemänderungen unter der Maßgabe eines möglichst kurzen Produktionsstillstands geplant werden müssen. Hierzu gilt es das technische Risiko in einem wirtschaftlich sinnvollen Umfang nach Möglichkeit zu minimieren. Ein weiterer Aspekt besteht darin, dass Produktionssystemänderungen für gewöhnlich einen Einfluss auf das Produkt haben, den es im Vorhinein zu quantifizieren gilt.

Die Analyse bestehender wissenschaftlicher Ansätze hat gezeigt, dass im Wesentlichen drei Anforderungen an eine zu entwickelnde Methodik unzureichend adressiert werden. Weder erfolgt bei den betrachteten Ansätzen eine Berücksichtigung der unternehmensübergreifenden Zusammenarbeit zwischen Produzenten und Maschinen- und Anlagenhersteller, noch wird der Fall betrachtet, dass verantwortliche Planende über wenig Erfahrungswissen verfügen. Dies hat insbesondere Auswirkungen auf die jeweiligen Zuständigkeiten der Beteiligten. Zudem berücksichtigen die betrachteten Ansätze meist keine Möglichkeit Feedback aus anhaltenden Produkterprobungen in den Planungsprozess einfließen zu lassen. Den Anforderungen an eine aufwandsorientierte Messbarkeit von Kosten im Verhältnis zur Risikoreduktion in der

Planungsphase und an die Berücksichtigung von Limitationen des Bestandssystems und dessen Auswirkungen auf die Prozesserprobung wird ebenfalls nur in Teilen Rechnung getragen.

Für die vorliegende Arbeit wurde das Ziel formuliert eine Methodik zu entwickeln, die der Planung von Technologiesubstitutionen in bestehenden Produktionssystemen unter der Berücksichtigung mangelnden Erfahrungswissen des Planenden dient. Die Methodik ist in fünf Teilmodelle mit insgesamt 14 Systemelementen gegliedert. Teilmodell eins dient der initialen Bewertung der Vorhabenskomplexität und grenzt den von der Produktionssystemänderung betroffenen Abschnitt innerhalb des Produktionssystems ab. Hierzu werden Prozesswechselwirkungen identifiziert, Stillstandsszenarien definiert und System- und Halbzeugschnittstellen formuliert. Die Formulierung von Halbzeugschnittstellen hat die Möglichkeit eines Ein- und Ausschleusens von Halbzeugen zum Ziel, sodass während der technischen Detaillierung Auswirkungen der Technologiesubstitution auf das Produkt analysiert und bewertet werden können. Teilmodell zwei hat die Identifikation und Bewertung technischer Lösungsalternativen zum Ziel. Vor der endgültigen Entscheidung für eine Technologie und einen entsprechenden Lieferanten wird die Möglichkeit einer Teilrealisierung vorgehalten. Eine Teilrealisierung dient der Prüfung dedizierter Fragestellungen, die die grundsätzliche Machbarkeit beeinflussen. Der Betrachtungsumfang von Teilmodell zwei endet in der Entscheidung für eine bestimmte Technologie und deren Lieferanten. Teilmodell drei, Teilmodell vier und Teilmodell fünf werden zeitlich parallel ausgeführt. Teilmodell drei dient der Überprüfung des Zielreifegrads der substituierenden Technologie und resultiert in der Formulierung von Validierungsszenarien und einem übergeordneten Absicherungskonzept. Auf Basis der Validierungsszenarien erfolgt im Rahmen von Teilmodell vier eine Kostenschätzung von Validierungssetups, die für die Substitutionsentscheidung herangezogen wird. Das Absicherungskonzept aus Teilmodell drei fungiert als Grundlage für die Ermittlung des Ausfallsrisikos des Substituts im Falle einer Realisierung. Hierzu werden je betrachtetem Risiko Drei-Punkt-Schätzungen zu prognostizierten Ausfallzeiten durchgeführt. Die Nutzung einer modifizierten PERT-Verteilung ermöglicht die Berücksichtigung des Unsicherheitsgrades je Schätzung. Die im Rahmen dieses Teilmodells bestimmten Ausfallzeiten und -wahrscheinlichkeiten fließen in eine im Rahmen von Teilmodell fünf durchgeführte deterministische Szenarioanalyse ein. Die hierbei definierten Szenarien stellen die Grundlage für die Berechnung des Wertschöpfungsverlusts – ebenfalls im Rahmen von Teilmodell fünf – dar. Die Substitutionsentscheidung erfolgt durch den Vergleich von Aufwänden der Validierungssetups zur Reduzierung adressierter Risiken gegenüber dem prognostizierten Mehrverlust, also dem Outputverlust durch adressierte Risiken abzüglich des Outputverlusts durch den Planstillstand. Die Anwendbarkeit der Methodik wurde anhand eines Fallbeispiels in der Produktion von Statoren mit Hairpin-Technologie gezeigt. Sämtliche inhaltliche und formale Anforderungen an die Methodik wurden erfüllt.

Die entwickelte Methodik leistet einen anwendungsorientierten Beitrag zur formulierten Problemstellung. Durch die Nutzung der Methodik werden Anwender dazu befähigt die mit einer Produktionssystemänderung einhergehenden technischen Risiken zu identifizieren, wirtschaftlich zu bewerten und geeignete Maßnahmen zur Reduktion der Risiken zu formulieren. Es erfolgt eine explizite Berücksichtigung unternehmensübergreifender Schnittstellen zwischen Produzenten und Maschinen- und Anlagenherstellern, wodurch der Gefahr technologischer Abhängigkeit gegenüber Lieferanten entgegengewirkt wird. Basierend auf den Ergebnissen dieser Arbeit ergibt sich weiterer Untersuchungsbedarf, dessen Aspekte aufgrund der inhaltlichen Fokussierung des innerhalb dieser Arbeit unberücksichtigt geblieben sind. In der vertraglichen Konstitution zwischen Generalunternehmern und Auftraggebern steht zumeist die Zusammenarbeit im Kontext des Initialaufbaus eines Produktionssystems im Vordergrund. Etwaige, zum Zeitpunkt des Initialaufbaus nicht absehbare, Änderungen des Produktionssystems, hiermit einhergehende Zuständigkeiten und Fragen der Gewährleistung bleiben unberücksichtigt, sind im Falle einer Produktionssystemänderung jedoch von wesentlicher Bedeutung. Im Rahmen der Arbeit wurde durch die Berücksichtigung von Halbzeugschnittstellen eine Möglichkeit geschaffen, Auswirkungen von Produktionssystemänderungen auf das Produkt und die Produktfunktionalität zu bewerten. Eine detaillierte Betrachtung von Produktionssystemänderungen und deren Auswirkungen auf den Homologationsprozess stellt einen weiteren zu untersuchenden Gegenstand dar. Ein Komplexitätstreiber in der Gestaltung von Produktionssystemen für die Automobilindustrie besteht in der Abbildung unterschiedlicher Produktvarianten auf einer Produktionslinie. Im Fall eines Produktionssystems, welches mehrere unterschiedliche Produktvarianten abbildet, könnte ein weiterer Untersuchungsbedarf in der Auswirkungsermittlung von Produktionssystemänderungen auf zukünftige Varianten bestehen.

8 Literaturverzeichnis

Abele, E; Hohenstein, J; Pfeiffer, P; v. Wihl, E. (PKW-Antriebsstrang):
Wandel im PKW-Antriebsstrang. Auswirkungen auf zukünftige Produktionskonzepte. In: Maschinenbau und Metallbearbeitung 2009, S. 12–16

Aedtner, K. (Koordinierung durch Generalunternehmer):
Koordinierung durch den Generalunternehmer in Großprojekten (Studien zum Zivilrecht, 34), 1 Aufl. Baden Baden: Nomos Verlagsgesellschaft mbH & Co. KG, 2020. Dissertation

Aggteleky, B. (Fabrikplanung):
Fabrikplanung. Werksentwicklung und Betriebsrationalisierung Band 3 München: Carl Hanser Verlag, 1990. Ausführungsplanung und Projektmanagement, Planungstechnik in der Realisationsphase

Albers, A; Behrendt, M; Klingler, S; Matros, K. (Verifikation und Validierung):
Verifikation und Validierung im Produktentstehungsprozess. In: Lindemann, U. (Hrsg.): Handbuch Produktentwicklung München: Carl Hanser Verlag, 2016, S. 541–569

Aurich, J. C; Cichos, D. (Technische Änderungen):
Technische Änderungen in der Produktion. Planung und Steuerung mehrerer paralleler Änderungen. In: Zeitschrift für wirtschaftlichen Fabrikbetrieb, Jg. 109, 2014, Nr. 6, S. 395–399

Aurich, J. C; Rößing, M; Jaime, R. (Änderungsmanagement):
Änderungsmanagement in der Produktion. Am Beispiel der Einführung einer Maschinen- und Betriebsdatenerfassung. In: Zeitschrift für wirtschaftlichen Fabrikbetrieb, Jg. 99, 2004, Nr. 7, S. 381–384

Automotive Industry Action Group (AIAG) **(Production Part Approval Process):**
Production Part Approval Process (PPAP). Englische Ausgabe , 4 Aufl. , 2006

Automotive Industry Action Group (AIAG) **(Produktionsteil-Freigabeverfahren PPAP):**
Produktionsteil-Freigabeverfahren (PPAP). Deutsche Übersetzung , 4 Aufl. , 2006

Automotive Industry Action Group (AIAG); **Verband der Automobilindustrie e.V.** (VDA) **(FMEA-Handbuch):**
FMEA-Handbuch. Fehler-Möglichkeits- und -Einfluss-Analyse , 1 Aufl. Berlin: Verband der Automobilindustrie e.V. (VDA); Qualitäts Management Center (QMC), 2019. Design-FMEA, Prozess-FMEA, FMEA-Ergänzung - Monitoring & Systemreaktion

Barbu, A; Zhu, S.-C. (Monte Carlo Methods):
Monte Carlo Methods Singapore: Springer Nature Singapore, 2020

Basse, I. (Systemtheoretische Modellierung):
Systemtheoretische Modellierung von Qualitätsprüfungen in anlaufenden Montagesystemen (Ergebnisse aus der Produktionstechnik), 1 Aufl. Aachen: Apprimus Verlag, 2015. Dissertation

Baumgarten, H; Risse, J. (Logistikbasiertes Management):
Logistikbasiertes Management des Produktentstehungsprozesses. In: Hossner, R. (Hrsg.): Jahrbuch der Logistik Handelsblatt Fachverlag, 2001, S. 150–156

Berwanger, J. (Generalübernehmer):
Generalübernehmer. Ausführliche Definition im Online-Lexikon. https://wirtschaftslexikon.gabler.de/definition/generaluebernehmer-53893/version-276955. Abruf 01.10.2023

Bleher, N. (Produktionssysteme):
Produktionssysteme erfolgreich einführen Wiesbaden: Springer Gabler, 2014. Dissertation

Bochtler, W. (Integrierte Konstruktion und Arbeitsplanung):
Modellbasierte Methodik für eine integrierte Konstruktion und Arbeitsplanung (Berichte aus der Produktionstechnik). Aachen: Shaker, 1996. Dissertation

Böck, J. (Integration nicht-konventioneller Verfahren):
Methode zur Integration nicht-konventioneller Verfahren in flexible Fertigungs- und Montagelinien (Stuttgarter Beiträge zur Produktionsforschung, 19). Stuttgart: Fraunhofer Verlag, 2013. Dissertation

Booth, A; Sutton, A; Papaioannou, D. (Systematic Approaches):
Systematic Approaches to a Successful Literature Review , 2 Aufl. Sage, 2016

Brereton, P; Kitchenham, B. A; Budgen, D; Turner, M; Khalil, M. (Systematic Literature Review Process):
Lessons from Applying the Systematic Literature Review Process within the Software Engineering Domain. In: Journal of Systems and Software, Jg. 80, 2007, Nr. 4, S. 571–583

Brückner, C. (Qualitätsmanagement Automobilindustrie):
Qualitätsmanagement für die Automobilindustrie. Grundlagen, Normen, Methoden , 1 Aufl. Düsseldorf: Symposion, 2009

Brückner, C. (Qualitätsmanagement):
Qualitätsmanagement. Das Praxishandbuch für die Automobilindustrie , 2 Aufl. München: Carl Hanser Verlag GmbH & Co. KG, 2019

Bruns, M. (Systemtechnik):
Systemtechnik. Ingenieurwissenschaftliche Methodik zur interdisziplinären Systementwicklung Berlin: Springer, 1991. Habilitationsschrift

Buchholz, C; Kind, S; Blume, C; Enin, A; Stark, R. (Hybrid Prototype-in-the-Loop):
Hybrid Prototype-in-the-Loop. In: Zeitschrift für wirtschaftlichen Fabrikbetrieb, Jg. 113, 2018, Nr. 4, S. 240–245

Buchholz, S. H. (Bewertung des Substitutionsrisikos):
Bewertung des Substitutionsrisikos von Fertigungssystemen (Ergebnisse aus der Produktionstechnik), 1 Aufl. Aachen: Apprimus Verlag, 2014. Dissertation

Bührer, U. T. (Integration von Data Analytics):
Methodik zur proaktiven Integration von Data Analytics in die Serienfertigung (Ergebnisse aus der Elektromobilproduktion), 1 Aufl. Aachen: Apprimus Verlag, 2022. Dissertation

Conrat Niemerg, J.-I. (Änderungskosten):
Änderungskosten in der Produktentwicklung. Dissertation Technische Universität München. München, 1997

Cronin, P; Ryan, F; Coughlan, M. (Literature Review):
Undertaking a Literature Review. A step-by-step approach. In: British Journal of Nursing, Jg. 17, 2008, Nr. 1, S. 38–43

Daume, R; Ernst, D. (Monte-Carlo-Simulation):
Monte-Carlo-Simulation im Risiko-Controlling. Am Beispiel eines Financial Models in Excel , 1 Aufl. Tübingen: UVK Verlag, 2022

Denkena, B; Tönshoff, H. K. (Prozessauslegung und -integration):
Prozessauslegung und -integration in die Prozesskette. In: Denkena, B; Tönshoff, H. K. (Hrsg.): Spanen: *Grundlagen* , 3 Aufl. Berlin, Heidelberg: Springer, 2011, S. 339–362

Deutsches Institut für Normung (DIN 40041:1990-12):
DIN 40041:1990-12. *Zuverlässigkeit*. Berlin: Beuth Verlag GmbH, Dezember 1990

Deutsches Institut für Normung (DIN 19246:1991-06):
DIN 19246:1991-06. *Messen, Steuern, Regeln; Abwicklung von Projekten; Begriffe*. Berlin: Beuth Verlag GmbH, Juni 1991

Deutsches Institut für Normung (DIN 8580:2003-09):
DIN 8580:2003-09. *Fertigungsverfahren*. Berlin: Beuth Verlag GmbH, September 2003

Deutsches Institut für Normung (DIN 69901-2:2009-01):
DIN 69901-2:2009-01. *Projektmanagement – Projektmanagementsysteme*. Berlin: Beuth Verlag GmbH, Januar 2009

Deutsches Institut für Normung (DIN ISO 31000):
DIN ISO 31000. *Risikomanagement.* Berlin: Beuth Verlag GmbH, Oktober 2018

Deutskens, C. (Konfiguration der Wertschöpfung):
Konfiguration der Wertschöpfung bei disruptiven Innovationen am Beispiel der Elektromobilität (Ergebnisse aus der Elektromobilproduktion), 1 Aufl. Aachen: Apprimus Verlag, 2014. Dissertation

Dombrowski, U; Hanke, T. (Lean Ramp-up):
Lean Ramp-up. Ein Organisationsmodell für den effizienten Serienanlauf in KMU. In: Zeitschrift für wirtschaftlichen Fabrikbetrieb, Jg. 104, 2009, Nr. 10, S. 877–883

Döring, S. T. (Konfliktmanagement):
Konfliktmanagement in der technischen Auftragsabwicklung im Werkzeugbau (Ergebnisse aus der Produktionstechnik), 1 Aufl. Aachen: Apprimus Verlag, 2010. Dissertation

Dyckhoff, H. (Produktionstheorie):
Produktionstheorie. Grundzüge industrieller Produktionswirtschaft , 5 Aufl. Berlin, New York: Springer, 2006

Dyckhoff, H; Müser, M; Renner, T. (Ansätze einer Produktionstheorie):
Ansätze einer Produktionstheorie des Serienanlaufs. Übersicht und ein Basismodell. In: Zeitschrift für Betriebswirtschaft, Jg. 82, 2012, Nr. 12, S. 1427–1456

Eppinger, S. D; Browning, T. R. (Design Structure Matrix Methods):
Design Structure Matrix Methods and Applications (Engineering systems). Cambridge, Massachusetts: MIT Press, 2012

Eversheim, W; Schuh, G. (Hrsg.) (Integrierte Produkt- und Prozessgestaltung):
Integrierte Produkt- und Prozessgestaltung. VDI-Buch, Berlin, Heidelberg: Springer, 2005

Eversheim, W; Terhaag, O. (Prozessanalyse- und optimierung):
Prozessanalyse- und optimierung. In: Schuh, G. (Hrsg.): Change Management: *Von der Strategie zur Umsetzung* (Reihe: Berichte aus der Betriebswirtschaft). Aachen: Shaker, 1999, S. 107–126

Filippi, S; Barattin, D. (Prototyping Activities):
Classification and Selection of Prototyping Activities for Interaction Design. In: Intelligent Information Management, Jg. 04, 2012, Nr. 4, S. 147–156

Fink, A. (Literature Reviews):
Conducting Research Literature Reviews. From the Internet to Paper , 4 Aufl. Thousand Oaks: Sage, 2014

Fleischmann, A; Oppl, S; Schmidt, W; Stary, C. (Ganzheitliche Digitalisierung):
Ganzheitliche Digitalisierung von Prozessen. Perspektivenwechsel - Design Thinking - Wertegeleitete Interaktion Wiesbaden: Springer Vieweg, 2018

Foster, R. N. (Innovation):
Innovation. Die technologische Offensive Wiesbaden: Gabler Verlag, 1986

Gartzen, T. (Diskrete Migration):
Diskrete Migration als Anlaufstrategie für Montagesysteme (Ergebnisse aus der Produktionstechnik), 1 Aufl. Aachen: Apprimus Verlag, 2012. Dissertation

Gaus, F. (Geschäftsmodell im Werkzeugbau):
Methodik zur Überprüfung der Logik eines Geschäftsmodells im Werkzeugbau (Ergebnisse aus der Produktionstechnik), 1 Aufl. Aachen: Apprimus Verlag, 2010

Giehler, F. (Planungsproduktivität):
Erhöhung der Planungsproduktivität am Beispiel der Auftragsabwicklung im Werkzeugbau (Ergebnisse aus der Produktionstechnik), 1 Aufl. Aachen: Apprimus Verlag, 2010

Gillen, S. C. (Produktanforderungen):
Produktionsseitige Gestaltung von Produktanforderungen für den elektrischen Antriebsstrang (Ergebnisse aus der Elektromobilproduktion), 1 Aufl. Aachen: Apprimus Verlag, 2019. Dissertation

Gläßel, T. (Prozessketten zum Laserstrahlschweißen):
Prozessketten zum Laserstrahlschweißen von flachleiterbasierten Formspulenwicklungen für automobile Traktionsantriebe (FAU Studien aus dem Maschinenbau, 354). Erlangen: FAU University Press, 2020. Dissertation

Gottwald, R. (Entscheidung unter Unsicherheit):
Entscheidung unter Unsicherheit. Informationsdefizite und unklare Präferenzen (Forschung zur Unternehmensführung, 23). Wiesbaden: Gabler, 1990. Dissertation

Green, B. N; Johnson, C. D; Adams, A. (Narrative Literature Reviews):
Writing Narrative Literature Reviews for Peer-Reviewed Journals: Secrets of the Trade. In: Journal of chiropractic medicine, Jg. 5, 2006, Nr. 3, S. 101–117

Haberfellner, R; Daenzer, W. F; Becker, M. (Systems Engineering):
Systems Engineering. Methodik und Praxis , 9. Auflage Aufl. Zürich: Industrielle Organisation, 1997

Haberfellner, R; Weck, O. L. de; **Fricke, E; Vössner, S. (Systems Engineering):**
Systems Engineering. Grundlagen und Anwendung , 14 Aufl. Orell Füssli Verlag, 2018

Haberfellner, R; Weck, O. L. de; **Fricke, E; Vössner, S. (Systems Engineering):**
Systems Engineering. Fundamentals and Applications Cham: Springer Nature, 2019

Hehl, M. (Lösungsraum-Management):
Lösungsraum-Management für die Produktionsplanung im Disruptiven Umfeld (Ergebnisse aus der Elektromobilproduktion), 1 Aufl. Aachen: Apprimus Verlag, 2021. Dissertation

Heimes, H. H. (Auswahl von Fertigungsressourcen):
Methodik zur Auswahl von Fertigungsressourcen in der Batterieproduktion (Ergebnisse aus der Produktionstechnik), 1 Aufl. Aachen: Apprimus Verlag, 2014. Dissertation

Herzog, J; Röpke, H; Lüder, A. (Allocation of PPRS):
Allocation of PPRS for the Plant Planning in the Final Automotive Assembly: 2020 25th IEEE International Conference on Emerging Technologies and Factory Automation (ETFA) IEEE, 2020, S. 813–820

Herzog, J; Röpke, H; Lüder, A. (Analysis of Reusability):
Analysis of the Reusability of Modules in the Final Automotive Assembly: 2021 26th IEEE International Conference on Emerging Technologies and Factory Automation (ETFA) IEEE, 2021

Heyn, M. (Entwicklungskooperationen):
Methodik zur schnittstellenorientierten Gestaltung von Entwicklungskooperationen (Berichte aus der Produktionstechnik). Aachen: Shaker, 1999. Dissertation

Jensen, M. B; Elverum, C. W; Steinert, M. (Unknown Unknowns):
Eliciting Unknown Unknowns with Prototypes: Introducing Prototrials and Prototrial-driven Cultures. In: Design Studies, Jg. 49, 2017, S. 1–31

Jung, B; Schweißer, S; Wappis, J. (Qualitätssicherung):
Qualitätssicherung im Produktionsprozess , 2 Aufl. München: Carl Hanser Verlag, 2021

Kampker, A; Gerdes, J; Schuh, G. (Think Big Start Small):
Think Big Start Small. Streetscooter die e-mobile Erfolgsstory , 1 Aufl. Springer Vieweg, 2017. Innovationsprozesse radikal effizienter

Kampker, A; Heimes, H. H. (Hrsg.) (Elektromobilität):
Elektromobilität. Grundlagen einer Fortschrittstechnologie, 3 Aufl. , Berlin, Heidelberg: Springer Vieweg, 2024

Kampker, A; Heimes, H. H; Dorn, B; Brans, F; Born, H. (Produktionsprozess eines Hairpin-Stators):
Produktionsprozess eines Hairpin-Stators , 3 Aufl. Aachen, 2022

Kampker, A; Heimes, H. H; Dorn, B; Brans, F; Nankemann, M; Backes, T; Stäck, C; Born, H; Kraus, A; Dorantes, J. (Elektromotorenproduktion):
Elektromotorenproduktion. Die Wertschöpfungskette im Spannungsfeld von "Market Pull" und "Technology Push" , 1 Aufl. Aachen, 2022

Kampker, A; Treichel, P; Kreisköther, K. D; Krebs, M; Kleine Büning, M. (Ex-Ante Process-FMEA):
Ex-Ante Process-FMEA for Hairpin Stator Production by Early Prototypical Production Concepts: 2018 8th International Electric Drives Production Conference (EDPC) IEEE, 2018

Karl, F. (Rekonfigurationen an Betriebsmitteln):
Bedarfsermittlung und Planung von Rekonfigurationen an Betriebsmitteln (Forschungsberichte IWB, 298). München: Herbert Utz Verlag, 2015. Dissertation

Karl, F; Reinhart, G; Zäh, M. F. (Planning of Reconfigurations):
Strategic Planning of Reconfigurations on Manufacturing Resources. In: Procedia CIRP, Jg. 3, 2012, S. 608–613

Kastner, M; Tricco, A. C; Soobiah, C; Lillie, E; Perrier, L; Horsley, T; Welch, V; Cogo, E; Antony, J; Straus, S. E. (Knowledge Synthesis Method):
What is the Most Appropriate Knowledge Synthesis Method to Conduct a Review? Protocol for a Scoping Review. In: BMC medical research methodology, Jg. 12, 2012

Kitchenham, B. A; Charters, S. (Systematic Literature Review):
Guidelines for performing Systematic Literature Reviews in Software Engineering , 2007

Kleine Büning, M. (Informationsorientierte Prototypenplanung):
Informationsorientierte Prototypenplanung zur Effizienzsteigerung im Produktionsplanungsprozess (Ergebnisse aus der Elektromobilproduktion), 1 Aufl. Aachen: Apprimus Verlag, 2019. Dissertation

Klocke, F; Stauder, J. M. J; Mattfeld, P; Müller, J. (Modeling of Technologies):
Modeling of Manufacturing Technologies During Ramp-up. In: Procedia CIRP, Jg. 51, 2016, S. 122–127

Koch, S. (Steigerung der Wandlungsfähigkeit):
Methodik zur Steigerung der Wandlungsfähigkeit von Fabriken im Maschinen- und Anlagenbau (Ergebnisse aus der Produktionstechnik), 1 Aufl. Aachen: Apprimus Verlag, 2011. Dissertation

Krunke, M. (Reifegradmanagement):
Reifegradmanagement in der Fabrikplanung (Ergebnisse aus der Produktionstechnik), 1 Aufl. Aachen: Apprimus Verlag, 2017. Dissertation

Kubicek, H. (Heuristische Bezugsrahmen):
Heuristische Bezugsrahmen und heuristisch angelegte Forschungsdesign als Elemente einer Konstruktionsstrategie empirischer Forschung , 1 Aufl. Stuttgart: Poeschel, 1976

Kunz, C. (Strategisches Multiprojektmanagement):
Strategisches Multiprojektmanagement. Konzeption, Methoden und Strukturen , 2007

Laick, T. (Hochlaufmanagement):
Hochlaufmanagement: Sicherer Produktionshochlauf durch zielorientierte Gestaltung und Lenkung des Produktionsprozesssystems (FBK produktionstechnische Berichte): Univ., Lehrstuhl für Fertigungstechnik und Betriebsorganisation, 2003. Dissertation

Lanza, G. (Simulationsbasierte Anlaufunterstützung):
Simulationsbasierte Anlaufunterstützung auf Basis der Qualitätsfähigkeiten von Produktionsprozessen. Dissertation Karlsruher Institut für Technologie. Karlsruhe, 2005

Laufenberg, L. (Integrierte Projektgestaltung):
Methodik zur integrierten Projektgestaltung für die situative Umsetzung des simultaneous engineering (Berichte aus der Produktionstechnik). Aachen: Shaker, 1996

Lienkamp, M. (Status Elektromobilität):
Status Elektromobilität 2023. Warum das Elektroauto so auch nicht die Lösung ist. https://www.researchgate.net/publication/373238825_STATUS_ELEKTROMOBILITAT_2023_WARUM_DAS_ELEKTRO-AUTO_SO_AUCH_NICHT_DIE_LOSUNG_IST. Abruf 19.11.2023

Liker, J. K; Pereira, R. M. (Prototyping Practices):
Virtual and Physical Prototyping Practices: Finding the Right Fidelity Starts With Understanding the Product. In: IEEE Engineering Management Review, Jg. 46, 2018, Nr. 4, S. 71–85

Löffler, C. (Strategische Strukturplanung):
Systematik der strategischen Strukturplanung für eine wandlungsfähige und vernetzte Produktion der variantenreichen Serienfertigung (IPA-IAO Forschung und Praxis, 519). Heimsheim: Jost-Jetter Verlag, 2011. Dissertation

Maue, A. (Gestaltung des Produktionsanlaufs):
Aufwandsorientierte Gestaltung des Produktionsanlaufs am Beispiel der Automobilproduktion (Ergebnisse aus der Produktionstechnik), 1 Aufl. Aachen: Apprimus Verlag, 2016. Dissertation

Mayr, A; Meyer, A; Gönnheimer, P; Gramlich, J; Reiser, M; Franke, J. (Integrated Product and Process Development):
Concept for an Integrated Product and Process Development of Electric Drives Using a Knowledge-Based System: 2017 7th International Electric Drives Production Conference (EDPC) IEEE, 2017

Meling, F. J. (Rekombination von Anlagentechnik):
Methodik für die Rekombination von Anlagentechnik (Forschungsberichte IWB, 279). München: Herbert Utz Verlag, 2013. Dissertation

Müller, S. (Bewertung von Produktionsalternativen):
Methodik für die entwicklungs- und planungsbegleitende Generierung und Bewertung von Produktionsalternativen (Forschungsberichte IWB, 209). München: Herbert Utz Verlag, 2008. Dissertation

Nagel, J. (Risikoorientiertes Anlaufmanagement):
Risikoorientiertes Anlaufmanagement (Beiträge zur Produktionswirtschaft), 1 Aufl. Wiesbaden: Gabler, 2011. Dissertation

Nahrstedt, H. (Monte-Carlo-Methode):
Die Monte-Carlo-Methode. Beispiele unter Excel VBA , 1 Aufl. Wiesbaden: Springer Fachmedien Wiesbaden, 2015

Nankemann, M. (Wertschöpfungsstrategien):
Wertschöpfungsstrategien. In: PEM RWTH Aachen University (Hrsg.): Elektromotorenproduktion: *Die Wertschöpfungskette im Spannungsfeld von "Market Pull" und "Technology Push"* , 1 Aufl. Aachen, 2022, S. 8–13

Narr, C. (Kooperatives Lieferantenmanagement):
Kooperatives Lieferantenmanagement im Maschinen- und Anlagenbau (Ergebnisse aus der Produktionstechnik). Aachen: Apprimus Verlag, 2012. Dissertation

Nau, B. (Anlauforientierte Technologieplanung):
Anlauforientierte Technologieplanung zur Auswahl von Fertigungstechnologien (Ergebnisse aus der Produktionstechnik). Aachen: Apprimus Verlag, 2012. Dissertation

Nee, C. (Wertschöpfungsnetzwerke):
Strategien für Wertschöpfungsnetzwerke in der Elektromotorenproduktion (Ergebnisse aus der Produktionstechnik), 1 Aufl. Aachen: Apprimus Verlag, 2014

Neuhausen, J. (Modulare Produktionssysteme):
Methodik zur Gestaltung modularer Produktionssysteme für Unternehmen der Serienproduktion. Dissertation RWTH Aachen University. Aachen, 2002

Niederberger, M; Renn, O. (Gruppendelphi-Verfahren):
Das Gruppendelphi-Verfahren. Vom Konzept bis zur Anwendung Wiesbaden: Springer Fachmedien Wiesbaden, 2018

Nöcker, J. C. (Zustandsbasierte Fabrikplanung):
Zustandsbasierte Fabrikplanung (Produktionssystematik), 1 Aufl. Aachen: Apprimus Verlag, 2012. Dissertation

Okoli, C. (Standalone Literature Review):
A Guide to Conducting a Standalone Systematic Literature Review. In: CAIS, Jg. 37, 2015, Nr. 43, S. 879–910

Pahl, G; Beitz, W. (Konstruktionslehre):
Konstruktionslehre. Handbuch für Studium und Praxis Berlin, New York: Springer, 1977

Patzak, G. (Systemtechnik):
Systemtechnik - Planung komplexer innovativer Systeme. Grundlagen, Methoden, Techniken Berlin, Heidelberg: Springer Berlin Heidelberg, 1982

Pischinger, S; Seiffert, U. (Hrsg.) (Kraftfahrzeugtechnik):
Vieweg Handbuch Kraftfahrzeugtechnik, 9 Aufl. , Wiesbaden: Springer Fachmedien Wiesbaden, 2021

Pohl, J. (Adaption von Produktionsstrukturen):
Adaption von Produktionsstrukturen unter Berücksichtigung von Lebenszyklen (Forschungsberichte IWB, 284). München: Herbert Utz Verlag, 2014. Dissertation

Riedel, A; Kneidl, M; Seefried, J; Kühl, A; Franke, J. (Comparison of Manufacturing Processes):
Comparison of Various Manufacturing Processes for Hairpin-Stators with Different Conductor Material. In: Behrens, B.-A; Brosius, A; Drossel, W.-G; Hintze, W; Ihlenfeldt, S; Nyhuis, P. (Hrsg.): Production at the Leading Edge of Technology: *Proceedings of the 11th Congress of the German Academic Association for Production Technology (WGP), Dresden, September 2021* (Reihe: Lecture Notes in Production Engineering). Cham: Springer, 2022, S. 395–402

Riedel, A; Masuch, M; Weigelt, M; Gläßel, T; Kühl, A; Reinstein, S; Franke, J. (Challenges of the Hairpin Technology):
Challenges of the Hairpin Technology for Production Techniques: 2018 21st International Conference on Electrical Machines and Systems (ICEMS) IEEE, 2018, S. 2471–2476

Riesener, M; Rebentisch, E; Dölle, C; Schloesser, S; Kuhn, S; Radermacher, J; Schuh, G. (Dependency-oriented Prototyping):

A Model for Dependency-oriented Prototyping in the Agile Development of Complex Technical Systems. In: Procedia CIRP, Jg. 84, 2019, S. 1023–1028

Romeike, F. (Risikomanagement):
Risikomanagement Wiesbaden: Springer Fachmedien Wiesbaden, 2018

Romeike, F; Hager, P. (Risiko-Management):
Erfolgsfaktor Risiko-Management 4.0. Methoden, Beispiele, Checklisten Praxishandbuch für Industrie und Handel , 4 Aufl. Wiesbaden: Springer Gabler, 2020

Röpke, H. (Risikobeurteilung):
Entwicklung einer Methode zur Risikobeurteilung bei der Wiederverwendung von Entwurfselementen im Anlagenengineering. Dissertation Otto-von-Guericke-Universität Magdeburg. Magdeburg, 2019

Rößing, M. (Technische Änderungen):
Technische Änderungen in der Produktion. Vorgehensweise zur systematischen Initialisierung, Durchführung und Nachbereitung. Dissertation Technische Universität Kaiserslautern. Kaiserslautern, 2007

s. n. (Journal Impact Factor):
Journal Impact Factor (JIF). https://incites.help.clarivate.com/Content/Indicators-Handbook/ih-journal-impact-factor.htm. Abruf 18.09.2023

Schindler, S. (Strategische Planung):
Strategische Planung von Technologieketten für die Produktion. Dissertation Technische Universität München. München, 2014

Schuh, G; Lösch, F; Gottschalk, S; Harre, J; Kampker, A. (Gestaltung von Betriebsmitteln):
Gestaltung von Betriebsmitteln für die Serienproduktion. In: Zeitschrift für wirtschaftlichen Fabrikbetrieb, Jg. 99, 2004, Nr. 5, S. 212–217

Schuh, G; Stölzle, W; Straube, F. (Hrsg.) (Anlaufmanagement in der Automobilindustrie):
Anlaufmanagement in der Automobilindustrie erfolgreich umsetzen. Ein Leitfaden für die Praxis, Berlin, Heidelberg: Springer, 2008

Stachowiak, H. (Allgemeine Modelltheorie):
Allgemeine Modelltheorie Wien: Springer-Verlag, 1973

Stäck, C. (Anfangsfestes Fügen):
Anfangsfestes Fügen von flachleiterbasierten Formspulen zur optimierten Schweißvorbereitung in der Hairpin-Technologie (Ergebnisse aus der Elektromobilproduktion), 1 Aufl. Aachen: Apprimus Verlag, 2024. Dissertation

Stauder, J. M. J. (Gestaltung von Fertigungssystemen):
Anlauforientierte Gestaltung von Fertigungssystemen (Ergebnisse aus der Produktionstechnik), 1 Aufl. Aachen: Apprimus Verlag, 2017. Dissertation

Sutcliffe, A; Sawyer, P. (Requirements Elicitation):
Requirements Elicitation: Towards the Unknown Unknowns: 2013 21st IEEE International Requirements Engineering Conference (RE) IEEE, 2013, S. 92–104

Treichel, P. (Hybride Prototypen):
Hybride Prototypen im Anforderungsmanagement disruptiver Produktionstechnik der Elektromotorenproduktion (Ergebnisse aus der Elektromobilproduktion), 1 Aufl. Aachen: Apprimus Verlag, 2023. Dissertation

Ulrich, H. (Management):
Management (Schriftenreihe Unternehmung und Unternehmungsführung, 13). Bern & Stuttgart: Haupt, 1984

Ulrich, P; Hill, W. (Wissenschaftstheoretische Grundlagen):
Wissenschaftstheoretische Grundlagen der Betriebswirtschaftslehre (Teil 1). In: Wirtschaftswissenschaftliches Studium Zeitschrift für Ausbildung und Hochschulkontakt, Jg. 5, 1976, Nr. 7, S. 304–309

Verband der Automobilindustrie e.V. (VDA) **(Qualität in der Prozesslandschaft):**
Sicherung der Qualität in der Prozesslandschaft. Abschnitt 1: Allgemeines (Qualitätsmanagement in der Automobilindustrie), 3 Aufl. , August 2020. Methodenübersicht, Grundlegende Hilfsmittel, Entwicklungsabläufe

Verband der Automobilindustrie e.V. (VDA) **(Qualität von Lieferungen):**
Sicherung der Qualität von Lieferungen. Produktionsprozess- und Produktfreigabe (PPF) (Qualitätsmanagement in der Automobilindustrie), 6 Aufl. , August 2020

Verein Deutscher Ingenieure e.V. (VDI) **(VDI 2221 (Blatt 2)):**
VDI 2221 (Blatt 2). *Entwicklung technischer Produkte und Systeme*. Berlin: Beuth Verlag GmbH, November 2019

Verein Deutscher Ingenieure e.V. (VDI) **(VDI 2221 (Blatt 1)):**
VDI 2221 (Blatt 1). *Entwicklung technischer Produkte und Systeme*. Berlin: Beuth Verlag GmbH, November 2019

Verein Deutscher Ingenieure e.V. (VDI); **Verband der Elektrotechnik Elektronik Informationstechnik e.V.** (VDE) **(VDI/VDE 2206):**
VDI/VDE 2206. *Entwicklung mechatronischer und cyber-physischer Systeme*. Berlin: Beuth Verlag GmbH, November 2021

Voigt, K.-I. (Risikomanagement im Anlagenbau):
Risikomanagement im industriellen Anlagenbau. Konzepte und Fallstudien aus der Praxis Berlin: Erich Schmidt Verlag, 2010

Vom Hemdt, A. (Gestaltung von Materialprozessketten):
Methodik zur anwendungsspezifischen Gestaltung von Materialprozessketten für Lithium-Ionen-Batterien (Ergebnisse aus der Elektromobilproduktion), 1 Aufl. Aachen: Apprimus Verlag, 2020. Dissertation

Wehrspohn, U; Ernst, D. (Verteilungen):
Verteilungen als Grundlage des quantitativen Risikomanagements. Eine Übersicht verschiedener Anwendungsfälle (Essentials). Wiesbaden, Germany: Springer Gabler, 2022

Wessel, S. (Gestaltung des Prüfprozesses):
Gestaltung des Prüfprozesses zur Effizienzsteigerung im Entwicklungsprozess der Lithium-Ionen-Batterie (Ergebnisse aus der Elektromobilproduktion), 1 Aufl. Aachen: Apprimus Verlag, 2020. Dissertation

Westkämper, E. (Organisation der Produktion):
Einführung in die Organisation der Produktion Berlin: Springer, 2006

Weyand, L. (Risikoreduzierte Endmontageplanung):
Risikoreduzierte Endmontageplanung am Beispiel der Automobilindustrie. Dissertation Universität des Saarlandes. Saarbrücken, 2010

Wichmann, A. (Quantitative und Qualitative Forschung):
Quantitative und Qualitative Forschung im Vergleich. Denkweisen, Zielsetzungen und Arbeitsprozesse Springer, 2019

Wiendahl, H.-P; Hegenscheidt, M; Winkler, H. (Anlaufrobuste Produktionssysteme):
Anlaufrobuste Produktionssysteme. In: wt Werkstatttechnik online, Jg. 92, 2002, Nr. 11, S. 650–655

Winkler, H. (Vernetzte Wirkbeziehungen):
Modellierung vernetzter Wirkbeziehungen im Produktionsanlauf (Berichte aus dem IFA, IFA 03/2007). Garbsen: PZH Produktionstechn. Zentrum, 2007. Dissertation

Wirth, F; Nguyen, C; Hofmann, J; Fleischer, J. (Characterization):
Characterization of Rectangular Copper Wire Forming Properties and Derivation of Control Concepts for the Kinematic Bending of Hairpin Coils: Procedia Manufacturing (Bd. 47): Elsevier, 2020, S. 678–685

Xiao, Y; Watson, M. (Guidance on a Systematic Literature Review):
Guidance on Conducting a Systematic Literature Review. In: Journal of Planning Education and Research, Jg. 39, 2019, Nr. 1, S. 93–112

Zäh, M. F; Müller, N; Prasch, M; Sudhoff, W. (Erhöhung der Wandlungsfähigkeit):

Methodik zur Erhöhung der Wandlungsfähigkeit von Produktionssystemen. In: Zeitschrift für wirtschaftlichen Fabrikbetrieb, Jg. 99, 2004, Nr. 4, S. 173–177

Zäh, M. F; Reinhart, G; Lindemann, U; Karl, F; Biedermann, W. (DSM-based Evaluation):
DSM-based Evaluation of Assembly Manufacturing Ressources. In: Eppinger, S. D; Maurer, M; Eben, K; Lindemann, U. (Hrsg.): Invest on Visualization: *Proceedings of the 13th International DSM Conference Cambridge, MA, USA, 14-15 SEPTEMBER 2011* Carl Hanser Verlag, 2011, S. 435–448

Zäpfel, G. (Taktisches Produktions-Management):
Taktisches Produktions-Management , 2 Aufl. Oldenbourg Wissenschaftsverlag, 2000

Zeugträger, K. (Anlaufmanagement für Großanlagen):
Anlaufmanagement für Großanlagen Düsseldorf: VDI-Verlag, 1998. Dissertation

9 Anhang

Tabelle 9-1 Beispiele für Änderungen mit dem Erfordernis einer Kundenbenachrichtigung gemäß Production Part Approval Process (PPAP)[290]

Beispiele für Änderungen, die eine Benachrichtigung erforderlich machen	Erläuterungen
Verwendung einer anderen Konstruktion oder eines anderen Materials als die bei dem zuvor freigegebenen Teil oder Produkt	Zum Beispiel eine andere Konstruktion als in einer Abweichungsgenehmigung dokumentiert oder eine andere Konstruktion als in Form einer Anmerkung in den Entwicklungsunterlagen enthalten und nicht durch eine technische Änderung[291] [...] abgedeckt
Produktion mit neueun oder modfizierten Werkzeugen (ausgenommen Verschleißwerkzeugen), Stempeln, Formen, Modellen usw. einschließlich Zusatz- oder Ersatzwerkzeugen.	Diese Anforderung bezieht sich nur auf Werkzeuge, bei denen aufgrund ihrer einzigartigen Gestaltung oder Funktion erwartet werden kann, dass sie die Integrität des Endproduktes beeinflussen. Diese Anforderung bezieht sich nicht auf (neue oder reparierte) Standardwerkzeuge, wie Standardmessmittel, manuell oder elektrisch angetriebene Schraubgeräte usw.
Produktion nach Verbesserung oder Umstellung von vorhandenen Werkzeugen oder Ausrüstungen.	Verbesserung bedeutet den Umbau oder die Änderung eines Werkzeugs oder einer Maschine, um die Kapazität oder Leistung zu erhöhen oder die vorhandene Funktion zu verändern. Dies sollte nicht mit normaler Instandhaltung, Reparatur oder dem Austausch von Einzelteilen etc. verwechselt werden, falls durch diese Tätigkeiten keine Veränderungen der Leistung zu erwarten ist und nach einer Reparatur Verifizierungsmethoden eingeführt wurden. Umstellung ist als Tätigkeit definiert, welche die Abfolge im Produkt-/Prozessfluss gegenüber der im Prozessflussdiagramm dargestellten ändert (einschließlich der Hinzufüung eines neuen Prozesses). Geringfügige Anpassungen an der Produktionsaurüstung können gefordert sein, um Anforderungen bezüglich Sicherheit zu erfüllen, wie Anbringen von Schutzabdeckungen,

[290] Automotive Industry Action Group (AIAG) (Produktionsteil-Freigabeverfahren PPAP) 2006, S. 13–14.

[291] „Technische Änderungen an Entwicklungsunterlagen, Spezifikationen oder Materialien für Produktionsteile oder -material" (Automotive Industry Action Group (AIAG) (Produktionsteil-Freigabeverfahren PPAP) 2006, S. 15)

	Ausschluss von Risiken durch elektrostatische Entladung (ESD) usw.
Produktion mittels Werkzeugen und Ausrüstungen, die in ein anderes Werk verlagert werden oder von einem anderen Werk kommen.	Zwischen Gebäuden oder Einrichtungen an einem oder mehreren Standorten verlagerte Werkzeuge und Ausrüstungen für Produktionsprozesse.
Wechsel von Lieferanten von Teilen, Materialien oder Dienstleistungen (z.B. Wärmebehandlung oder Beschichtung)	Die Organisation ist für die Freigabe von beschafften Materialien und Dienstleistungen verantwortlich.
Hergestellte Produkte, nachdem die Werkzeuge für die Serienproduktion für zwölf oder mehr Monate stillgelegt waren.	Für Produkte, die hergestellt worden sind, nachdem Werkzeuge für zwölf oder mehr Monate stillgelegt waren: eine Benachrichtigung des Kunden ist geforder, wenn es für das Teil keine Änderung der aktiven Besetllung gegeben hat und die vorhandenen Wekzeuge für die Serienproduktion für zwölf oder mehrere Monate stillgelegt waren. Eine Ausnahme ist nur bei Teilen mit kleinen Stückzahlen zu machen, z.B. bei Ersatzteilen oder Teilen für Sonderfahrzeuge. Ein Kunde darf jedoch für Ersatzteile bestimmte PPAP-Anforderungen festlegen.
Änderungen an Prodution oder Prozessen, die sich auf Bauteile des Produktionsteils beziehen, die intern oder durch Lieferanten hergestellt werden.	Jegliche Änderungen, einschließlich Änderungen bei den Lieferanten der Organisation und bei deren Lieferanten, die sich auf Kundenanforderungen, z.B. Passform, Gestaltung, Funktion, Leistung oder Haltbarkeit, auswirken.
Änderungen, der Test – und Prüfmethode – neue Methode (kein Einfluss auf die Annahmekriterien)	Bei Änderungen in der Prüfmethode sollte die Organisation den Nachweis führen, dass die neue Methode eine zur Fähigkeit der alten Methode äquivalente Fähigkeit hat.
Bei verfahrenstechnischen Produkten gilt ergänzend: Neue Bezugsquellen für Rohmaterial von einem neuen oder vorhandenen Lieferanten. Änderung bei den Aussehensmerkmalen des Produktes	Bei diesen Änderungen wird üblicherweise erwartet, dass sie einen Einfluss auf die Leistung des Produktes haben.

1) Ist es eine Änderung (Ae)?
2) Betrifft es "besondere Merkmale" des Kunden?
3) Betrifft es eine technische Schnittstelle zum Kunden (z.B. Anbeindung an Kundenbauteil/-baugruppe in Form von Geometrie, Optik, Haptik, Funktionalität, Software)?
4) Änderungstyp?
5) Betrifft es Vertragsdokumente (z.B. Lastenheft, Kundenzeichnung, Datensätze, Spezifikation)?*
6) Betrifft es Einbau, Form, Funktion, Leistung, Zuverlässigkeit?

Liegen kundenspezifische Vereinbarungen vor, sind diese einzuhalten!

1)	2)	3)	4)	5)	6)				Zeile
j	j	j/n	alle	j/n	j/n		Ae der mit Kunde festgelegten besonderen Merkmale an Produkt, Bauteil / Komponente (elektrisch/mechanisch), Produktionsprozess, ...	Z	1
	n	j	alle	j/n	j/n		z.B. Befestigung zum Fahrzeug, elektron. Verbindungen, elektron. Bauelemente	Z	2
		n	Elektron. Bauelemente (s. ZVEI "Product/Process Change Notifications - Guideline for automotive Electronic Components")						
			Konstruktions-Ae*	j	j		z.B. Ae in der Konstruktion, Werkzeuge	Z	3
							z.B. Ae der Software am Produkt durch (geänderte) funktionale Softwareanforderungen	Z	4
							z.B. Ae der Software am Produkt durch (geänderte) nicht-funktiona e Softwareanforderungen	I	5
					n		z.B. Ae eines Dichtmaterials, Ae eines EMV-Kondensators	Z	6
				n	j		z.B. Ae von Maß, das nicht in der Kundenzeichnung enthalten ist	Z	7
							Stoffänderung / Materialänderung	Z	8
					n		Ae der Anford. Der internen Spec und Toleranz-Ae, außerhalb Kunden Spec	Z	9
							Ae der Anford. Der internen Spec und Toleranz-Ae, noch in Kunden Spec	-	10
							Ae der Benennung / Bezeichnung von Teilen / Stoffen bei gleichbleibender Zusammensetzung	-	11
							Ae der Rofbearbeitungsstufen (z.B. Vordrehmaß einer ewlle, Aufnahme Wafer	-	12
			Prozess - Ae	j	j/n		z.B. Ae der Prozesskette (einschließlich Lieferant, Duplizieren Fert gungslinien)	Z	13
							z.B. Ae Prüfung, Prüffluss oder andere Gründe	Z	14
				n	j		z.B. Ae von Aushärteparametern, Spritztemperatur	Z	15
							z.B. Ae der Prozesskette (einschließlich Lieferant, Duplizieren Fertigungslinien)	Z	16
					n	Fertigung-montage	Ae Kavitätenanzahl im Werkzeug, Folge-, Steigerungswerkzeuge	I	17
							Duplizieren von Fert.- u. Prüfeinrichtungen innerhalb e ner bestehenden Linie	I	18
							Beschaffung und Einsatz eines neuen Maschinentyps	I	19
							Ae an existierendem Werkzeug, neue Vorrichtung, neues Poka Yoke	-	20
							Ae am Prozess inklusive Rohbearbeitungsstufen (wie z.B. Nr. 12)	-	21
							Ae von Einstellparamter, Betriebsmittel, Spritztemperatur	-	22
						Testing	Ae Prüfmethode, Risiko höher	nz	
							Ae Prüfmethode, Risiko unverndert / geringer, gleicher Prozessablauf	I	24
							Erweiterung der Prüfung ohne Ae der Methode (z.B. Stichprobenerhöhung)	-	25
							reduzierung / Entfall einer nicht kundenrelevanten Prüfung (z.B. Stichprobenprüfung)	-	26
						Fertigungs-verlagerung	Verkzeuge von Linie zu Linie, Linien gleichartig	-	27
							Verlagerung mobil ausgelegter anlagen in einem Fertigungswerk ohne Ae der Prozesskette	-	28
							Standort-Ae: Verl. Anlagen, Parallelfert. (nicht bei Rohbearbeit.-stufen wie Nr. 12)	Z	29
			Logistik	j	j/n		Lieferantenwechsel, neuer Zweitlieferant, Zulieferer wechselt Unterlieferant	Z	30
				n	j/n		neuer Spediteur oder EDL, LLZ	I	31
					j/n		Verpackung zum Kunden, Versand, Verrechnung	Z	32
					j/n		Verpackung intern /z.B. Werk-Werk, werksintern) und Zulieferanten	-	33
			Dok. Ae	j	j/n		Dokumentenanpassung an Zustand des freigegebenen Produkts	Z	34
				n			Dok. anpassung an Zustand des freigegebenen Produkts oder Korrektur formaler Fehler	-	35
							Ae an nicht produktbezogenen Dokumenten (z.B. Arbeitsanweisungen)	-	36
	Wiedernutzung von Linien, Anlagen, Maschinen, Werkzeugen, Kavitäten und Nestern nach 12 oder mehr Monaten Stillstand**							Z	37
	Wartung / Instandhaltung vorhandener Werkzeuge, schnell verschleißende Werkzeuge (z.B. Drehmeißel, Hohnnadeln)							-	38
n	Austausch identischer oder funktionsanaloger Maschine, Austausch identishcer Prüfmittel							-	39

Die Tabelle ist entsprechend der Pfeilrichtung zu bearbeiten

j ja
n nein
nz nicht zulässig
- Kundeneinbindung nicht vorgeschrieben (Anmerkung: PPF-Dokumentationen müssten intern archiviert werden)
I Kundeninfo vorgeschrieben, Entspr. IATF 16949 ist dem Kunden eine Frist von 2. Wo. zur Stellungsnahme einzuräumen.
Z Kundenzustimmung vorgeschrieben, Durchführung PPF-Verfahren
Ae Änderung
EDL Externer Dienstleister
LLZ Lieferant-Logistik-Zentrum (betrifft auch Warenhaus)
* oder andere, dem Kunden zur Verfügung gestellte, autorisierte Seriendokumente (z.B. Argebotszeichnung, Produktionslenkungsplan)
** Es ist keine Zustimmung des Kunden zur Wiederinbetriebnahme erforderlich, alle PPF-relevanten Tätigkeiten sind entsprechend eines Z durchführen

Abbildung 9-1 Änderungsmatrix Produktionsprozess- und Produktfreigabe[292]

[292] Verband der Automobilindustrie e.V. (VDA) (Qualität von Lieferungen) 2020, S. 85.

Ergebnisse Kurzstudie: Risikosteuerung und -bewertung bei der Substitution und Integration von Anlagentechnologie in bestehende Produktionssysteme elektrischer Antriebe

Es wurden insgesamt 23 Studienteilnehmende befragt, wobei alle Teilnehmende im Bereich der Produktion elektrischer Antriebe tätig sind.

Durchführungszeitraum: September bis November 2022

Allgemeine Information

1 Zuordnung Ihres Unternehmens in der Produktion elektrischer Antriebe

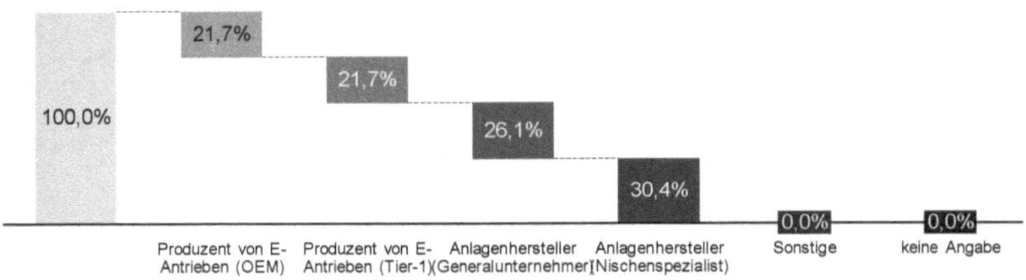

2 Tätigkeitsbereich innerhalb des eigenen Unternehmens

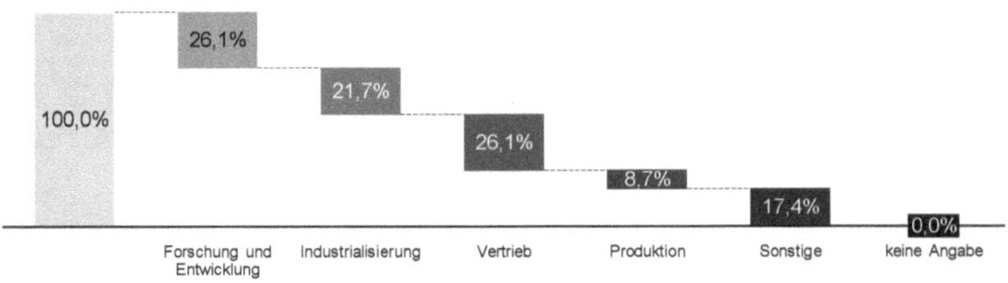

3 Produktportfolio des Unternehmens

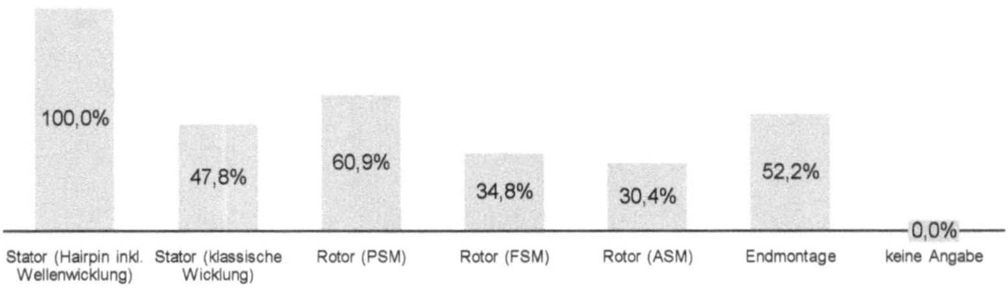

Seite 1 von 7 Kurzstudie Florian Brans

Abbildung 9-2 Ergebnisse Industriestudie (I/VII)

4 Wie viele Anlagenprojekte wurden in Ihrem Unternehmen im Bereich elektrischer Antriebe bisher durchgeführt?

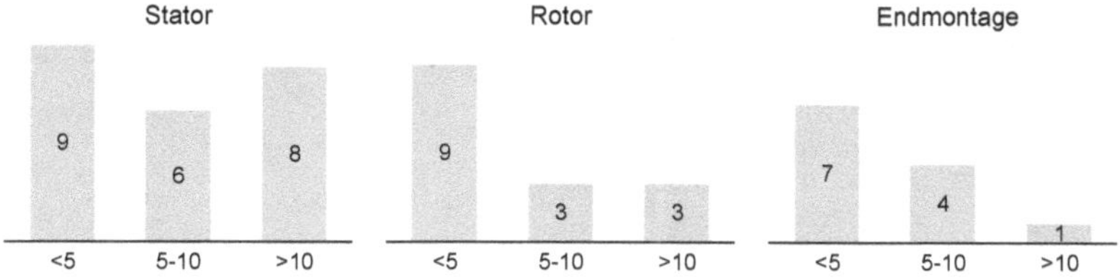

Ausschreibungen von Anlagen und Industrialisierungsprozess

Bei produktorientierten Ausschreibungen wird vorrangig das auf der Anlage zu produzierende Produkt spezifiziert. Dem Anlagenhersteller wird an einigen Stellen bewusst technischer Freiraum gelassen. Bei prozessorientierten Ausschreibungen wird vorrangig der Prozess spezifiziert, der durch die Anlage erfolgen soll.

5 Wie erfolgt die Anlagenspezifikation bei unbekannten bzw. relativ neuen Technologien?

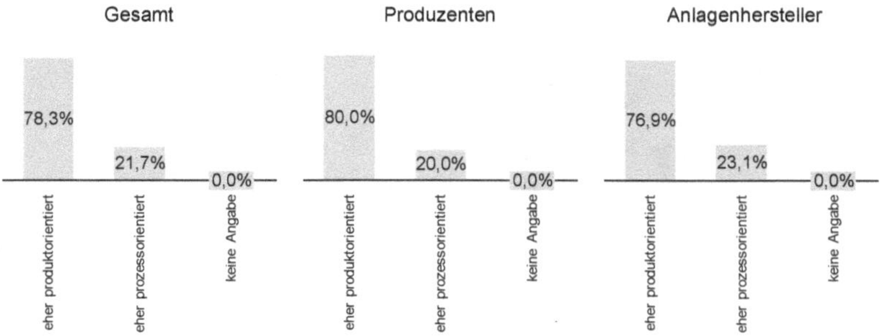

6 Wie erfolgt die Anlagenspezifikation bei wohlbekannten Technologien?

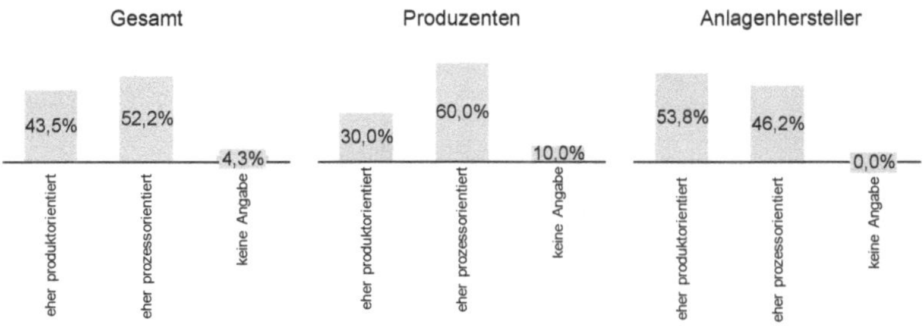

Seite 2 von 7 Kurzstudie Florian Brans

Abbildung 9-3 Ergebnisse Industriestudie (II/VII)

7 Zu welchem Zeitpunkt der Industrialisierungsplanung erfolgt beim Produzenten meist die operative Einbindung der hauseigenen Prozessentwicklung?

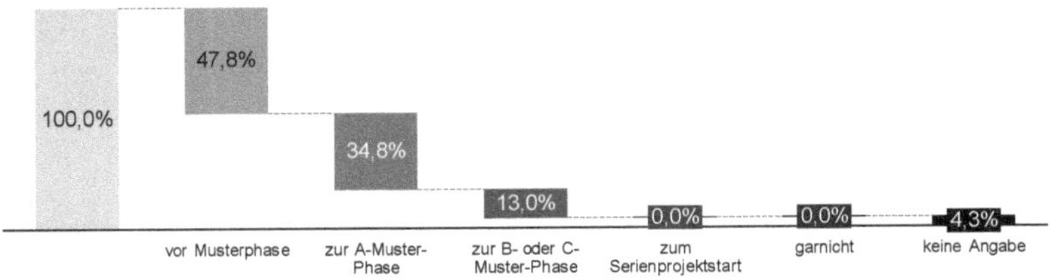

In einer sogenannten geschlossenen Vergabe werden mehrere Prozesse oder ganze Fertigungssysteme anstelle von einzelnen Anlagen spezifiziert, ausgeschrieben und an einen oder wenige Anlagenhersteller vergeben.

8 Welcher Vergabeart folgen Unternehmen bei der Produktion elektrischer Antriebe am ehesten?

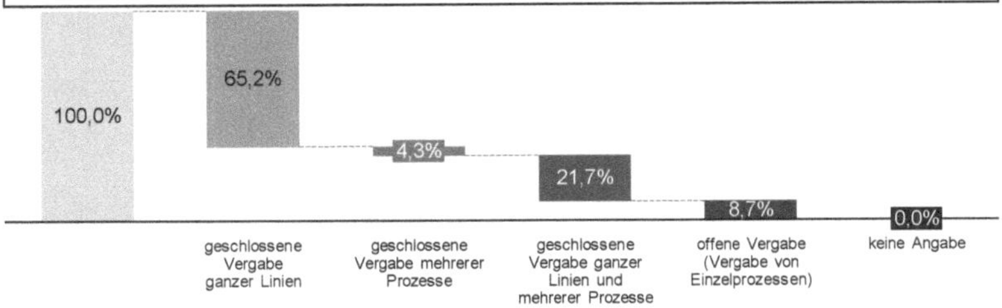

8a An Produzenten: Welcher Vergabeart folgt Ihr Unternehmen bei der Produktion elektrischer Antriebe am ehesten?

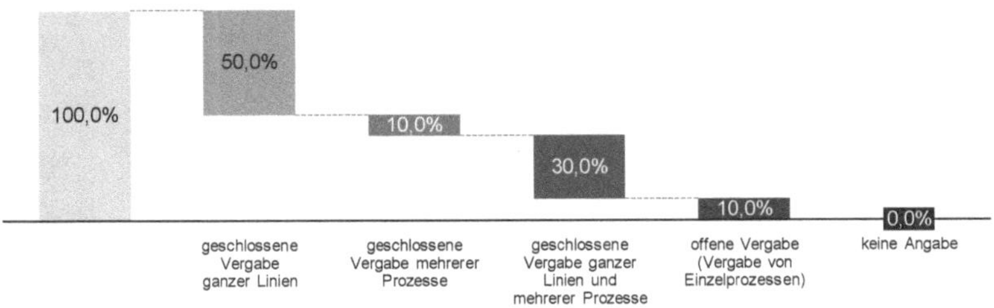

Seite 3 von 7 Kurzstudie Florian Brans

Abbildung 9-4 Ergebnisse Industriestudie (III/VII)

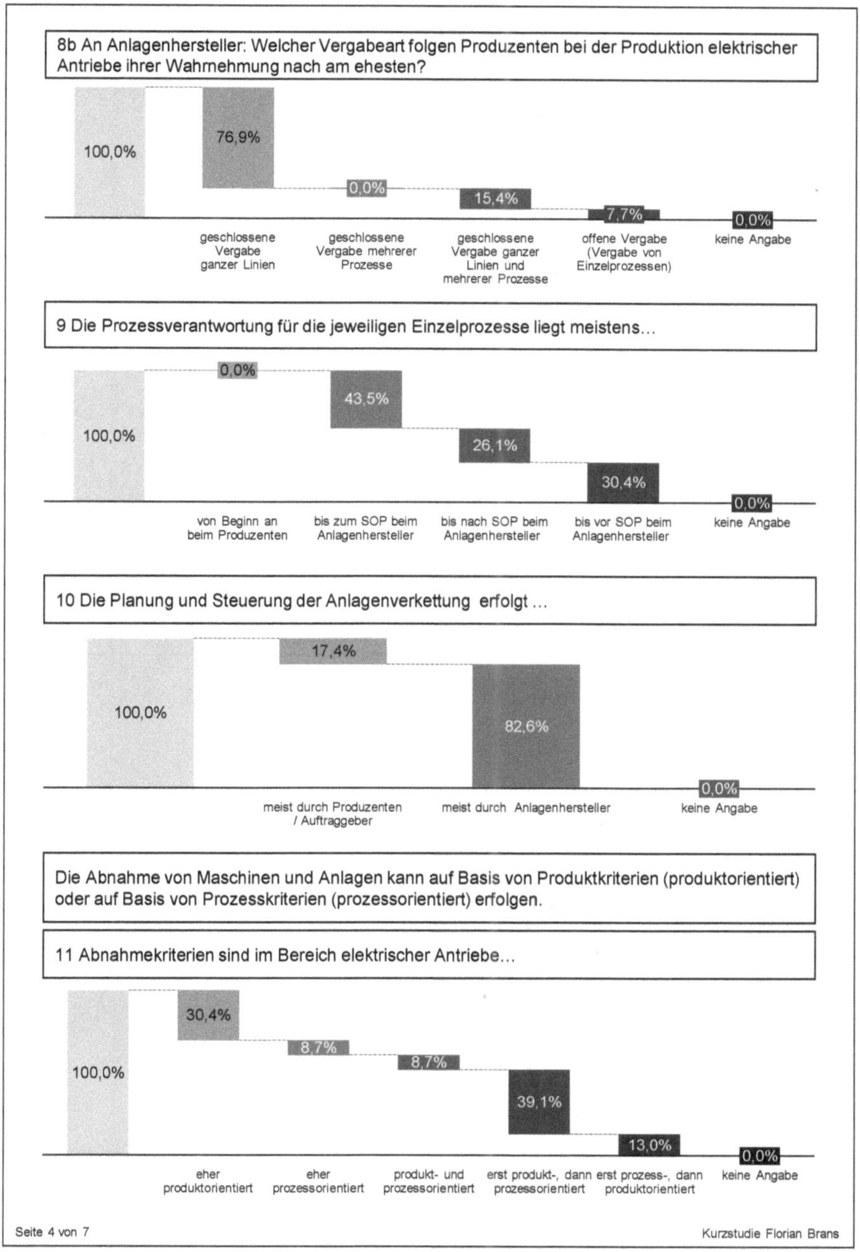

Abbildung 9-5 Ergebnisse Industriestudie (IV/VII)

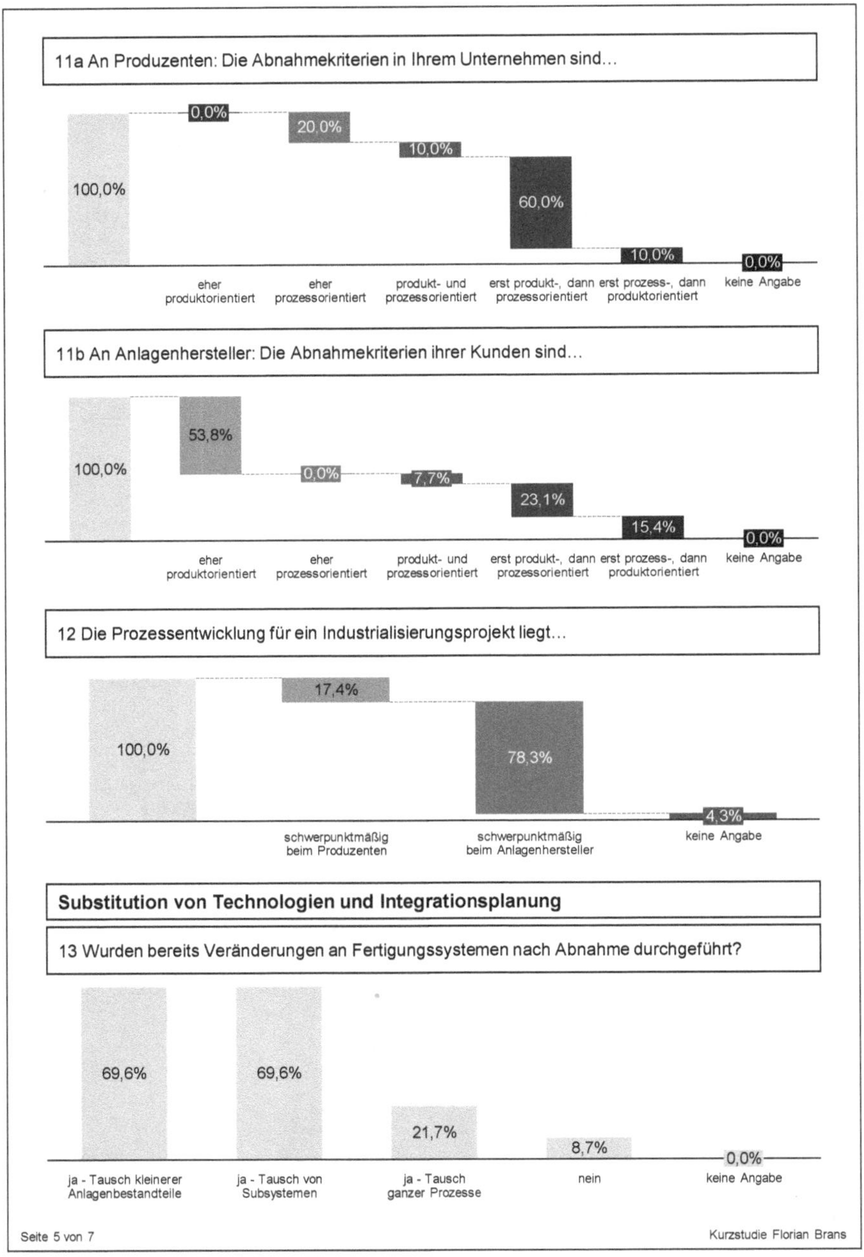

Abbildung 9-6 Ergebnisse Industriestudie (V/VII)

14 Für wie hoch halten Sie die Wahrscheinlichkeit, dass ein Fertigungssystem im Laufe des Lebenszyklus verändert werden muss?

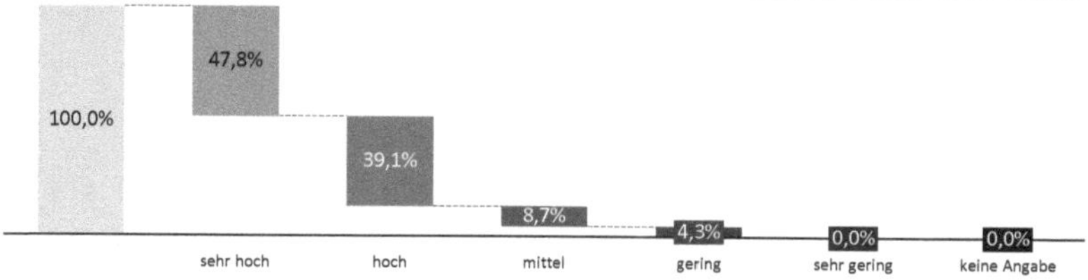

15 Hat eine Veränderung des Fertigungssystems Auswirkungen auf das vertragliche Verhältnis zum Anlagenlieferanten des zu verändernden Fertigungssystems (bspw. Gewährleistung)?

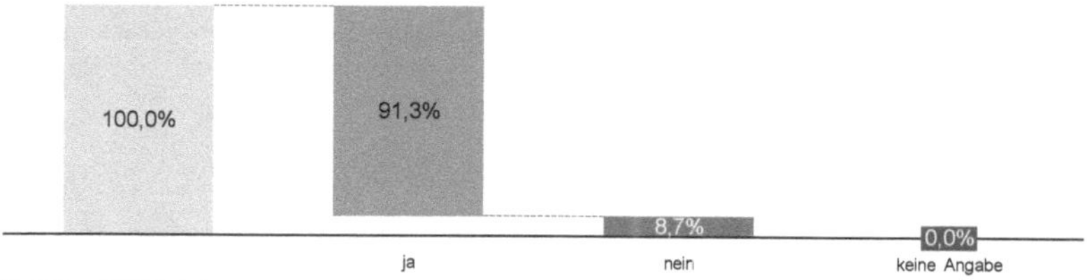

16 Ein Änderungsbedarf ist identifiziert, die Technologiealternativen der zu integrierenden Technologie noch nicht. Besteht ein systematisches Vorgehen, basierend auf festgelegten Kriterien, zur Identifikation der zu integrierenden Technologie?

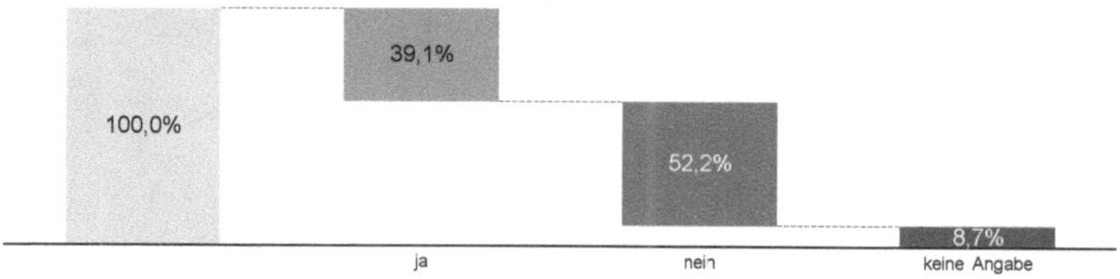

17 Worin besteht Ihrer Meinung nach das größte Risiko bei der Integration einer neuen Technologie in ein bestehendes Produktionssystem?

Antwort im Freitext

18 Würde ein systematisches Vorgehen mit einer kontinuierlichen Risikobewertung und der durchgängigen Evaluierung von Schnittstellen diesem Risiko Rechnung tragen?

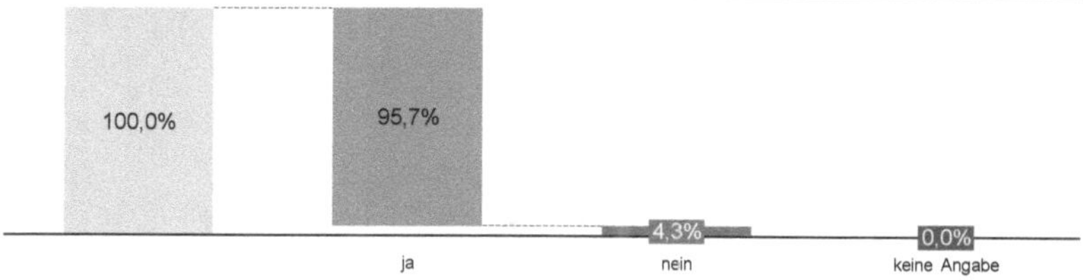

Seite 6 von 7 Kurzstudie Florian Brans

Abbildung 9-7 Ergebnisse Industriestudie (VI/VII)

Aufbau von und Umgang mit unternehmenseigenem Prozesswissen

19 Das Prozesswissen aus der Herstellung von Verbrennungsmotoren lässt sich auf die Produktion elektrischer Antriebe übertragen

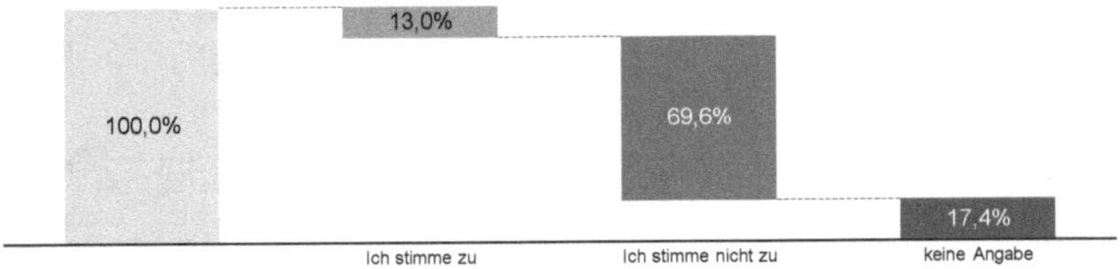

20 Das Prozesswissen zur Herstellung von Verbrennungsmotoren liegt eher beim Produzenten

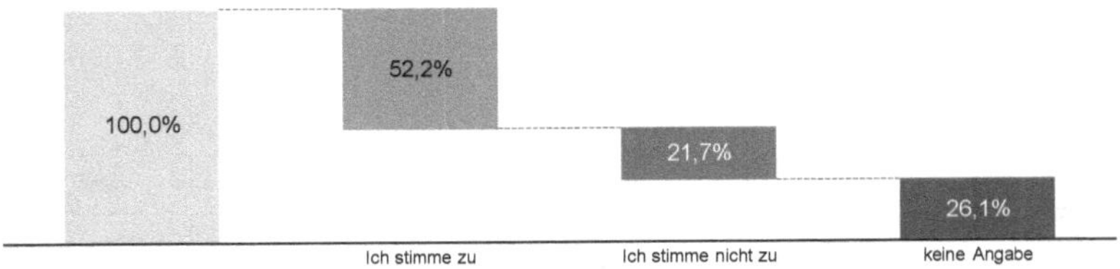

21 Das Prozesswissen zur Herstellung elektrischer Antriebe liegt aktuell eher beim Anlagenhersteller

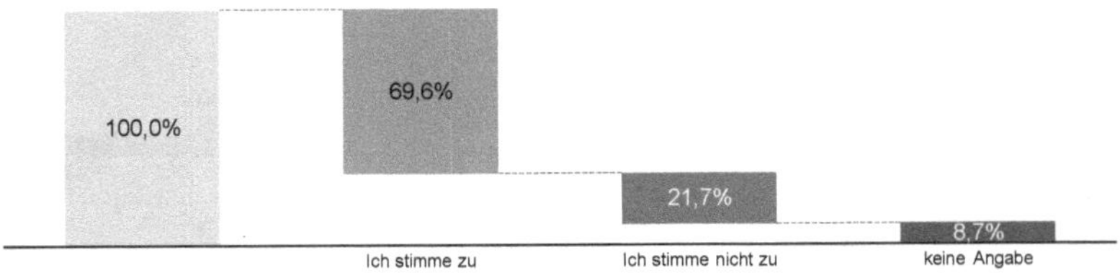

22 Mittel- bis langfristig werden Produzenten noch mehr darauf bedacht sein eigenes Prozesswissen aufzubauen

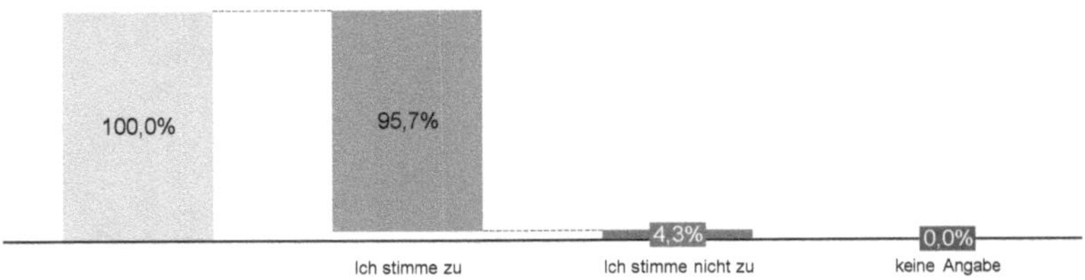

Seite 7 von 7 Kurzstudie Florian Brans

Abbildung 9-8 Ergebnisse Industriestudie (VII/VII)

Tabelle 9-2 Liste der Suchterme für die Literaturanalyse in Forschungsdatenbanken

Liste der Suchterme für die Literaturanalyse	
IEEE Xplore	„Production“ AND „Brownfield“ (Abstract)
	„Production“ AND „Planning“ AND „Substitution“ (Abstract)
	„Production“ AND „Planning“ AND „Substitution“ AND „Risk“ (Abstract)
	„Production“ AND „Planning“ AND „Technology Change“ (Abstract)
	„Production“ AND „Planning“ AND „Technology Change“ AND „Risk“ (Abstract)
ScienceDirect	„Production“ AND „Brownfield“ (Title and/or Abstract)
	„Production“ AND „Planning“ AND „Substitution“ (Title and/or Abstract)
	„Production“ AND „Planning“ AND „Substitution“ AND „Risk“ (Title and/or Abstract)
	„Production“ AND „Planning“ AND „Technology Change“ (Title and/or Abstract)
	„Production“ AND „Planning“ AND „Technology Change“ AND „Risk“ (Title and/or Abstract)
SpringerLink	„Production“ (Title) AND „Brownfield“ (Other)
	„Production Planning“ (Title) AND „Brownfield“ (Other)
	„Production Planning“ (Title) AND „Substitution“ (Other)
	„Production Planning“ (Title) AND „Substitution“ (Other) AND „Risk“ (Other)
	„Production Planning“ (Title) AND „Technology Change“ (Other)
	„Production Planning“ (Title) AND „Technology Change“ (Other) AND „Risk“ (Other)
Taylor&Francis	„Production“ AND „Brownfield“ (Abstract)
	„Production“ AND „Planning“ AND „Substitution“ (Abstract)
	„Production“ AND „Planning“ AND „Substitution“ AND „Risk“ (Abstract)
	„Production“ AND „Planning“ AND „Technology Change“ (Abstract)
	„Production“ AND „Planning“ AND „Technology Change“ AND „Risk“ (Abstract)
Wiley Online Library	„Production“ AND „Brownfield“ (Abstract)
	„Production“ AND „Planning“ AND „Substitution“ (Abstract)
	„Production“ AND „Planning“ AND „Substitution“ AND „Risk“ (Abstract)
	„Production“ AND „Planning“ AND „Technology Change“ (Abstract)
	„Production“ AND „Planning“ AND „Technology Change“ AND „Risk“ (Abstract)

Tabelle 9-3 PFMEA: Bewertung des Auftretens[293]

Bewertung des Auftretens (A) – Prozess-FMEA			
Bewertung der potenziellen Fehlerursachen nach den untenstehenden Kriterien			
A	**Prognose des Auftretens**	**Art der Vermeidung**	**Vermeidungsmaßnahmen**
10	*Extrem hoch*	Keine	Keine Vermeidungsmaßnahmen
9	*Sehr hoch*	Verhalten	Vermeidungsmaßnamen haben geringere Wirkung bei der Vermeidung der Fehlerursache
8			
7	*Hoch*	Verhalten oder technisch	Vermeidungsmaßnahmen haben mäßige Wirkung bei der Vermeidung der Fehlerursache
6			
5	*Mittel*		Vermeidungsmaßnahmen sind wirksam in der Vermeidung der Fehlerursache
4			
3	*Niedrig*	Bewährte Verfahren: Verhalten oder technisch	Vermeidungsmaßnahmen sind hocheffektiv in der Vermeidung der Fehlerursache
2	*Sehr niedrig*		
1	*Extrem niedrig*	Technisch	Vermeidungsmaßnahmen sind extrem effektiv in der Vermeidung des Auftretens der Fehlerursache aufgrund der Konstruktion (zum Beispiel Teilgeometrie) oder des Prozesses (zum Beispiel Auslegung von Vorrichtungen oder Werkzeugen). Ziel der Vermeidungsmaßnahmen: Fehler kann durch die Fehlerursache physisch nicht verursacht werden.

[293] Automotive Industry Action Group (AIAG) et al. (FMEA-Handbuch) 2019, S. 112 f.

Tabelle 9-4 PFMEA - Bewertung der Entdeckung[294]

Bewertung der Entdeckung (E) – Prozess-FMEA			
Bewertung der Entdeckungsmaßnahmen bezüglich des Reifegrades der Entdeckungsmethode und der Entdeckungsmöglichkeit			
E	**Entdeckungs-fähigkeit**	**Reifegrad der Entdeckungsmethode**	**Entdeckungsmöglichkeit**
10	*Sehr niedrig*	Keine Test- oder Prüfmethode vorhanden	Die Fehlerart kann nicht entdeckt werden oder wird nicht entdeckt
9		Es ist unwahrscheinlich, dass die Fehlerart mit der Test- oder Prüfmethode erkannt wird	Die Fehlerart ist durch gelegentliche oder zufällige Prüfungen nicht zu entdecken
8	*Niedrig*	Wirksamkeit und Verlässlichkeit der Test- und Prüfmethode wurde noch nicht nachgewiesen (zum Beispiel Werk hat wenig oder keine Erfahrung mit der Methode, Gage-R&R-Ergebnisse sind marginal für vergleichbaren Prozess oder die Anwendung usw.)	Durch Prüfung durch den Menschen (sehen, fühlen, hören) oder manuelle Vermessung (Attribut oder Variable) sollte die Fehlerart oder Fehlerursache entdeckt werden
7			Durch maschinelle Entdeckung (automatisch oder halbautomatisch mit Warnung durch Licht- oder Tonsignal usw.) oder Einsatz von Prüfmitteln wie Koordinatenmesssystemen sollte die Fehlerart oder Fehlerursache entdeckt werden.
6	*Mittel*	Wirksamkeit und Verlässlichkeit der Test- oder Prüfmethode wurde nachgewiesen (zum Beispiel Werk hat Erfahrung mit der Methode, Gage-R&R-Ergebnisse sind akzeptabel für vergleichbaren Prozess oder die Anwendung usw.)	Durch Prüfung durch den Menschen (testen, fühlen, hören) oder manuelle Vermessung (Attribut oder Variable) wird die Fehlerart oder Fehlerursache entdeckt (einschließlich Produktstichproben)
5	*Mittel*		Durch maschinelle Entdeckung (automatisch oder halbautomatisch mit Warnung durch Licht- oder Tonsignal usw.) oder Einsatz von Prüfmitteln wie Koordinatenmesssystemen wird die Fehlerart oder Fehlerursache entdeckt (einschließlich Produktstichproben)
4	*Hoch*	Wirksamkeit und Verlässlichkeit des Systems wurde nachgewiesen (zum Beispiel Werk hat Erfahrung mit der Methode, Gage-R&R-Ergebnisse sind akzeptabel usw.)	Maschinelle automatische Entdeckungsmethode entdeckt die Fehlerart in einer nachfolgenden Arbeitsstation verhindert die Weiterverarbeitung oder markiert das Produkt als fehlerhaft, das dann im Prozess automatisch bis zu

[294] Automotive Industry Action Group (AIAG) et al. (FMEA-Handbuch) 2019, S. 114 f.

<table>
<tr><td></td><td></td><td rowspan="2"></td><td>vorgesehenen Auswurfstelleweitergeleitet wird. Das fehlerhafte Produkt wird durch ein robustes System gelenkt, das die Ausgabe des Produktes aus der Produktionsstätte verhindert.</td></tr>
<tr><td>3</td><td>Hoch</td><td>Maschinelle automatische Entdeckungsmethode entdeckt Fehlerart an der Arbeitsstation, verhindert die Weiterberarbeitung oder markiert das Produkt als fehlerhaft, das dann im Prozess automatisch bis zur vorgesehenen Auswurfstelle weitergeleitet wird. Das fehlerhafte Produkt wird durch ein robustes System gelenkt, das die Ausgabe des Produktes aus der Produktionsstätte verhindert.</td></tr>
<tr><td>2</td><td></td><td>Wirksamkeit und Verlässlichkeit der Entdeckungsmethode wurde nachgewiesen (zum Beispiel Werk hat Erfahrung mit der Methode, Fehlerabsicherung usw.)</td><td>Maschinelle Entdeckungsmethode entdeckt die Fehlerursache und vermeidet die Entstehung der Fehlerart (fehlerhaftes Teil)</td></tr>
<tr><td>1</td><td>Sehr hoch</td><td colspan="2">Fehlerart kann durch die Konstruktion oder den Prozess physisch nicht verursacht werden oder Entdeckungsmethoden entdecken die Fehlerart oder Fehlerursache nachweislich immer.</td></tr>
</table>

Tabelle 9-5 Bestimmung der Aufgabenpriorität in DFMEA und PFMEA (I/IV)[295]

Aufgabenpriorität (AP) für DFMEA und PFMEA						
Die Aufgabenpriorität basiert auf Kombinationen der Bedeutung, Auftreten und Entdeckung und dient der Priorisierung von Maßnahmen zur Risikoreduzierung						
Auswirkung	**B**	**Prognose des Auftretens der Fehlerursache**	**A**	**Entdeckungsfähigkeit**	**E**	**Aufgabenpriorität (AP)**
Sehr große Auswirkung auf Produkt oder Werk	9-10	Sehr hoch	8-10	Niedrig - sehr niedrig	7-10	H
				Mittel	5-6	H
				Hoch	2-4	H
				Sehr hoch	1	H
		Hoch	6-7	Niedrig - sehr niedrig	7-10	H
				Mittel	5-6	H
				Hoch	2-4	H
				Sehr hoch	1	H
		Mittel	4-5	Niedrig - sehr niedrig	7-10	H
				Mittel	5-6	H
				Hoch	2-4	H
				Sehr hoch	1	M
		Niedrig	2-3	Niedrig - sehr niedrig	7-10	H
				Mittel	5-6	M
				Hoch	2-4	N
				Sehr hoch	1	N
		Sehr niedrig	1	Sehr hoch - sehr niedrig	1-10	N

[295] Automotive Industry Action Group (AIAG) et al. (FMEA-Handbuch) 2019, S. 118 f.

Tabelle 9-6 Bestimmung der Aufgabenpriorität in DFMEA und PFMEA (II/IV)[296]

Aufgabenpriorität (AP) für DFMEA und PFMEA						
Die Aufgabenpriorität basiert auf Kombinationen der Bedeutung, Auftreten und Entdeckung und dient der Priorisierung von Maßnahmen zur Risikoreduzierung						
Auswirkung	**B**	**Prognose des Auftretens der Fehlerursache**	**A**	**Entdeckungsfähigkeit**	**E**	**Aufgabenpriorität (AP)**
Große Auswirkung auf Produkt oder Werk	7-8	Sehr hoch	8-10	Niedrig - sehr niedrig	7-10	H
				Mittel	5-6	H
				Hoch	2-4	H
				Sehr hoch	1	H
		Hoch	6-7	Niedrig - sehr niedrig	7-10	H
				Mittel	5-6	H
				Hoch	2-4	H
				Sehr hoch	1	M
		Mittel	4-5	Niedrig - sehr niedrig	7-10	H
				Mittel	5-6	M
				Hoch	2-4	M
				Sehr hoch	1	M
		Niedrig	2-3	Niedrig - sehr niedrig	7-10	M
				Mittel	5-6	M
				Hoch	2-4	N
				Sehr hoch	1	N
		Sehr niedrig	1	Sehr hoch - sehr niedrig	1-10	N

[296] Automotive Industry Action Group (AIAG) et al. (FMEA-Handbuch) 2019, S. 118 f.

Tabelle 9-7 Bestimmung der Aufgabenpriorität in DFMEA und PFMEA (III/IV)[297]

Aufgabenpriorität (AP) für DFMEA und PFMEA						
Die Aufgabenpriorität basiert auf Kombinationen der Bedeutung, Auftreten und Entdeckung und dient der Priorisierung von Maßnahmen zur Risikoreduzierung						
Auswirkung	**B**	**Prognose des Auftretens der Fehlerursache**	**A**	**Entdeckungsfähigkeit**	**E**	**Aufgabenpriorität (AP)**
Mittlere Auswirkung auf Produkt oder Werk	4-6	Sehr hoch	8-10	Niedrig - sehr niedrig	7-10	H
				Mittel	5-6	H
				Hoch	2-4	M
				Sehr hoch	1	M
		Hoch	6-7	Niedrig - sehr niedrig	7-10	M
				Mittel	5-6	M
				Hoch	2-4	M
				Sehr hoch	1	N
		Mittel	4-5	Niedrig - sehr niedrig	7-10	M
				Mittel	5-6	N
				Hoch	2-4	N
				Sehr hoch	1	N
		Niedrig	2-3	Niedrig - sehr niedrig	7-10	N
				Mittel	5-6	N
				Hoch	2-4	N
				Sehr hoch	1	N
		Sehr niedrig	1	Sehr hoch - sehr niedrig	1-10	N

[297] Automotive Industry Action Group (AIAG) et al. (FMEA-Handbuch) 2019, S. 118 f.

Tabelle 9-8 Bestimmung der Aufgabenpriorität in DFMEA und PFMEA (IV/IV)[298]

Aufgabenpriorität (AP) für DFMEA und PFMEA						
Die Aufgabenpriorität basiert auf Kombinationen der Bedeutung, Auftreten und Entdeckung und dient der Priorisierung von Maßnahmen zur Risikoreduzierung						
Auswirkung	**B**	**Prognose des Auftretens der Fehlerursache**	**A**	**Entdeckungsfähigkeit**	**E**	**Aufgabenpriorität (AP)**
Geringe Auswirkung auf Produkt oder Werk	2-3	Sehr hoch	8-10	Niedrig - sehr niedrig	7-10	M
				Mittel	5-6	M
				Hoch	2-4	N
				Sehr hoch	1	N
		Hoch	6-7	Niedrig - sehr niedrig	7-10	N
				Mittel	5-6	N
				Hoch	2-4	N
				Sehr hoch	1	N
		Mittel	4-5	Niedrig - sehr niedrig	7-10	N
				Mittel	5-6	N
				Hoch	2-4	N
				Sehr hoch	1	N
		Niedrig	2-3	Niedrig - sehr niedrig	7-10	N
				Mittel	5-6	N
				Hoch	2-4	N
				Sehr hoch	1	N
		Sehr niedrig	1	Sehr hoch - sehr niedrig	1-10	N
Keine wahrnehmbare Auswirkung	1	Sehr niedrig - sehr hoch	1-10	Sehr hoch - sehr niedrig	1-10	N

[298] Automotive Industry Action Group (AIAG) et al. (FMEA-Handbuch) 2019, S. 118 f.

Strukturanalyse (Schritt 2)			Funktionsanalyse (Schritt 3)			Fehleranalyse (Schritt 4)			
Prozesselement	Prozessschritt	(Prozess-) Ursachenelement	Funktion Prozesselelement	Funktion Prozessschritt	Funktion (Prozess-) Ursachenelement	Fehlerfolge	Bedeutung	Fehlerart	Fehlerursache
Anlage Hairpinherstellung	Richten	Bediener	Hairpins herstellen	Geradheit des Drahtes herstellen	Bediener stellt Richtrollen nach Drahtwechsel ein	Hairpinherstellung: Erschwerte Drahtführung	2	Draht unzureichend gerichtet	Zu weite Zustellung der Richtrollen
						Vormontage Korb: erschwertes Einsetzen	3	Draht unzureichend gerichtet	Zu weite Zustellung der Richtrollen
						Separieren: Greifer verfehlen Hairpinenden	3	Draht unzureichend gerichtet	Zu weite Zustellung der Richtrollen
						Hairpinherstellung: Erschwerte Drahtführung	2	Draht zu stark gerichtet	Zu enge Zustellung der Richtrollen
						Test: Durchschlag	7	Draht zu stark gerichtet	Zu enge Zustellung der Richtrollen
					Bediener justiert Richtrollen während Prozess nach	Hairpinherstellung: Erschwerte Drahtführung	2	Draht unzureichend gerichtet	Zu weite Zustellung der Richtrollen
						Vormontage Korb: erschwertes Einsetzen	3	Draht unzureichend gerichtet	Zu weite Zustellung der Richtrollen
						Separieren: Greifer verfehlen Hairpinenden	3	Draht unzureichend gerichtet	Zu weite Zustellung der Richtrollen
						Hairpinherstellung: Erschwerte Drahtführung	2	Draht zu stark gerichtet	Zu enge Zustellung der Richtrollen
						Test: Durchschlag	7	Draht zu stark gerichtet	Zu enge Zustellung der Richtrollen
Anlage Hairpinherstellung	Richten	Maschine	Hairpins herstellen	Geradheit des Drahtes herstellen	Vorschub-geschwindigkeit gem. SOLL-Profil	Vormontage Korb: erschwertes Einsetzen	2	Zu geringe Drahtstrecke gerichtet	Schlupf im Riementrieb
					Zustellung des Riementriebs gem. Vorgabe	Hairpinherstellung: Erschwerte Drahtführung	2	Zu geringe Drahtstrecke gerichtet	Schlupf im Riementrieb
					Wechsel der Riementriebe	Hairpinherstellung: Erschwerte Drahtführung	2	Zu geringe Drahtstrecke gerichtet	Schlupf im Riementrieb
...	...	...	...	...	...	...	...	...	...

Abbildung 9-9 Anwendungsfall: Absicherungskonzept SEL 2.3 (Ausschnitt)

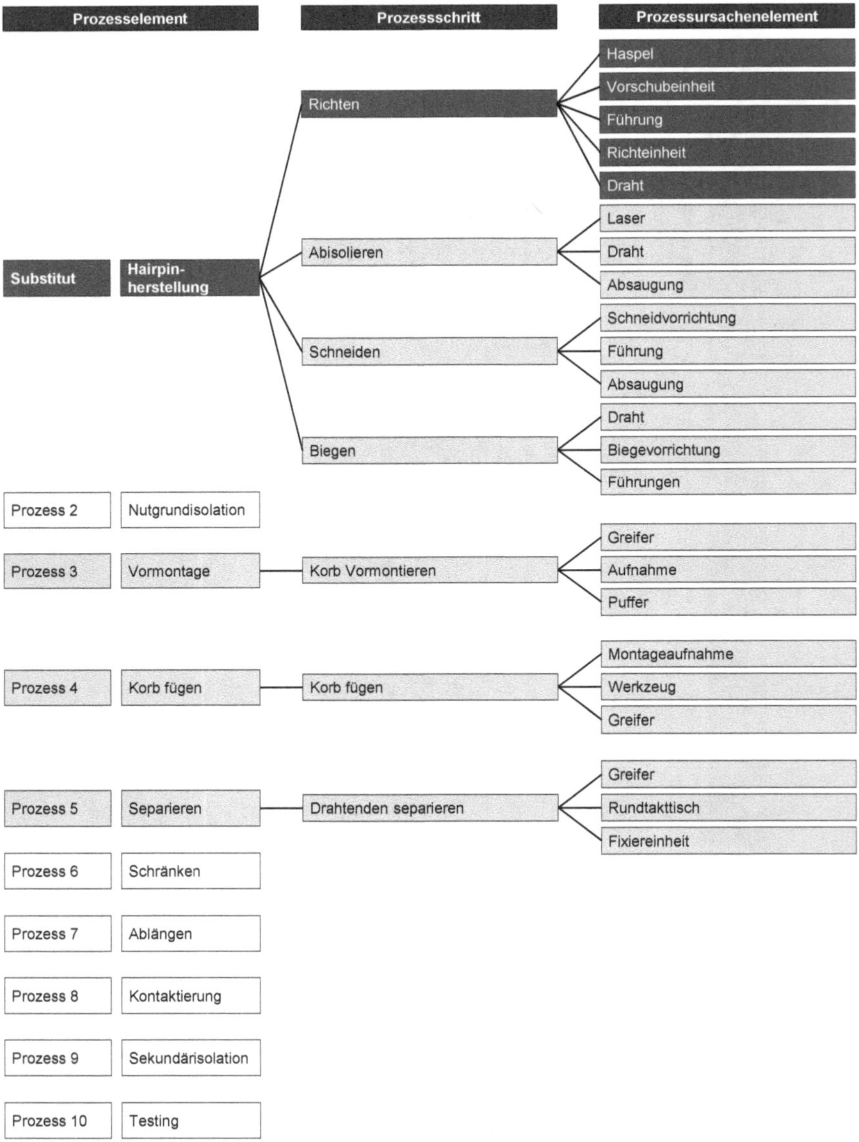

Abbildung 9-10 Anwendungsfall: Strukturanalyse SEL 3.4

	Strukturanalyse (Schritt 2)			Funktionsanalyse (Schritt 3)			Fehleranalyse (Schritt 4)				Risikoanalyse (Schritt 5)				
Nr.	Prozesselement	Prozessschritt	(Prozess-) Ursachenelement	Funktion Prozesselement	Funktion Prozessschritt	Funktion (Prozess-) Ursachenelement	Fehlerfolge	Bedeutung	Fehlerart	Fehlerursache	Vorhandene VM für FU	Auftreten der FU	Vorhandene EM für FU oder FA	Entdeckung der FU / FA	PFMEA AP
R1	Anlage Hairpinherstellung	Richten	Haspel	Hairpins herstellen	Geradheit des Drahtes herstellen	Abrollen des Drahtes mit definierter Geschwindigkeit bzw. Vorschub	Hairpin n.i.O.	8	zu schnelles Abrollen des Drahts im Vergleich zum Vorschub	Synchronisation Steuerung Haspel / Vorschubeinheit	keine	10	Abgleich Geschwindigkeitsprofile	5	H
R2	Anlage Hairpinherstellung	Richten	Haspel	Hairpins herstellen	Geradheit des Drahtes herstellen	Abrollen des Drahtes mit definierter Geschwindigkeit bzw. Vorschub	Hairpin n.i.O.	8	zu langsames Abrollen des Drahts im Vergleich zum Vorschub	Synchronisation Steuerung Haspel / Vorschubeinheit	keine	10	Abgleich Geschwindigkeitsprofile	5	H
R3	Anlage Hairpinherstellung	Richten	Vorschubeinheit	Hairpins herstellen	Geradheit des Drahtes herstellen	Definierter Transport des Drahtes mit definiertem Vorschub	Hairpin n.i.O.	8	zu schneller Transport des Drahts im Vergleich zur Geschwindigkeit der Biegeeinheit	Synchronisation Vorschubeinheit / Biegeeinheit	keine	10	Abgleich Geschwindigkeitsprofile	5	H
R4	Anlage Hairpinherstellung	Richten	Vorschubeinheit	Hairpins herstellen	Geradheit des Drahtes herstellen	Definierter Transport des Drahtes mit definiertem Vorschub	Hairpin n.i.O.	8	zu langsamer Transport des Drahts im Vergleich zur Geschwindigkeit der Biegeeinheit	Synchronisation Vorschubeinheit / Biegeeinheit	keine	10	Abgleich Geschwindigkeitsprofile	5	H
R5	Anlage Hairpinherstellung	Richten	Vorschubeinheit	Hairpins herstellen	Geradheit des Drahtes herstellen	Definierter Transport des Drahtes mit definiertem Vorschub	Hairpin n.i.O.	8	zu langsamer Transport des Drahts im Vergleich zur Geschwindigkeit der Haspel	Synchronisation Steuerung Vorschubeinheit / Haspel	keine	10	Abgleich Geschwindigkeitsprofile	5	H
R6	Anlage Hairpinherstellung	Richten	Vorschubeinheit	Hairpins herstellen	Geradheit des Drahtes herstellen	Definierter Transport des Drahtes mit definiertem Vorschub	Hairpin n.i.O.	8	zu langsamer Transport des Drahts im Vergleich zur Geschwindigkeit der Haspel	Synchronisation Steuerung Vorschubeinheit / Haspel	keine	10	Abgleich Geschwindigkeits-profile	5	H
R7	Anlage Hairpinherstellung	Richten	Führung	Hairpins herstellen	Geradheit des Drahtes herstellen	Definierter Transport ohne Versatz	Hairpin n.i.O.	8	Undefinierte Führung des Drahtes	Düsen nicht in Flucht	Anlagenwartung	4	Maßprüfung	6	M
R8	Anlage Hairpinherstellung	Richten	Führung	Hairpins herstellen	Geradheit des Drahtes herstellen	Definierter Transport ohne Versatz	Hairpin n.i.O.	7	Undefinierte Führung des Drahtes	Definiertes Führen mit zu viel Spiel	Anlagenwartung	4	Sichtprüfung	8	H
R9	Anlage Hairpinherstellung	Richten	Führung	Hairpins herstellen	Geradheit des Drahtes herstellen	Definierter Transport ohne Versatz	Hairpin n.i.O.	7	Unkontrollierte Schwingungen des Drahtes	Definiertes Führen mit zu viel Spiel	keine	10	Sichtprüfung	10	H
R10	Anlage Hairpinherstellung	Richten	Führung	Hairpins herstellen	Geradheit des Drahtes herstellen	Definierter Transport ohne Versatz	Hairpin n.i.O.	9	Abrieb der Isolation	Definiertes Führen mit zu wenig Spiel	keine	10	Sichtprüfung	9	H
R11	Anlage Hairpinherstellung	Richten	Führung	Hairpins herstellen	Geradheit des Drahtes herstellen	Definierter Transport ohne Versatz	Hairpin n.i.O.	8	Undefinierte Führung des Drahtes	Winkelabweichung der Düsen	Anlagenwartung	4	Maßprüfung	6	M
R12	Anlage Hairpinherstellung	Richten	Führung	Hairpins herstellen	Geradheit des Drahtes herstellen	Definierter Transport ohne Versatz	Ausfall Anlage	8	Ablenkung des Drahtes in der Führung	Düsen verstopft	Anlagenwartung	4	Stillstand	3	M
R13	Anlage Hairpinherstellung	Richten	Richteinheit	Hairpins herstellen	Geradheit des Drahtes herstellen	Richten des Drahtes auf definierte Geradheit	Hairpin n.i.O.	5	Richten auf nicht definierte Form	Zu enge Zustellung der Richtrollen	Bedienerwartung	3	Maßprüfung	6	N
R14	Anlage Hairpinherstellung	Richten	Richteinheit	Hairpins herstellen	Geradheit des Drahtes herstellen	Richten des Drahtes auf definierte Geradheit	Hairpin n.i.O.	5	Richten auf nicht definierte Form	Zu weite Zustellung der Richtrollen	Bedienerwartung	3	Maßprüfung	6	N
R15	Anlage Hairpinherstellung	Richten	Richteinheit	Hairpins herstellen	Geradheit des Drahtes herstellen	Richten des Drahtes auf definierte Geradheit	Probleme bei Fügeprozess möglich	5	Unzureichende Reduktion der Eigenspannungen	Zu weite Zustellung der Richtrollen	Bedienerwartung	3	Stillstand Folgeprozess	4	N
R16	Anlage Hairpinherstellung	Richten	Richteinheit	Hairpins herstellen	Geradheit des Drahtes herstellen	Richten des Drahtes auf definierte Geradheit	Stator n.i.O.	9	Beschädigung der Drahtisolation	Oberflächenbeschaffenheit der Richtrollen	keine	10	Sichtprüfung	9	H
R17	Anlage Hairpinherstellung	Richten	Richteinheit	Hairpins herstellen	Geradheit des Drahtes herstellen	Richten des Drahtes auf definierte Geradheit	Stator n.i.O.	9	Eindrücken von Schmutzpartikeln in Drahtisolation	Unzureichende Sauberkeit in der Richteinheit	keine	10	Sichtprüfung	9	H
R18	Anlage Hairpinherstellung	Richten	Draht	Hairpins herstellen	Geradheit des Drahtes herstellen	Anlieferung gemäß Spezifikation	Ausfall Anlage	8	Verdickung des Drahtes	Ungleichmäßiger Beschichtungsprozess	keine	10	Stillstand	3	H
R19	Anlage Hairpinherstellung	Richten	Draht	Hairpins herstellen	Geradheit des Drahtes herstellen	Anlieferung gemäß Spezifikation	Ausfall Anlage	9	Zu geringer Reibwert der Drahtoberfläche	Verwendung von Primern	keine	10	Stillstand	3	H
R20	Anlage Hairpinherstellung	Abisolieren	Laser	Hairpins herstellen	Drahtbeschichtung entfernen	Abtrag mit Ergebnis RFU < 10	Hairpin n.i.O.	8	RFU-Wert > 10	Unzureichende Einkopplung	keine	10	Sichtprüfung	8	H
R21	Anlage Hairpinherstellung	Abisolieren	Vorschubeinheit	Hairpins herstellen	Drahtbeschichtung entfernen	Definierter Transport des Drahtes mit definiertem Vorschub	Hairpin n.i.O.	8	Falscher Arbeitsbereich	Schlupf im Vorschub	keine	10	Sichtprüfung	8	H
R22	Anlage Hairpinherstellung	Abisolieren	Vorschubeinheit	Hairpins herstellen	Drahtbeschichtung entfernen	Definierter Transport ohne Versatz	Hairpin n.i.O.	8	Falscher Arbeitsbereich	Unzureichende Geradeheit	keine	10	Sichtprüfung	8	H
R23	Anlage Hairpinherstellung	Schneiden	Vorschubeinheit	Hairpins herstellen	Trennen des Kupferdrahts in I-Pins	Schnitt an definierter Stelle	Hairpin n.i.O.	7	Schnitt an undefinierter Stelle	Schlupf im Vorschub	keine	10	Sichtprüfung	8	H
R24	Anlage Hairpinherstellung	Biegen	Biegevorrichtung	Hairpins herstellen	Hairpins in Soll-Form bringen	Greifen des Drahts	Ausfall Anlage	8	Biegewerkzeug verfehlt Draht	Unzureichende Geradeheit des Drahtes	keine	10	Stillstand	3	H
R25	Anlage Vormontage	Korb Vormontieren	Greifer	Vormontage zu Hairpin-Korb	Bestückung des Hairpin-Korbs	Greifen des Pins an definierter Position	Ausfall Anlage	8	Greifer verfehlt Hairpin	Unzureichende Geradeheit des Drahtes	keine	10	Stillstand	3	H
R26	Anlage Vormontage	Korb Vormontieren	Aufnahme	Vormontage zu Hairpin-Korb	Halten des Hairpin-Korbs	Setzen des Pins an definierte Stelle in Vorrichtung	Ausfall Anlage	8	Greifer mit Hairpin verfehlt Vorrichtung	Unzureichende Geradeheit des Drahtes	keine	10	Stillstand	3	H
R27	Anlage Korb fügen	Korb fügen	Greifer	Korb fügen	Hairpin-Korb in aufnehmen	Greifer nimmt Korb an definierter Positon auf	Ausfall Anlage	8	Greifer verfehlt Korb	Unzureichende Geradeheit des Drahtes	keine	10	Stillstand	3	H
R28	Anlage Korb fügen	Korb fügen	Werkzeug	Korb fügen	Hairpin-Korb in Blechpaket fügen	Werkzeug fügt Hairpin-Korb axial in Blechpaketnuten	Ausfall Anlage	8	Hairpinkorb verfehlt Blechpaketnuten	Unzureichende Geradeheit des Drahtes	keine	10	Stillstand	3	H
R29	Anlage Separieren	Drahtenden Separieren	Greifer	Drahtenden Separieren	Drahtenden Separieren	Einzeldrähte greifen und auseinanderziehen	Ausfall Anlage	8	Greifer verfehlt Drahtende	Unzureichende Geradeheit des Drahtes	keine	10	Stillstand	3	H
R30	Anlage Separieren	Drahtenden Separieren	Fixiereinheit	Drahtenden Separieren	Drahtenden Spannen	Drahtenden greifen und fixieren	Ausfall Anlage	8	Fixiereinheit verfehlt Drahtenden	Unzureichende Geradeheit des Drahtes	keine	10	Stillstand	3	H

Abbildung 9-11 Anwendungsfall: Absicherungskonzept in der Realisierung

	Strukturanalyse (Schritt 2)	Fehleranalyse (Schritt 4)				Risikoanalyse (Schritt 5)					Prognostizierte Ausfallzeiten und Formparameter			
Nr.	Prozesselement	Fehlerfolge	Bedeutung	Fehlerart	Fehlerursache	Vorhandene VM für FU	Auftreten der FU	Vorhandene EM für FU oder FA	Entdeckung der FU / FA	PFMEA AP	Best Case [h]	ML Case [h]	Worst Case [h]	Form-parameter
R1	Anlage Hairpinherstellung	Hairpin n.i.O.	8	zu schnelles Abrollen des Drahts im Vergleich zum Vorschub	Synchronisation Steuerung Haspel / Vorschubeinheit	keine	10	Abgleich Geschwindigkeitsprofile	5	H	12	24	96	6
R2	Anlage Hairpinherstellung	Hairpin n.i.O.	8	zu langsames Abrollen des Drahts im Vergleich zum Vorschub	Synchronisation Steuerung Haspel / Vorschubeinheit	keine	10	Abgleich Geschwindigkeitsprofile	5	H	12	24	96	6
R3	Anlage Hairpinherstellung	Hairpin n.i.O.	8	zu schneller Transport des Drahts im Vergleich zur Geschwindigkeit der Biegeeinheit	Synchronisation Vorschubeinheit / Biegeeinheit	keine	10	Abgleich Geschwindigkeitsprofile	5	H	24	29	144	6
R4	Anlage Hairpinherstellung	Hairpin n.i.O.	8	zu langsamer Transport des Drahts im Vergleich zur Geschwindigkeit der Biegeeinheit	Synchronisation Vorschubeinheit / Biegeeinheit	keine	10	Abgleich Geschwindigkeitsprofile	5	H	24	29	144	6
R5	Anlage Hairpinherstellung	Hairpin n.i.O.	8	zu langsamer Transport des Drahts im Vergleich zur Geschwindigkeit der Haspel	Synchronisation Steuerung Vorschubeinheit / Haspel	keine	10	Abgleich Geschwindigkeitsprofile	5	H	12	24	48	4
R6	Anlage Hairpinherstellung	Hairpin n.i.O.	8	zu langsamer Transport des Drahts im Vergleich zur Geschwindigkeit der Haspel	Synchronisation Steuerung Vorschubeinheit / Haspel	keine	10	Abgleich Geschwindigkeits-profile	5	H	12	24	48	4
R7	Anlage Hairpinherstellung	Hairpin n.i.O.	8	Undefinierte Führung des Drahtes	Düsen nicht in Flucht	Anlagenwartung	4	Maßprüfung	6	M	3	5	12	2
R8	Anlage Hairpinherstellung	Hairpin n.i.O.	7	Undefinierte Führung des Drahtes	Definiertes Führen mit zu viel Spiel	Anlagenwartung	4	Sichtprüfung	8	H	10	20	29	4
R9	Anlage Hairpinherstellung	Hairpin n.i.O.	7	Unkontrollierte Schwingungen des Drahtes	Definiertes Führen mit zu viel Spiel	keine	10	Sichtprüfung	10	H	20	36	60	6
R10	Anlage Hairpinherstellung	Hairpin n.i.O.	9	Abrieb der Isolation	Definiertes Führen mit zu wenig Spiel	keine	10	Sichtprüfung	9	H	10	20	29	4
R11	Anlage Hairpinherstellung	Hairpin n.i.O.	8	Undefinierte Führung des Drahtes	Winkelabweichung der Düsen	Anlagenwartung	4	Maßprüfung	6	M	3	5	12	2
R12	Anlage Hairpinherstellung	Ausfall Anlage	8	Ablenkung des Drahtes in der Führung	Düsen verstopft	Anlagenwartung	4	Stillstand	3	M	20	36	48	4
R13	Anlage Hairpinherstellung	Hairpin n.i.O.	5	Richten auf nicht definierte Form	Zu enge Zustellung der Richtrollen	Bedienerwartung	3	Maßprüfung	6	N	3	5	8	4
R14	Anlage Hairpinherstellung	Hairpin n.i.O.	5	Richten auf nicht definierte Form	Zu weite Zustellung der Richtrollen	Bedienerwartung	3	Maßprüfung	6	N	3	5	8	4
R15	Anlage Hairpinherstellung	Probleme bei Fügeprozess möglich	5	Unzureichende Reduktion der Eigenspannungen	Zu weite Zustellung der Richtrollen	Bedienerwartung	3	Stillstand Folgeprozess	4	N	3	5	8	4
R16	Anlage Hairpinherstellung	Stator n.i.O.	9	Beschädigung der Drahtisolation	Oberflächenbeschaffenheit der Richtrollen	keine	10	Sichtprüfung	9	H	10	20	29	4
R17	Anlage Hairpinherstellung	Stator n.i.O.	9	Eindrücken von Schmutzpartikeln in Drahtisolation	Unzureichende Sauberkeit in der Richteinheit	keine	10	Sichtprüfung	9	H	10	20	29	4
R18	Anlage Hairpinherstellung	Ausfall Anlage	8	Verdickung des Drahtes	Ungleichmäßiger Beschichtungsprozess	keine	10	Stillstand	3	H	3	5	8	4
R19	Anlage Hairpinherstellung	Ausfall Anlage	9	Zu geringer Reibwert der Drahtoberfläche	Verwendung von Primern	keine	10	Stillstand	3	H	20	36	48	4
R20	Anlage Hairpinherstellung	Hairpin n.i.O.	8	RFU-Wert > 10	Unzureichende Einkopplung	keine	10	Sichtprüfung	8	H	12	24	36	4
R21	Anlage Hairpinherstellung	Hairpin n.i.O.	8	Falscher Arbeitsbereich	Schlupf im Vorschub	keine	10	Sichtprüfung	8	H	5	10	15	2
R22	Anlage Hairpinherstellung	Hairpin n.i.O.	8	Falscher Arbeitsbereich	Unzureichende Geradeheit	keine	10	Sichtprüfung	8	H	5	10	15	2
R23	Anlage Hairpinherstellung	Hairpin n.i.O.	7	Schnitt an undefinierter Stelle	Schlupf im Vorschub	keine	10	Sichtprüfung	8	H	12	20	29	4
R24	Anlage Hairpinherstellung	Ausfall Anlage	8	Biegewerkzeug verfehlt Draht	Unzureichende Geradeheit des Drahtes	keine	10	Stillstand	3	H	24	48	84	2
R25	Anlage Vormontage	Ausfall Anlage	8	Greifer verfehlt Hairpin	Unzureichende Geradeheit des Drahtes	keine	10	Stillstand	3	H	20	24	48	4
R26	Anlage Vormontage	Ausfall Anlage	8	Greifer mit Hairpin verfehlt Vorrichtung	Unzureichende Geradeheit des Drahtes	keine	10	Stillstand	3	H	20	24	48	4
R27	Anlage Korb fügen	Ausfall Anlage	8	Greifer verfehlt Korb	Unzureichende Geradeheit des Drahtes	keine	10	Stillstand	3	H	36	60	96	2
R28	Anlage Korb fügen	Ausfall Anlage	8	Hairpinkorb verfehlt Blechpaketnuten	Unzureichende Geradeheit des Drahtes	keine	10	Stillstand	3	H	20	36	60	4
R29	Anlage Separieren	Ausfall Anlage	8	Greifer verfehlt Drahtende	Unzureichende Geradeheit des Drahtes	keine	10	Stillstand	3	H	29	36	44	4
R30	Anlage Separieren	Ausfall Anlage	8	Fixiereinheit verfehlt Drahtenden	Unzureichende Geradeheit des Drahtes	keine	10	Stillstand	3	H	12	20	27	2

Abbildung 9-12 Anwendungsfall: Prognostizierte Ausfallzeiten

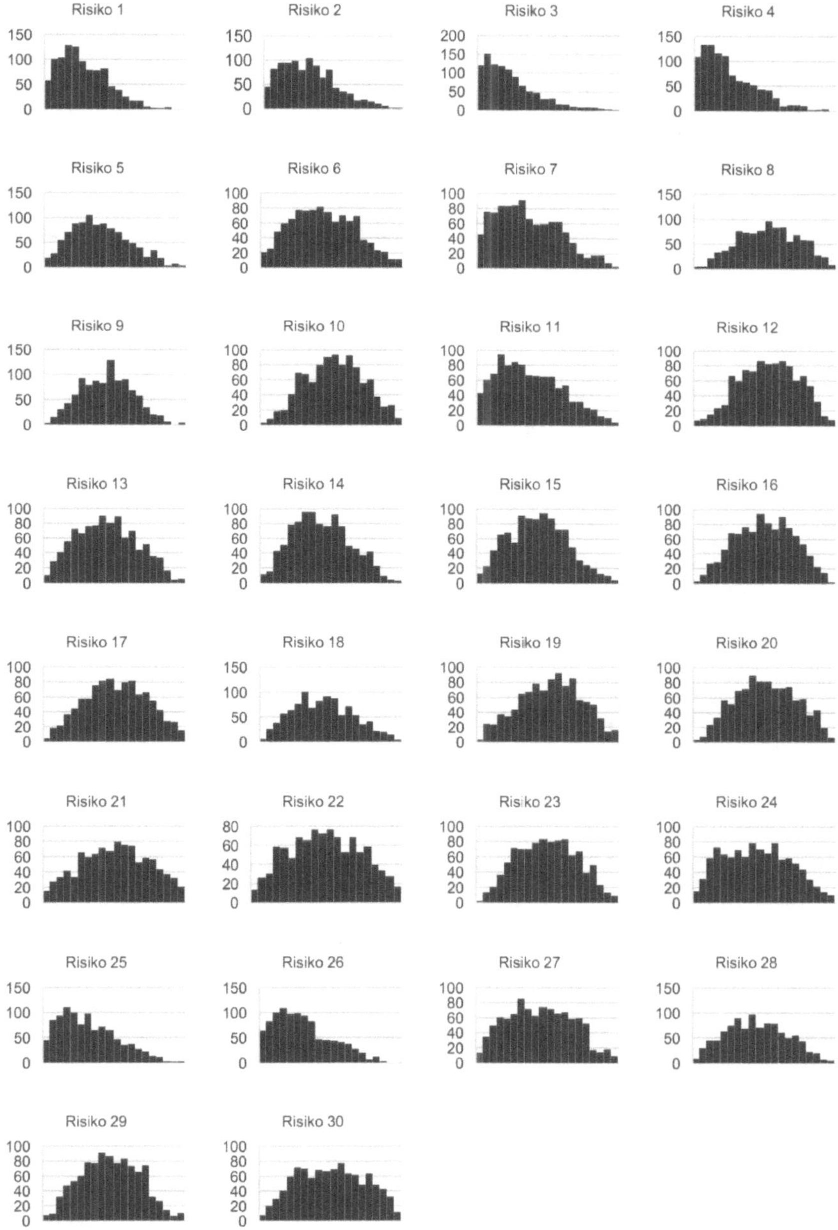

Abbildung 9-13 Anwendungsfall: Ergebnis der Monte-Carlo-Simulation

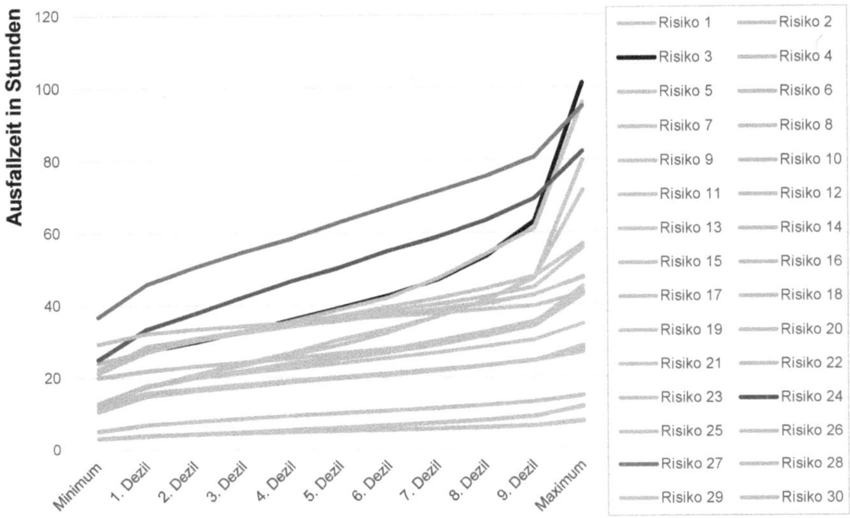

Abbildung 9-14 Anwendungsfall: Vergleich Risiko-bedingter Ausfallzeiten

	Schnittstellen		Validierungsbausteine			Validierungssetups						
Nr.	HZS	SS	Sub.	VN	U & R	Setup 1	Setup 2	Setup 3	Setup 4	Setup 5	Setup 6	Setup 7
R1	1	1	H	P	-		x	x	x	x	x	x
R2	1	1	H	P	-		x	x	x	x	x	x
R3	-	2	H	P	-			x	x	x	x	x
R4	-	2	H	P	-			x	x	x	x	x
R5	-	2	H	P	-		x	x	x	x	x	x
R6	-	2	H	P	-		x	x	x	x	x	x
R7	-	-	H	V	-	x	x	x	x	x	x	x
R8	-	-	H	V	-	x	x	x	x	x	x	x
R9	-	-	P	V	-		x	x	x	x	x	x
R10	-	-	H	V	-	x	x	x	x	x	x	x
R11	-	-	H	V	-	x	x	x	x	x	x	x
R12	-	-	H	V	-		x	x	x	x	x	x
R13	-	2 & 3	H	V	-	x	x	x	x	x	x	x
R14	-	2 & 3	H	V	-	x	x	x	x	x	x	x
R15	-	2 & 3	H	V	-	x	x	x	x	x	x	x
R16	-	2 & 3	H	V	-	x	x	x	x	x	x	x
R17	-	2 & 3	H	V	-	x	x	x	x	x	x	x
R18	1	1	H	V	-	x	x	x	x	x	x	x
R19	1	1	H	P	-		x	x	x	x	x	x
R20	-	3 & 4	H	V	-				x	x	x	x
R21	-	3 & 4	H	H	-				x	x	x	x
R22	-	3 & 4	H	H	-				x	x	x	x
R23	-	4 & 5	H	H	-			x	x	x	x	x
R24	2	5 & 6	H	V	-			x	x	x	x	x
R25	2 & 3	6 & 7	H	P	-					x	x	x
R26	2 & 3	6 & 7	H	V	-			x	x	x	x	x
R27	3 & 4	7 & 8	H	P	-						x	x
R28	3 & 4	7 & 8	H	V	-			x	x	x	x	x
R29	4	8	H	P	-							x
R30	4	8	H	V	-			x	x	x	x	x

HZS = Halbzeugschnittstelle

SS = Systemschnittstelle

Sub. = Substitut

VN = Vor- & nachgelagerte Prozesse

U&R = Umweltfaktoren & Rahmenbedingungen

Abbildung 9-15 Anwendungsfall: Bestimmung von Schnittstellenrelevanz und mindestens erforderlicher Validierungsbausteine

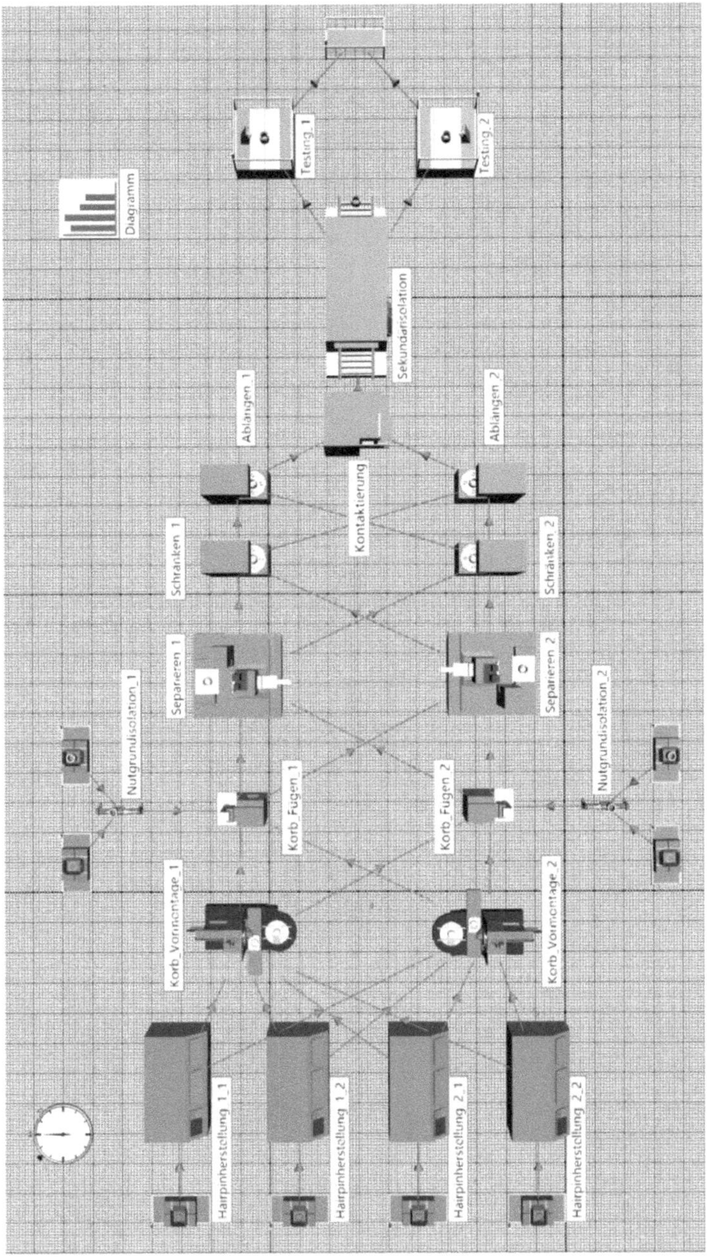

Abbildung 9-16 Anwendungsfall: Setup (TECNOMATIX PLANT SIMULATION)

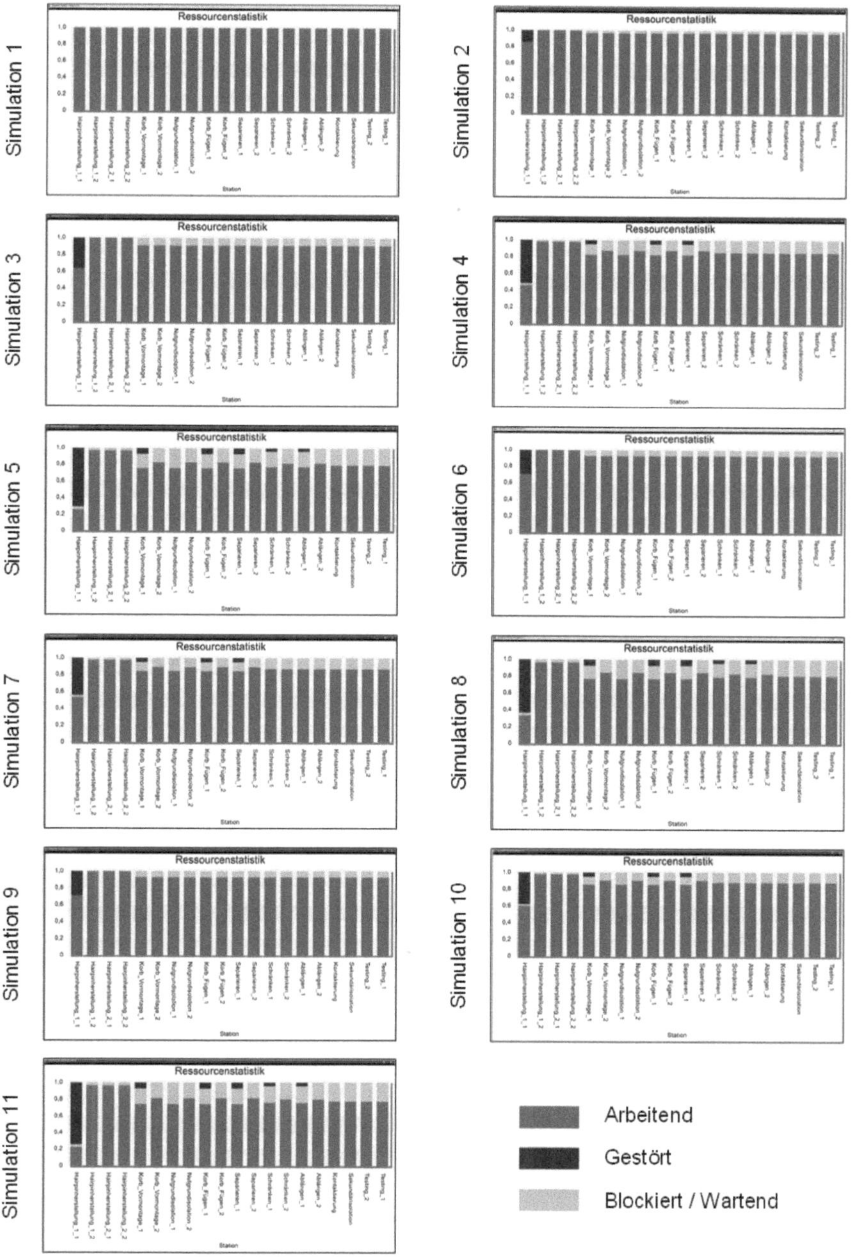

Abbildung 9-17 Anwendung: Ressourcenstatistik Simulation

In der Reihe **Ergebnisse aus der Elektromobilproduktion** zuletzt erschienen:

Brans, Florian:

Planung von Technologiesubstitutionen in Bestandsystemen unter Berücksichtigung mangelnden Erfahrungswissens

ISBN 978-3-98555-240-5

Erscheinungsdatum: 14.10.2024

Reims, Philipp:

Methodik zur Nutzung von Skaleneffekten in der Produktion am Beispiel von Polymerelektrolytmembran-Brennstoffzellensystemen

ISBN 978-3-98555-218-4

Erscheinungsdatum: 22.05.2024

Stäck, Christian:

Anfangsfestes Fügen von flachleiterbasierten Formspulen zur optimierten Schweißvorbereitung in der Hairpin-Technologie

ISBN 978-3-98555-193-4

Erscheinungsdatum: 15.01.2024

Kehrer, Mario:

Methodik zur Gestaltung des Wiederanlaufs der Lithium-Ionen-Batteriezellproduktion

ISBN 978-3-98555-192-7

Erscheinungsdatum: 18.12.2023

Edition Wissenschaft
Apprimus

Kraus, Andreas:

Anwendungsorientierte Methodik zur frühzeitigen Integration datenbasierter Ansätze in die Anlaufphase disruptiver Produkte

ISBN 978-3-98555-179-8
Erscheinungsdatum: 13.11.2023

Treichel, Patrick-Emanuel:

Hybride Prototypen im Anforderungsmanagement disruptiver Produktionstechnik der Elektromotorenproduktion

ISBN 978-3-98555-166-8
Erscheinungsdatum: 28.08.2023

Offermanns, Christian:

Reduzierung der Fertigungsprozesszeit von Lithium-Ionen-Batteriezellen durch eine parametergestützte Analyse der Formierung in der Batteriezellproduktion

ISBN 978-3-98555-156-9
Erscheinungsdatum: 17.04.2023

Bührer, Ulrich Tobias:

Methodik zur proaktiven Integration von Data Analytics in die Serienfertigung

ISBN 978-3-98555-104-0
Erscheinungsdatum: 25.08.2022

Edition Wissenschaft
Apprimus